ZHIWU

SHENGLIXUE

植物

生理学

方志荣　杨燕君　许金铸◎主编

电子科技大学出版社

University of Electronic Science and Technology of China Press

·成都·

图书在版编目（CIP）数据

植物生理学 / 方志荣，杨燕君，许金铸主编.

成都：成都电子科大出版社，2025. 3. -- ISBN 978-7
-5770-1338-1

Ⅰ. Q945

中国国家版本馆 CIP 数据核字第 2025BA0609 号

植物生理学
ZHIWU SHENGLIXUE

方志荣　杨燕君　许金铸　主编

策划编辑　卢　莉　龙　敏

责任编辑　龙　敏

责任校对　卢　莉

责任印制　段晓静

出版发行　电子科技大学出版社
　　　　　成都市一环路东一段159号电子信息产业大厦九楼　邮编 610051
主　　页　www.uestcp.com.cn
服务电话　028-83203399
邮购电话　028-83201495

印　　刷　成都市火炬印务有限公司
成品尺寸　185 mm×260 mm
印　　张　12.75
字　　数　320千字
版　　次　2025年3月第1版
印　　次　2025年3月第1次印刷
书　　号　ISBN 978-7-5770-1338-1
定　　价　58.00元

前　言

　　植物生理学是研究植物生命活动规律及其与环境相互关系的科学，是植物生产类、生物科学类、自然保护与环境生态类等专业重要的专业基础课。通过对本课程的学习，学生能了解植物物质和能量代谢的基本理论，掌握植物生长发育的基本规律和环境对植物生命活动的影响，为后续课程的学习打下基础。

　　全书共六章，主要包括植物细胞的生理基础、植物的矿质与氮素营养、植物的生长物质、植物的生殖生理、植物的逆境生理，以及植物生理学部分实验案例等内容。本书在内容上力求充分展现植物生理学的基本概念和基础知识，结合实际反映植物生理学学科及关联学科的研究和发展动态，注重从分子和细胞水平阐述生理学问题，并将植物生理学原理与全球生态健康、绿色农业、健康医药等重大问题结合起来。

　　本书可作为高等院校植物生产类、生物科学类、自然保护与环境生态类等专业的教材，还可作为相关领域的教学、科研人员的参考书。

　　近年来，由于植物生理学相关研究迅猛发展，新成果、新发展层出不穷，因此编者在编写本书过程中时时感到自己的知识储备有限，语言能力尚待提高。虽然经过仔细修改，书中错误之处仍在所难免，恳请读者批评指正。

目　录

第一章　植物细胞的生理基础

根据生命起源的现代观点，最初的植物起源于水中，然后从水生逐渐进化为陆生。可见水是植物的先天环境条件，没有水就没有生命，也就没有植物。植物的一切生命活动，都只有在一定的细胞水分状态下才能进行，否则，植物正常生命活动就会受阻，甚至停止。在农业生产上，水也是决定收成有无的重要因素之一，农谚说"有收无收在于水"，就是这个道理。

陆生植物一方面必须不断地从土壤中吸收水分，以保持正常含水量；另一方面，它的地上部分（尤其是叶子）又不可避免地要向外散失水分。所以植物体内的水分实际上始终处于水分吸收和排出的动态平衡之中，形成"土壤-植物-大气连续系统"间的水分流动。这就构成了植物水分代谢的主要内容，即植物从环境中吸水、水分在植物体内运输和分配、水分从植物体内向环境排出。在农业生产上，农作物常常面临着水分吸收与散失（蒸腾）的矛盾，并直接影响着作物的产量。所以，对植物水分代谢的研究和学习，在理论和实践上均有重要意义。

第一节　水分与植物的生命活动

一、水的某些理化特性

（一）水分子的组成和结构

水分子由1个氧原子和2个氢原子以共价键结合呈V形结构，2个O—H键间的夹角为105°，如图1-1所示。因氧原子的电负性比氢原子的大，共价键中的一对电子偏向于氧原子，所以H_2O分子中氧原子一端带部分负电荷，氢原子一端带部分正电荷。由于分子中正、负电荷相等，所以H_2O分子仍表现电中性（electroneutrality）。但由于氢原子不对称地位于氧原子的两侧，所以正负电荷的中心不重合，这样水分子就成为极性分子（polar molecule）。在相邻水分子间，带部分负电荷的氧原子与带部分正电荷的氢原子因静电引力相互吸引形成氢键（hydrogen bond）。氢键是一种比较弱的键，键能约为$20\ kJ\cdot mol^{-1}$，而共价键和离子键的键能一般为几百$kJ\cdot mol^{-1}$，但氢键要比范德华（Van der Waals）力的键能（大约$4\ kJ\cdot mol^{-1}$）大。正因为水分子之间存在氢键，所以部分水分子缔合成水分子聚合体（H_2O)$_n$，即常常以缔合分子的形式存在。在液态水中，缔合分子与单分子处于平衡状态。缔合是放热过程，解离是吸热过程。高温时水主要以单分子状态存在，温度降低时水的缔合程度增大，0 ℃时全部水分子缔合在一起，形成一个巨大的缔合分子。

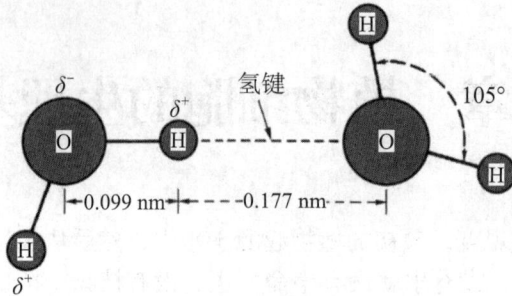

图1-1 水分子的结构和氢键

（二）水的某些理化性质

1. 水的高汽化热

汽化热指在一定温度下，单位质量的物质由液态转变成气态所需的热量。在25 ℃时水的汽化热约为2.45 kJ·g⁻¹，在已知的所有液体物质中水的汽化热最大（见表1-1所列）。这是因为大量的氢键使水中存在缔合分子，要使各分子解离开来成为气态，就必须提供较多的热量，即提高水温来破坏氢键。水的高汽化热使植物得以通过蒸腾作用有效地降低表面温度，避免高温可能造成的伤害。

表1-1 水与其他体积相似分子的一些物理特性比较

物质	分子质量/Da	比热容/($J·g^{-1}·℃^{-1}$)	熔点/℃	熔化热/($J·g^{-1}$)	沸点/℃	汽化热/($J·g^{-1}$)
水	18	4.2	0	335	100	2 452
硫化氢	34	—	−86	70	−61	—
氨	17	5.0	−77	452	−33	1 234
二氧化碳	44	—	−57	180	−78	301
甲烷	16	—	−182	58	−164	556
乙烷	30	—	−183	96	−88	523
甲醇	32	2.6	−94	100	65	1 226
乙醇	45	2.4	−117	109	78	878

2. 水的高比热容

比热容指单位质量的物质温度升高1 ℃所需的热量。水的比热容为4.2 J·g⁻¹·℃⁻¹。除液态氨外，所有的液态和固态物质中，水的比热容最大。这也是因为液态水中存在缔合分子，与其他液体相比需要更多的热量来打破氢键使水温升高；反过来，当水温降低时，会释放出比其他液体更多的热量。水的这种特性使水在外界温度变化较大时，自身的温度变化幅度较小，因此水对气温、地温及植物体温有巨大的"缓冲"调节能力，从而有利于植物适应冷热多变的环境。

3. 水的内聚力、黏附力和表面张力

液体状态下同类分子间具有的分子间引力叫作内聚力。由于水中存在大量氢键，故水的

内聚力十分强大。强大的内聚力使水具有很高的抗张强度（抗张强度指某物质抵抗张力的能力，即液体在断裂前所能经受的最大张力），能抵抗水柱中水分子彼此被拉开。

液体与固体间的相互吸引力叫作黏附力（adhesion）。由于水是极性物质，它可以与其他极性物质形成氢键，因此水与极性物质间有较强的黏附力。如果水与某物质间的黏附力大于水的内聚力，那么称该物质为可湿性的。水的内聚力和黏附力十分有利于水分在植物体内的长距离运输。

处于界面的水分子受垂直向内的拉力，这种作用于单位长度表面上的力，称为表面张力（surface tension）。表面张力使某一体系趋于向稳定状态变化，即表面积缩小，减少界面高能分子的数量。内聚力、黏附力和表面张力的共同作用产生毛细作用（capillarity）。毛细作用指在液体与固体相接触的表面间的一种相互作用。木质部中的导管就是一种管壁可湿的毛细管。植物细胞壁纤维素的微纤丝间有许多空隙，它们形成很多小而弯曲的毛细管网络。

4. 水的电特性

介电常数是指抵消电荷间相互吸引作用能力的一种测度。水具有极高的介电常数，是许多电解质与极性分子的良好溶剂。水分子带正、负电荷的两端分别与对应的负、正离子相结合，有效降低正、负离子间的静电作用力，大大增加它们的溶解性。植物体内蛋白质、氨基酸、糖类所含有的亲水基团（—COOH、—COH、—NH$_2$）能与水分子形成氢键，即水可以在大分子物质带电基团周围定向排列，形成水合层，减弱大分子之间的相互作用，增加其溶解性，维持大分子在溶液中的稳定性。水分子还可结合在带电离子（K$^+$、Na$^+$、Ca^{2+}、Cl$^-$、NO$_3^-$等）的周围，使其成为高度可溶的水化离子。

二、植物的含水量

水是植物体的主要组成成分。植物的含水量是指植物所含水分的量占鲜重的百分数。植物的含水量与植物的种类、器官和组织本身的特性及其所处的环境条件有关。不同种类的植物含水量不同，水生植物的含水量在90%以上，中生植物的含水量一般为70%～90%，而旱生植物的含水量可低至6%。肉质植物含水量高于草本植物，而草本植物的含水量一般高于木本植物。不同发育时期植物的含水量亦不同，一般幼嫩的植物比成熟、衰老的植物含水量大。植物的不同器官或组织含水量不同，根的含水量一般为80%～90%，茎为50%～80%，叶为80%～90%，果实为85%～95%，种子为5%～15%，休眠芽约为40%。植物的含水量也随外界环境条件变化而变化，凡是生长在荫蔽、潮湿环境中的植物，其含水量比生长在向阳、干燥环境中的植物含水量高。一天之中，植物在早晨的含水量大于中午。所以，植物体内的含水量与植物生命活动有密切关系，生命活动旺盛的部位，含水量就高。在研究植物生理活动的各种指标时，常常要测定植物的含水量。同时作物需水量也可以间接地反映出土壤的水分供应情况。生产上通常用相对含水量（relative water content，RWC）作为作物是否需要灌溉的指标。相对含水量为植物实际含水量占水分饱和时含水量的百分率，可用下式表示：

$$RWC(\%) = W_{act}/W_a \tag{1-1}$$

式中，W_{act}表示叶的实际含水量；W_a表示叶在水分饱和时的含水量。

三、植物体内水分的存在状态

水分在植物细胞内通常有两种存在状态：束缚水和自由水。束缚水是指被原生质胶体颗粒紧密吸附的或存在于大分子结构空间的水。它们不能在体内移动，不起溶剂作用，其含量变化较小。植物细胞的原生质、膜系统以及细胞壁是由蛋白质、核酸和纤维素等大分子组成的，这些大分子含有大量的亲水基团，与水分子有很高的亲和力，在周围形成水化层。自由水是指存在于原生质胶粒之间、液泡内、细胞间隙、导管和管胞内以及植物体的其他组织间隙中的、不被吸附、能在体内自由移动、起溶剂作用的水。自由水的含量随植物的生理状态和外界条件的变化而有较大的变化。它主要供给蒸腾，补充束缚水，并且负担营养物质的传导和维持植物体一定的紧张状态，直接参与植物的生理生化反应。实际上，这两种状态水分的划分是相对的，它们之间并没有明显的界线，只是物理性质略有不同。

细胞内的水分状态不是固定不变的，随着代谢的变化，自由水/束缚水的比值相应改变。自由水直接参与植物的生理过程和生化反应，而束缚水不参与这些过程，因此自由水/束缚水比值较高时，植物代谢活跃，生长较快，抗逆性差；反之，代谢活性低，生长缓慢，但抗逆性较强。例如，越冬植物组织内自由水/束缚水比例降低，束缚水的相对含量增高，植物生长极慢，但抗逆性很强。在干旱条件下，植物体内的束缚水含量也相对提高，所以旱生植物生长缓慢，抗旱性强。当自由水降低到很低水平时，原生质由原来的溶胶状态转变为凝胶状态，例如，风干的种子，代谢活动几乎观察不到，这时的抗逆性也最强。由此可见，影响植物正常生理活动的不仅有含水量的多少，还有水分存在的状态。

四、水分在植物生命活动中的作用

（一）水的生理作用

1. 水是细胞的主要组成成分

植物细胞原生质含水量一般在80%以上，这样才可使原生质保持溶胶状态，以保证各种生理生化过程的进行。如果含水量减少，原生质由溶胶趋于凝胶状态，细胞生命活动也就随之减弱。如果原生质失水过多，就会引起原生质正常结构破坏，导致细胞死亡。

2. 水是植物代谢过程中的重要原料

水是光合作用的原料，并参与呼吸作用、有机物质合成和分解过程。

3. 水是各种生化反应和物质吸收、运输的介质

植物体内绝大多数生化过程都是在水介质中进行的。而绝大部分物质（无机物和有机物）只有溶解在水中才能被植物所吸收。同样，植物体内的矿物质及有机物质也必须以水溶液状态才能通过输导组织运送到植物体各个部分。

4. 水能使植物保持固有的姿态

水分可使细胞保持一定的紧张度，使植物枝叶挺立，便于充分接受阳光和进行气体交换，同时也可使花朵开放，利于传粉。

5. 水分能保持植物体正常的体温

水分子具有很高的汽化热和比热容，因此，在环境温度波动的情况下，植物体内大量的水分可维持植物体温度的相对稳定。在烈日暴晒下，通过蒸腾散失水分以降低植物体温度，使植物不易受高温伤害。而在寒冷的情况下，水较高的比热容，可保持植物体温度而不致骤然下降。

（二）水对植物的生态作用

水对植物的重要性除上述的生理作用外，还有生态作用，即通过水的理化特性，调节植

物周围的环境。

1. 水对可见光的通透性

水对红光有微弱的吸收作用。对陆生植物来说，阳光可通过无色的表皮细胞到达叶肉细胞叶绿体进行光合作用。对水生植物来说，短波的蓝光、绿光可透过水层，使分布于海水深处的含有藻红素的红藻也可以正常进行光合作用。

2. 水对植物生存环境的调节

水分可以增加大气湿度、改善土壤及土壤表面大气的温度、影响肥料的分解和利用等。在作物栽培中，利用水来调节田间小气候是农业生产中行之有效的措施。例如，冬季越冬作物可灌水保温抗寒，水稻栽培中利用灌水或烤田调节土壤通气或促进肥料释放等。

第二节　植物细胞对水分的吸收

在正常生理代谢状态下，植物细胞总是不断地进行水分的吸收和散失，水分在胞内和胞间不停地进行运动。不同组织之间、不同器官之间水分的分配与调节是通过水分进出细胞实现的。因此，掌握植物细胞与水分关系的知识，是了解植物水分代谢的基础。

一、植物细胞的水势

（一）自由能、化学势与水势

根据热力学原理，系统中物质的总能量分为束缚能和自由能。束缚能是指不能用于做功的能量；自由能是指在恒温条件下，物质能用于做功的能量。

1 mol物质的自由能就是该物质的化学势，它可衡量物质反应做功所用的能量。同样，衡量水分反应或做功能量的高低，可用水势表示。在植物生理学上，广泛使用水势的概念来表示水分子发生化学反应的本领及转移的潜在能力。水势就是每偏摩尔体积水的化学势差，即水溶液的化学势（μ_w）与纯水的化学势（μ_w^0）之差（$\Delta\mu_w$）除以水的偏摩尔体积（$\bar{V}_w$）所得的商，用ψ_w（ψ，psi，希腊字母）表示，其计算公式为

$$\psi_w = \frac{\mu_w - \mu_w^0}{\bar{V}_w} = \frac{\Delta\mu_w}{\bar{V}_w} \tag{1-2}$$

式中，水的偏摩尔体积$\bar{V}_w$是指（在一定温度和压力下）1 mol水中加入1 mol某溶液后，该1 mol水所占的有效体积。$\bar{V}_w$的具体数值，随不同含水体系而异，与纯水的摩尔体积V_w不同。在稀的水溶液中，$\bar{V}_w$和V_w相差很小，在实际应用时，往往用V_w代替$\bar{V}_w$。

化学势的单位为$J \cdot mol^{-1}$（$J = N \cdot m$），而偏摩尔体积的单位为$m^3 \cdot mol^{-1}$，两者相除得$N \cdot m^{-2}$，即压力单位Pa（帕），这样就把以能量为单位的化学势转化为以压强为单位的水势。表示如下：

$$水势 = \frac{水的化学势}{水的偏摩尔体积} = \frac{N \cdot m \cdot mol^{-1}}{m^3 \cdot mol^{-1}} = N \cdot m^{-2} = Pa \tag{1-3}$$

纯水的自由能最大，水势也最高，但是水势的绝对值不易测得。因此，在同样温度和同样大气压的条件下，测定纯水和溶液的水势之差。纯水的水势定义为零，其他溶液就与它相比。溶液中的溶质颗粒降低了水的自由能，因此溶液的水势低于纯水的水势，为负值。溶液浓度越高，水势越低。植物叶片的水势一般为$-0.3 \sim -1.5$ MPa。

水总是由高水势处自发流向低水势处，直到两处水势相等为止。任何含水体系的水势，会受到能改变水的自由能的诸因素（如溶质、压力、温度、高度等）的影响，使体系的水势有所增减。

（二）植物细胞的水势组成

植物细胞的水势由三个部分组成，即

$$\psi_w = \psi_\pi + \psi_p + \psi_m \tag{1-4}$$

式中，ψ_π 为渗透势，ψ_p 为压力势，ψ_m 为衬质势。

渗透势（ψ_π）亦称溶质势（ψ_s），是因溶质颗粒的存在而降低的水势。溶质的水势低于纯水的水势，为负值。在标准压力下，溶液的压力势为零，此时，溶液的渗透势等于溶液的水势。溶液的渗透势取决于溶液中溶质颗粒（分子或离子）数，细胞渗透势主要受细胞液浓度的影响，因此，凡是影响细胞液浓度的内外条件，都可引起渗透势的改变。

压力势（ψ_p）是指由于静水压的存在而使体系水势改变的数值，一般为正值。原生质吸水膨胀，对细胞壁产生压力（膨压），由于细胞壁富有弹性，原生质受到一种与膨压大小相等、方向相反的反作用力，即壁压。由壁压引起的细胞水势增加的数值，就是细胞的压力势，通常情况下为正值。当细胞失水引起初始质壁分离时，细胞的压力势为零，而剧烈蒸腾时，细胞的压力势则为负值。植物导管中溶液常处于负压下。

衬质势（ψ_m）是指由于衬质［表面能够吸附水分的物质，如蛋白质（体）、纤维素、染色体、膜系统等］与水相互作用而引起水势降低的值，一般为负值。干燥种子中，细胞原生质处于凝胶状态，其细胞的水势主要由衬质势组成。未形成液泡的细胞，主要利用构成细胞壁的果胶和纤维素以及细胞中的蛋白质亲水胶体对水的吸附力吸收水分。而已形成液泡的细胞的衬质势只有–0.01 MPa，对总水势的影响可以忽略不计。土壤颗粒为典型的衬质，土壤的水势以 ψ_m 为主，即土壤水势等于土壤衬质势。

此外，重力对水势也有影响，称为重力势（ψ_g）。重力势与水的密度、重力加速度、水相对参考状态时的高度有关。每 10 m 高度对水势的增加量约为 0.1 MPa。考虑到水分在细胞中水平移动，与渗透势和压力势相比，重力组分通常忽略不计。

综上所述，不同细胞由于体系组成的差异，其水势组成亦有差异。对于形成液泡的成熟细胞，其含水体系主要由细胞质、液泡、细胞器等构成。由于水分平衡时，细胞各部位的水势相等，但细胞质和细胞器水势组成复杂难以测定，而液泡水势较易测定，其衬质势又可忽略不计，所以成熟细胞的水势由液泡水势来代替，即

$$\psi_w（成熟细胞）= \psi_w（液泡）= \psi_\pi + \psi_p \tag{1-5}$$

对于无液泡的风干种子等细胞的水势，衬质势是细胞水势的主要组成部分，所以其水势就等于衬质势，即 $\psi_w = \psi_m$。

由于植物细胞具有坚硬的细胞壁，因此很小的细胞体积变化都会引起细胞膨压的很大变化，进而引起水势的改变。细胞相对体积、ψ_w、ψ_p、ψ_π 之间的关系可以用图 1-2 来表示。如图 1-2 所示，当细胞相对体积较大时，很小的体积变化（$\Delta V/V=1.0-0.95=0.05$）会引起 ψ_p 的很大变化，此时细胞水势的变化主要是由 ψ_π 引起的，而细胞 ψ_π 改变较小。细胞壁越坚硬，ψ_p 变化曲线的斜率 ε 越大，由细胞体积变化引起的细胞膨压变化就越大。ψ_p 变化曲线

的斜率 ε 并非不变，它随着细胞相对体积的下降、膨压的降低而减小。当细胞相对体积降低到 0.9 以下时，细胞水势的变化主要由 ψ_π 的改变决定。

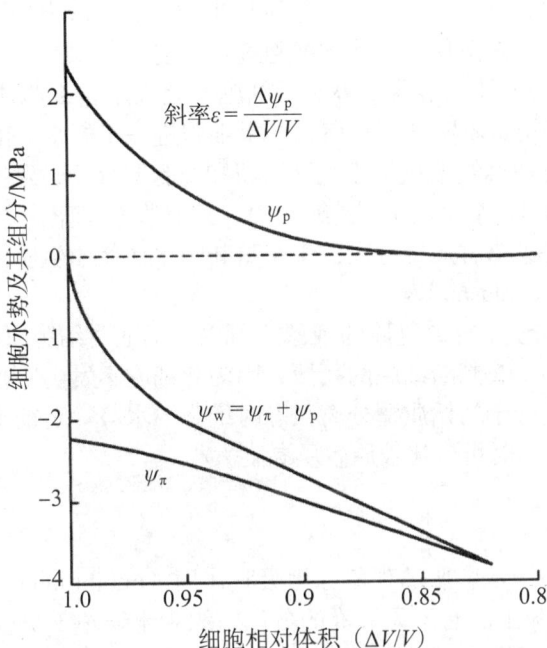

$$斜率\varepsilon = \frac{\Delta\psi_p}{\Delta V/V}$$

图 1-2　细胞水势及其组分与细胞相对体积的关系

二、植物细胞的吸水方式

水分运动的方式包括扩散、渗透和集流。在一个系统中，由于分子的随机热运动所造成的物质从较高化学势区域移向较低化学势区域的现象，称为扩散作用。扩散是短距离内水分移动的主要方式，如细胞间水分转移。把水分子从浓集区域向水分子稀少区域的特殊的扩散现象称为渗透。由于压力差的存在而使大量原子或分子集体运动的现象称为集流。集流是水分长距离运输的主要方式，如木质部导管中的水分移动。水分的跨膜运输，既包括依赖于水势梯度的跨膜扩散，也包括通过膜上水孔蛋白的微集流运动。

植物细胞对水分的吸收，取决于细胞与外界溶液或与其他相邻细胞之间的水势差。当细胞水势高于外界溶液或其他相邻细胞时，细胞失水；反之，则吸水。细胞水势越低，其吸水力越强。当细胞水势与外界溶液水势相等时，水分处于动态平衡状态，细胞与外界溶液之间没有水分移动。水势差不仅决定水分移动的方向，还影响水分移动的速度，水势差越大，水分移动速度就越快。

植物细胞主要的吸水方式可分为渗透吸水和吸胀吸水。

（一）渗透吸水

植物细胞通过渗透作用吸水，称为渗透吸水。渗透吸水是成熟细胞（具有大液泡的细胞）的主要吸水方式。渗透作用是指水分从水势高的系统通过半透膜向水势低的系统移动的现象，是一种特殊的扩散形式。细胞壁主要由纤维素分子组成的微纤丝构成，水分和溶质都可以通过；而细胞的质膜和液泡膜等生物膜易于透过水分，对其他溶质具有选择性，因此，它们是半透膜。

当把植物细胞置于纯水或稀溶液中时，细胞原生质层、液泡内的细胞液与外界溶液之间就构成了渗透体系，会发生渗透作用，植物细胞进行渗透吸水。

当细胞液泡的水势高于外界溶液水势时，细胞开始失水，细胞体积逐渐缩小；当$\psi_w = \psi_\pi$，$\psi_p = 0$时，细胞处于初始质壁分离状态；如果细胞进一步失水，由于细胞壁和原生质层的伸缩性差异，细胞壁无法继续缩小，原生质层便和细胞壁分开，发生质壁分离。把发生了质壁分离的细胞浸在水势较高的稀溶液或纯水中，细胞吸水，整个原生质层恢复原来的状态，重新与细胞壁相接触，这种质壁分离的细胞重新吸水而使原生质体慢慢恢复原来状态的现象称为质壁分离复原（deplasmolysis）。

利用细胞质壁分离和质壁分离复原的现象，可以：①证明细胞原生质层具有选择透性，植物细胞是一个渗透体系；②判断细胞的死活，因为死细胞不发生质壁分离现象；③测定细胞液的渗透势，因为细胞处于初始质壁分离状态时细胞的水势等于细胞的渗透势；④判断物质透过原生质体的速度，同时可以比较原生质黏度大小。

（二）吸胀吸水

植物细胞中亲水胶体吸水膨胀的现象称为吸胀作用（imbibition）。吸胀吸水是依赖于低衬质势（ψ_m）而引起的吸水。对于无液泡的分生组织和干燥种子来说，衬质势是细胞水势的主要组分，它们吸水主要依赖于低的衬质势。

植物细胞的原生质、细胞壁及淀粉粒等都是亲水物质，它们与水分子之间有极强的亲和力，形成亲水胶体。水分子以氢键、毛细管力、电化学作用力等与亲水物质结合之后，使之膨胀。亲水胶体吸引水分子的力量称为吸胀力，不同物质吸胀力的大小与它们的亲水性有关。蛋白质、淀粉和纤维素相比，蛋白质类物质吸胀力最强，淀粉次之，纤维素最小。因此，豆科植物种子的吸胀作用比禾谷类种子要显著。豆科植物种子的子叶中含有大量的蛋白质，而种皮中则有较多的纤维素，所以在豆科植物种子的吸胀过程中，子叶的吸胀力较种皮大而使种皮胀破。

细胞吸胀力的大小，取决于衬质势的高低。干燥种子、干枯的茎秆衬质势常低于-10 MPa，有的甚至达-100 MPa，所以很容易发生吸胀吸水。当种子吸水后，衬质势很快上升。如将种子放在纯水中，当种子吸水膨胀达到最大程度时，$\psi_m = \psi_w = 0$。由于吸胀过程与细胞的代谢活动没有直接关系，所以又将吸胀吸水称为非代谢性吸水。

三、细胞间的水分移动

水分进出细胞取决于细胞与外界溶液之间的水势差。相邻细胞间的水分移动方向，取决于细胞间的水势差异，水分总是从水势高的细胞向水势低的细胞流动。如图1-3所示，虽然细胞X的渗透势（-1.3 MPa）低于细胞Y的渗透势（-1.2 MPa），但两者的压力势不同，导致细胞X的水势（-0.6 MPa）高于细胞Y的水势（-0.8 MPa）。所以细胞X的水分流向细胞Y。

当有多个细胞连在一起时，如果一端的细胞水势较高，另一端水势较低，顺次下降，就形成一个水势梯度，水分便从水势高的一端流向水势低的一端。植物体内组织和器官之间的水分流动方向也是依据这个规律。

$$\psi_\pi = -1.3\,\text{MPa}$$
$$\psi_p = +0.7\,\text{MPa}$$
$$\psi_w = -0.6\,\text{MPa}$$

$$\psi_\pi = -1.2\,\text{MPa}$$
$$\psi_p = +0.4\,\text{MPa}$$
$$\psi_w = -0.8\,\text{MPa}$$

X → Y
水分流向

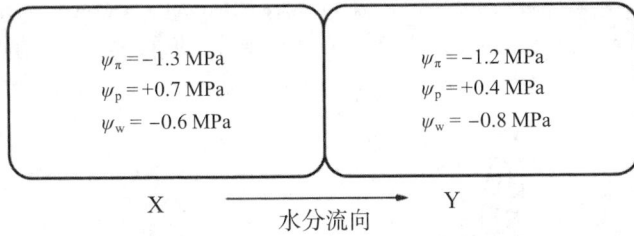

图1-3 两个相邻细胞之间的水分移动情况

四、水分跨膜运输与水孔蛋白

曾经认为水分跨膜的渗透过程主要是单个水分子透过细胞膜的扩散作用，细胞膜是一种半透膜，允许许多水分子自由通过。但是，细胞膜是由膜脂双分子层和蛋白质紧密排列而成的，而水分子是极性很强的不溶于脂类的分子。所以，很难理解不溶于脂的水分子能够透过膜脂双分子层快速进出细胞膜。

1988年，Agre研究组在人的血红细胞膜上首次发现了一个28 ku的疏水性跨膜蛋白，将其定名为水通道蛋白，又称"水孔蛋白"（aquaporin，AQP），后来证实AQPs几乎存在于所有生物体内。在植物体内，单个水分子既可以通过膜脂双分子层间隙进入细胞，也可以通过AQPs孔道进入细胞（如图1-4所示）。但是，植物体内大量水分的长距离运输是以集流的方式通过膜上的AQPs形成的通道进行的。绝大多数AQPs以四聚体形式存在，这种结构可能对蛋白质的稳定性和在膜上的定位很重要。AQPs是一类具有选择性、高效转运水分的跨膜通道蛋白。

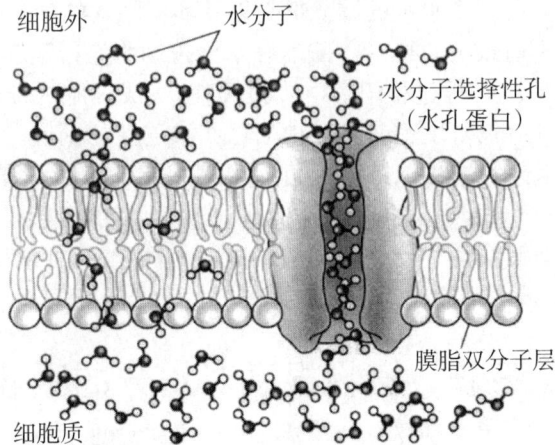

细胞外　水分子

水分子选择性孔
（水孔蛋白）

膜脂双分子层

细胞质

图1-4 水分跨膜运输示意图

高等植物中参与水分运输的AQPs主要有两类：一类是质膜内在蛋白（plasma membrane intrinsic proteins，PIP），另一类是液泡膜内在蛋白（tonoplast intrinsic proteins，TIP）。AQP的相对分子量为$2.5 \times 10^4 \sim 3.4 \times 10^4$，由250～300个氨基酸组成，氨基末端（N）、羧基末端（C）都位于细胞质侧。AQPs有6个跨膜的α螺旋结构区段（H1～H6），如图1-5所示，于跨膜区间形成5个环，A、C、E 3个环朝向胞外，B、D 2个环朝向胞质。其中，B环和E环各有一个高度保守的天冬酰胺-脯氨酸-丙氨酸（Asn-Pro-Ala，NPA）特征序列。B环和E环向膜脂双分子层中折叠，在折叠中2个NPA共同形成1个水孔通道（如图1-6所示）。水孔通道直径约0.3 nm，稍大于水分子直径0.28 nm，以此限制其他分子的进入。

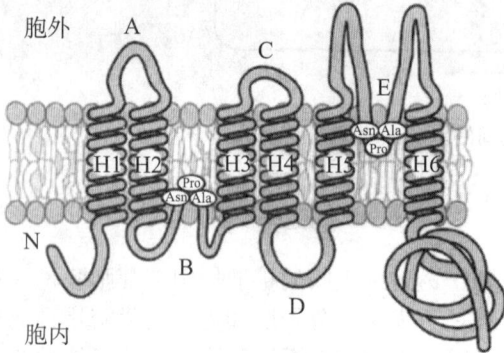

图1-5　水孔蛋白结构示意图　　　　　图1-6　折叠后由2个NPA形成的水孔通道

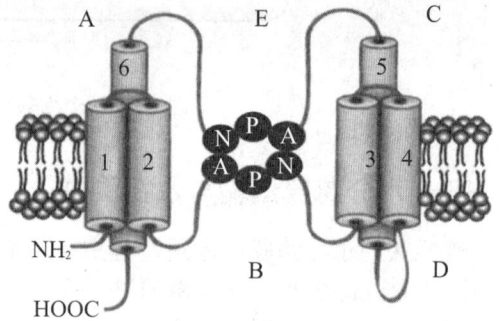

AQPs活性的调节包括转录水平的调节和转录后水平的调节。转录水平受植物发育阶段、干旱、低温和高盐等逆境、脱落酸和赤霉素等激素的调节。植物AQPs的表达还表现出明显的器官、组织、细胞特异性。转录后水平的调节主要是通过磷酸化、甲基化、糖基化等调控AQPs门孔的开闭。植物AQPs磷酸化主要发生于N端或C端的丝氨酸（Ser）。有试验证明，Ca^{2+}依赖型蛋白激酶（calcium-dependent protein kinase，CDPK）可使特殊丝氨酸残基磷酸化，AQPs的水通道加宽，水集流通过量剧增。若把该残基的磷酸基团除去，则水通道变窄，水集流通过量减少。转录后水平的调节也受外界环境因素的影响。

AQPs的功能可归纳为四个方面。①AQPs在水分跨细胞途径运输时起主要作用，促进水的长距离运输。②在逆境应答等过程中，由质膜AQPs完成细胞内外的水分跨膜运输，调节细胞内外水分平衡。AQPs的开闭受pH和其他信号如渗透性的调节。③调节细胞的胀缩。通过液泡膜上的AQPs使水分快速出入液泡，可保证细胞能迅速膨胀和收缩，调节气孔运动。④运输其他小分子物质。曾经认为AQPs的功能只是运输水分，但是，目前在植物中也发现了少量水孔蛋白可同时运输其他小分子物质，如CO_2、甘氨酸和甘油等。

AQPs的发现，为水进入细胞的共质体途径提供了依据。

第三节　植物根系对水分的吸收

一、土壤中的水分和土壤水势

（一）土壤中水分的性质

土壤中的水分按物理状态可分为三类：毛细管水、重力水和束缚水（或称"吸湿水"）。毛细管水指由于毛细管力所保持在土壤颗粒间毛细管内的水分。毛细管水又可分为毛细管上升水和毛细管悬着水两种。毛细管上升水就是土壤下层的地下水在毛细管力作用下沿着毛细管孔隙上升的水分。毛细管悬着水是在降水或灌溉之后，渗入土壤中，并被毛细管孔隙所保持的水。由于土壤吸附毛细管水的力量不大，因此，毛细管水较易被根毛所吸收，是植物吸水的主要来源。重力水指水分饱和的土壤中，在重力作用下通过土壤颗粒间的空隙自上而下渗漏出来的水分。这部分水对植物一般有害无益，若土壤下层无不透水层，则重力水很快流失，难以为根系所吸收。对于旱作作物来说，它占据了土壤中的大孔隙，排除了其中原有的空气，造成根系呼吸、生长受到抑制。在农业生产中要求土壤排水良好，就是使重力水尽快流失。束缚水指土壤颗粒或土壤胶体的亲水表面紧紧吸附的水分，一般不能被植物吸收利用。

按水能否被植物利用，土壤中的水分可分为可利用水和不可利用水。反映土壤中不可利用水的指标是永久萎蔫系数，是指植物刚刚发生永久萎蔫时，土壤中存留的水分含量（以占土壤干重的百分率计）。永久萎蔫是指土壤缺少植物可利用的水，即使降低蒸腾，植物仍不能消除水分亏缺恢复原状的萎蔫。相对永久萎蔫是暂时萎蔫，是指通过降低蒸腾即能消除的萎蔫。例如，晚间，植物的蒸腾作用降低，根系吸收的水分足以弥补失水并消除水分亏缺，即使不浇水植物也能恢复原状。达到永久萎蔫时土壤所含的水分自然就是植物所不能利用的水。萎蔫系数因土壤种类不同而异，变化幅度很大，粗砂为1%左右，砂壤为6%左右，黏土为15%左右；就同一种质地的土壤而言，不同作物的永久萎蔫系数变化不大。见表1-2所列。

表1-2　不同植物在各种土壤中的萎蔫系数　　　　　　　　　　　单位：%

植物种类	粗砂	细砂	砂壤	壤土	黏土
水稻	0.96	2.7	5.6	10.1	13.0
小麦	0.88	3.3	6.3	10.3	14.5
玉米	1.07	3.1	6.5	9.9	15.5
番茄	1.11	3.3	6.9	11.7	15.3

表示土壤保水性能的指标主要有最大持水量和田间持水量两个。最大持水量又称"土壤饱和水量"，指土壤中所有孔隙完全充满水分时的含水量。这一数量大小与土壤质地有关。团粒结构良好的砂壤土最大持水量为50%左右。田间持水量指当土壤中重力水全部排出，保留全部毛细管水和束缚水时的土壤含水量。田间持水量是土壤耕作性质的重要指标，当土壤含水量为田间持水量的70%左右时，最适宜耕作。不同性质的土壤在达到田间持水量时其土壤含水量差别很大，砂壤土为14%～18%，中壤土为22%～27%，黏土为41%～47%。一般土壤砂性越强，田间持水量越小，而土壤黏性越大，田间持水量就越大。田间持水量减去永久萎蔫系数所得的值，就是植物可利用的水分。

（二）土壤水势

土壤中不同种类的水具有不同的水势。一般来说，低于-3.1 MPa的水为土壤束缚水，-3.1～-0.01 MPa的水为毛细管水，高于-0.01 MPa的水为重力水。对于大多数植物，当土壤含水量达到永久萎蔫系数时，其水势约为-1.5 MPa，该水势称为永久萎蔫点。与细胞的水势相似，土壤水势也由溶质势ψ_s、压力势ψ_p和衬质势ψ_m构成。通常土壤溶液的浓度较低，ψ_s约为-0.01 MPa。盐碱土中盐分浓度很高，ψ_s可达-0.2 MPa甚至更低。土壤溶液的衬质势主要是土壤胶体对水分子的吸附所引起的。ψ_m 与土壤的含水量密切相关，干旱土壤的衬质势可低至 -3 MPa；但在潮湿土壤中，ψ_m 接近于 0。土壤的压力势 ψ_p 是由土壤的毛细作用造成的，一般小于或接近于 0。水具有很高的表面张力，它驱使空气-水界面缩小，当土壤开始干燥时，水分先从土壤颗粒间大空隙中间退出，进入颗粒间的小孔隙，土壤中水与空气间的界面被拉伸，形成弯月面，在弯月面下的水受到拉力，便产生了很大的负压。所以干旱土壤的 ψ_p 可低至 -3 MPa。而在潮湿的土壤中，ψ_p 也接近于 0。

不同土壤的田间持水量和永久萎蔫系数值相差很大，但不同土壤在达到田间持水量或永久萎蔫系数的水分含量时，其水势却相同。

（三）土壤中水分的移动

土壤中的水分是以集流的方式向根移动的。当植物从土壤中吸收水分时，消耗了根表面附近的水分，造成根表面附近水的压力下降，使其与邻近区域产生压力梯度。这样，水便沿着连续空隙，顺着压力梯度向根系移动。

水向根集流移动的速率取决于压力梯度的大小及水的传导率。水的传导率是指在单位压力下单位时间内水移动的距离。它是测量土壤中水分移动难易程度的指标。传导率与土壤质地有关。砂土颗粒疏松，水传导率高；黏土颗粒之间空隙小，传导率最小；壤土的传导率介于二者之间。

二、植物根系吸水的部位

植物虽然可以通过叶面吸水，但数量很小。植物吸水的主要器官是根。根系吸水的部位主要是根尖。根尖包括根冠、分生区、伸长区和根毛区，其中以根毛区的吸水能力最强。这是因为根毛大大增加了吸收面积，同时根毛细胞壁的外部由果胶物质覆盖，黏性强，亲水性强，有利于与土壤颗粒粘着和吸水；而且根毛区输导组织发达，对水分的移动阻力小，水分转移快。而根尖的其他部位由于原生质浓厚，输导组织尚欠发达，对水分移动阻力大，吸水能力较弱。

由于根系主要靠根的尖端部分吸水，所以移栽苗木时，宜带土移栽，同时去掉部分老叶。带土移栽可避免损伤根尖，去掉部分老叶可减轻移栽后植株的萎蔫程度，从而提高成活率。

三、根系吸水的途径

植物根部吸水主要通过根毛、皮层、内皮层，再经中柱薄壁细胞进入导管。水分在根内的径向运转有质外体途径和共质体途径。

（一）质外体途径

水分通过质外体进入根内部。所谓质外体是指由细胞壁、细胞间隙、胞间层以及导管的空腔组成的部分。当水分在质外体中移动时，不越过任何膜，所以移动阻力小，移动速度快。但根中的质外体常常是不连续的，它被内皮层分隔成两个区域（如图1-7所示）：一是内皮层外，包括根毛、皮层的胞间层、细胞壁和细胞间隙，称为外部质外体；二是内皮层内，包括成熟的导管和中柱鞘各部分细胞壁，称为内部质外体。因此，水分由外部质外体进入内部质外体时必须通过内皮层细胞的共质体途径才能实现。

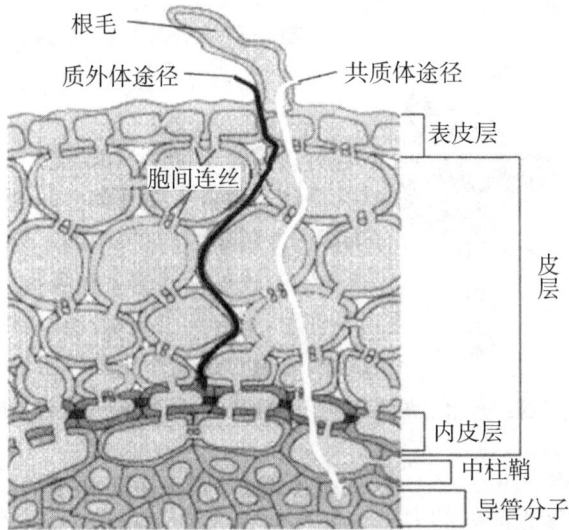

图1-7 根部吸水的途径

（二）共质体途径

土壤水分通过共质体进入根内部导管。共质体是指由一个个细胞通过胞间连丝组成的连续整体。由于水分在共质体内运输时要跨膜，因此水分移动阻力较大。

四、根系吸水的动力

植物根系吸水的动力主要来自两方面：一是依靠根系本身的活动产生的根压，即主动吸水；二是依靠叶片的蒸腾作用产生的蒸腾拉力，即被动吸水。

（一）主动吸水

由植物根系生理活动而引起的吸水过程称为主动吸水，它与地上部分的活动无关。根的主动吸水具体反映在根压上。所谓根压，是指由于植物根系生理活动而促使液流从根部上升的压力。根压把根部吸进的水分压到地上部分，同时土壤中的水分又不断地补充到根部，这样就形成了根系的主动吸水。大部分植物的根压为0.05～0.5 MPa。

根的主动吸水可由"伤流"和"吐水"现象证实。完整的植物在土壤水分充足、土温较高、空气湿度大的早晨或傍晚，会从叶尖（单子叶植物）或叶边缘（双子叶植物）吐出水珠，这种现象称为"吐水"（如图1-8所示）。表明这时植物的吸水大于蒸腾，过多的水分在根压的作用下，由叶尖或叶边缘的水孔排出。

假若将一株很健壮的作物（如玉米）在近地面的基部切断，不久就会有汁液从伤口流出，这种从受伤或折断的植物组织茎基部伤口溢出液体的现象称为伤流，流出的汁液叫伤流液。若在切口处连接一压力计，则可测出一定的压力。伤流液从茎部切口流出的示意图如图1-9（a）所示，用压力计测量根压的示意图如图1-9（b）所示。这种汁液的流出显然与地上部分无关，是由根部的活动——根压引起的。

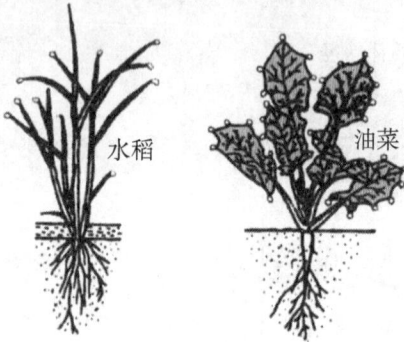

图1-8 水稻、油菜的吐水现象

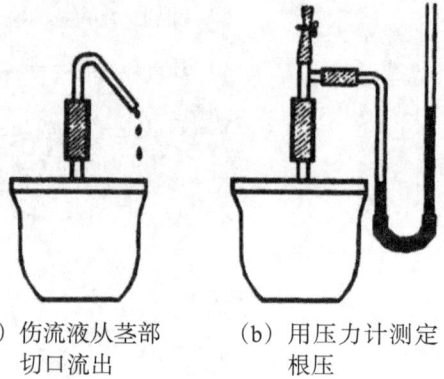

（a）伤流液从茎部
切口流出

（b）用压力计测定
根压

图1-9 伤流和根压示意图

不同植物的伤流程度不同，葫芦科植物伤流液较多，稻、麦等较少。同一种植物根系生理活动强弱、根系有效吸收面积的大小等都直接影响根压伤流的量。伤流液中除含有大量的水分外，还含有各种无机离子、有机物和植物激素。无机离子是根系从土壤中吸收的，而有机物则主要是由根系合成或转化而来。因此，根系伤流量和成分可以反映根系生理活性的强弱，吐水现象亦可作为植物根系生理活动的指标。

根压产生的机制，目前尚未彻底弄清，但显然与水的吸收有关。根中水分运转是通过质外体空间进入内皮层细胞原生质层（共质体），再进入质外体空间（导管）。因此，可以把根系看成一个渗透系统，内皮层通道细胞就是一层具有选择透性的膜，它对根中的水分运转起控制作用。土壤溶液在根内沿质外体向内扩散，其中的离子则通过依赖于细胞代谢活动的主动吸收进入共质体中，这些离子通过连续的共质体到达中柱内的活细胞，然后释放到导管中，引起离子积累。其结果使内皮层以内的质外体内溶液渗透势降低。而内皮层以外的质外体水势较高，水分通过渗透作用顺着水势梯度透过内皮层细胞到达中柱的导管内。这样造成的水分向中柱的扩散作用，在中柱内就产生了一种静水压力，这便是根压。

（二）被动吸水

当植物进行蒸腾作用时，水分便从叶子的气孔和表皮细胞表面蒸腾到大气中去，其ψ_w降低，失水的细胞便从邻近水势较高的叶肉细胞吸水，如此传递，接近叶脉导管的叶肉细胞向叶脉导管、茎的导管、根的导管和根部吸水，这样便形成了一个由低到高的水势梯度，使根系从土壤中吸水。这种因蒸腾作用所产生的吸水力量，叫作蒸腾拉力。由于吸水的动力发源于叶的蒸腾作用，故把这种吸水称为根的被动吸水。蒸腾拉力是蒸腾旺盛季节植物吸水的主要动力。

五、影响根系吸水的外部因素

土壤因素以及影响蒸腾的大气因素均影响根系吸水。大气因素是通过影响蒸腾而影响蒸腾拉力，间接影响吸水。这里主要讨论土壤因素。

（一）土壤水分状况

植物主要通过根系从土壤中吸取水分，所以土壤水分状况直接影响着根系吸水。只有超过永久萎蔫系数的土壤中的水分才是植物的可利用水。当土壤含水量下降时，土壤溶液水势亦下降，土壤溶液与根部之间的水势差减小，根部吸水减慢，引起植物体内含水量下降。土壤含水量达到永久萎蔫系数时，土壤的水势等于或低于根系水势，根部无法从土壤中吸水，不再能维持叶细胞的膨压，叶片发生萎蔫。只有通过灌溉等途径增加土壤可利用水，提高土壤水势，才能消除萎蔫。

（二）土壤通气状况

土壤的通气状况对根系吸水影响很大。试验证明，用 CO_2 处理根部，以降低呼吸代谢，小麦、玉米和水稻幼苗的吸水量降低了 14%～15%；若通以空气，则吸水量增大。土壤通气不良造成根系吸水困难的主要原因：根系环境内缺乏 O_2、CO_2 积累，短期内使呼吸减弱，影响根压，继而影响根系吸水；长时期缺氧，根进行无氧呼吸，产生并积累较多的乙醇，使根系中毒受伤，吸水更少。作物受涝，反而表现出缺水症状，就是因为土壤通气不良，抑制根部吸水。农业生产中的中耕耘田、控水晒田等措施就是为了增加土壤的通气条件。

不同植物对土壤通气不良的忍受能力差异很大，这主要与植物的特殊结构和生理特性有关。长期生活在沼泽地带或水分饱和土壤中的植物，其结构和生理功能上形成了一套适应机制。例如，水稻根内具有较大的细胞间隙和气道，与茎叶的细胞间隙和气道相通，便于氧从叶茎中向下传递；同时，根部具有较强的乙醇酸氧化途径，氧化乙醇酸，产生的 H_2O_2 在过氧化氢酶的作用下放出氧气，用于呼吸作用。水稻幼苗在缺氧情况下，细胞色素氧化酶仍能保持一定的活性，也可能是水稻秧苗耐淹的生理原因之一。

良好的通气条件是根系吸水的必要条件，但土壤中的水分和空气会相互排斥，争夺土壤空间。不是水多空气少，就是水少空气多。土壤的团粒结构可以克服这一矛盾。因为团粒土壤中具有大、小空隙，在大空隙里，除下雨或浇水外，都充满着空气；而小空隙里则含有水分。所以既可满足根系对水分的需要，又可满足对空气的要求。

（三）土壤温度

土壤温度与根系吸水关系很大。低温使根系吸水下降的原因：原生质黏性增大，对水的阻力增大，水不易透过生活组织，植物吸水减弱；水分子运动减慢，渗透作用降低；根系生长受抑，吸收面积减少；根系呼吸速率降低，离子吸收减弱，影响根压。高温加速根系老化过程，使根的木质化部位几乎到达根尖端，根吸收面积减少，吸水速率也下降。

（四）土壤溶液浓度

土壤溶液所含盐分的多少，直接影响其水势的大小。只有在根部细胞水势低于土壤水势的情况下，根系才能从土壤中吸水。一般情况下，土壤溶液浓度较低，水势较高，根系能够正常吸水。但盐碱土则不同，其土壤溶液中盐分浓度很高，水势很低，作物吸水困难，甚至体内水分有可能外渗，作物不能维持体内水分平衡而处于缺水状态，形成一种生理干旱。所以在农业生产中给土壤施用肥料时不宜过多或过于集中，以免使根部土壤溶液浓度急速升高，阻碍根系吸水，引起"烧苗"。

第四节　植物的蒸腾作用

植物吸收的水分，只有1%（最多不超过5%）被用于代谢，大部分的水分都散失到体外。水分从植物体散失到外界的方式有两种：一种是以液体状态散失，这就是吐水现象；另一种是以气体状态散失，这便是蒸腾作用。蒸腾作用是植物体内水分散失的主要途径。

一、蒸腾作用的概念及意义

（一）蒸腾作用的概念及蒸腾的部位

蒸腾作用是指植物体内水分通过植物体表以气态方式散失到大气中的过程。蒸腾作用本质上是一个蒸发过程，但它比单纯物理过程的水分蒸发复杂得多，因为蒸腾作用是受植物生命活动控制的生理过程。

当植株幼小时，地上部的全部表面都能进行蒸腾。当植物长大以后，茎和枝条形成木栓，这时茎、枝上只有皮孔可以蒸腾。但是皮孔蒸腾量非常小，约占全部蒸腾的0.1%。所以，植物的蒸腾作用绝大部分是在叶面上进行。

水分通过叶面的蒸腾有两种：①通过角质层（孔隙）的角质蒸腾；②通过叶片上的气孔蒸腾。成年叶子的角质层较厚，蒸腾量很少，仅占总蒸腾量的5%～10%。因此，对一般的成熟叶片，气孔蒸腾是植物叶片蒸腾的主要方式。但幼叶、嫩茎和生长在潮湿环境中的植物，由于角质层不发达，所以角质蒸腾可占总蒸腾量的30%～50%。

（二）蒸腾作用的生理意义

叶片的蒸腾作用在植物体内产生一系列水势梯度而在导管内形成巨大的蒸腾拉力，是植物被动吸水与转运水分的主要动力。如果没有蒸腾作用，那么蒸腾拉力引起的吸水过程就不能进行，植物的较高部分也无法获得水分。

蒸腾作用促进木质部汁液中物质的运输：土壤中的矿质盐类和根系合成的物质可随着水分的吸收和集流而被运输和分布到植物体各个部分和组织，满足生命活动的需要。

水分子具有很高的汽化热，通过蒸腾作用可以散失过多的辐射热，维持植物正常的体温。

（三）蒸腾作用的指标

在研究中人们用过下列指标来定量描述蒸腾作用。

1. 蒸腾速率（transpiration rate）

蒸腾速率也称"蒸腾强度"，是指植物在单位时间内、单位叶面积通过蒸腾作用散失的水量。常用单位是$g \cdot m^{-2} \cdot h^{-1}$，大多数植物白天的蒸腾强度为15～250 $g \cdot m^{-2} \cdot h^{-1}$，夜间为1～20 $g \cdot m^{-2} \cdot h^{-1}$。

2. 蒸腾效率（transpiration efficiency）

蒸腾效率是指植物每蒸腾1 kg水所形成的干物质的质量。常用单位是$g \cdot kg^{-1}$，一般植物蒸腾效率为1～8 $g \cdot kg^{-1}$。

3. 蒸腾系数（transpiration coefficient）

蒸腾系数也称"需水量"，是指植物每制造1 g干物质所消耗水分的质量（g）。它是蒸腾效率的倒数，一般植物蒸腾系数为125～1 000。

蒸腾系数是衡量作物经济用水的重要指标。曾有测定表明，水稻蒸腾系数为1 000，豌豆为788，棉花为646，小麦为513，玉米为368，高粱为322，谷子为310，糜子为293。所以，作物中高粱、谷子、糜子对水分的利用更经济有效。另外，植物品种不同、生育期不同，测得的蒸腾系数也不同。需水量对农业区划、作物布局及田间管理都有一定的指导意义。

4. 蒸腾比率（transpiration ratio）

蒸腾比率是指一定时期内植物蒸腾失水的量与光合同化CO_2的量之比。

从概念的内涵来说，蒸腾系数和蒸腾比率都是指植物在一定生长期内消耗的水量和所同化干物质的比值，但两个指标所用单位不同，因此数值不同。木本植物的蒸腾比率比草本植物的小，C_4植物的蒸腾比率比C_3植物的小。典型C_3植物的蒸腾比率为400～500，C_4植物的蒸腾比率为150～250，CAM植物的蒸腾比率为50左右。

5. 水分利用效率（water use efficiency，WUE）

水分利用效率是指植物每蒸腾消耗单位水量所生产干物质的量（或同化CO_2的量），又分为大田作物群体的水分利用效率、植物单株水分利用效率和叶片水分利用效率三种。植物单株水分利用效率的内涵和蒸腾效率相同，是指在一定时期内植物同化的干物质和所蒸腾消耗水量的比值，单位为$g \cdot kg^{-1}$。叶片水分利用效率是指在一定时间内叶片光合同化CO_2的量与蒸腾失水量的比值，即光合速率与蒸腾速率的比值，是蒸腾比率的倒数。

植物的干物质生产主要是由于光合产物的积累，植物消耗的水分主要用于蒸腾，所以植物生理学家通常用光合速率代表干物质生产，用蒸腾速率代表水分消耗，水分利用效率代表植物生长过程中利用水分的经济程度。高的水分利用效率有利于植物在干旱逆境下保持一定的产量，这在生产上有重要意义。植物的水分利用效率受遗传控制并受环境影响，因此可通过育种途径和栽培措施来加以提高。

二、气孔蒸腾

气孔是植物叶表皮上的两个保卫细胞所围成的小孔。它是植物叶片与外界进行气体交换的主要通道，水蒸气、O_2和CO_2等都可以通过气孔进行扩散。气孔可由植物自身控制其开和闭（气孔运动），因此气孔在植物的水分代谢、光合作用和呼吸作用等生理过程中起着重要作用。

（一）气孔的数量、大小和分布

叶片气孔数目很多，且不同的植物气孔数目差异较大，平均每平方毫米叶面上有50～500个气孔。气孔数目虽多，但直径很小，长7～30 μm，宽1～10 μm。所以气孔总面积占叶片总面积的比例很小，一般只有1%～2%。

通常叶尖比基部气孔多，植株上部叶子较下部叶子气孔多。大部分植物叶片上下表面都有气孔，而且同一叶片的上、下表面气孔数目差异很大。例如：苹果叶片上表面无气孔，而下表面每平方毫米有200～700个气孔；小麦叶片上表面每平方毫米有33个气孔，下表面有14个；而水生植物的气孔只分布在叶片上表面。

总面积只有叶面积1%的气孔，蒸腾散失水量却为与叶面积相等的自由水面蒸发量的50%以上。也就是说，经过气孔的蒸腾速率要比同面积自由水面的蒸发速率快50倍以上。

（二）经过气孔的扩散——小孔扩散律

在任何蒸发面上，气体分子除经过表面向外扩散，还可以沿边缘向外扩散。气体分子向外扩散过程中会相互碰撞，中央的分子相互碰撞机会多、扩散慢；边缘的分子相互碰撞的机会少，扩散速率比中间快。当扩散表面的面积较大时，周长与面积的比值小，扩散主要是在表面进行，经过大孔的扩散速率与孔的面积成正比；当扩散表面积较小时，周长与面积的比值大，沿边缘扩散的比例增大，而且孔越小，周长所占比例越大，扩散速率就越快。因此经过小孔的扩散与周长成正比，而不和小孔的面积成比例，这就是小孔扩散律，又称为"周长扩散"。

如果把大孔分成许多小孔，其总面积不变，但周长（边缘长度）却增加很多，扩散速率也就大大提高。叶片表面的气孔正是这样的小孔，所以气孔的蒸腾速率要比同面积的自由水面的蒸发速率快得多。

（三）气孔运动

大多数植物的气孔白天张开，晚上关闭。气孔的开、闭（气孔运动）与保卫细胞壁的特殊结构有关。

双子叶植物的保卫细胞是肾形的，如图1-10（a）所示；禾本科植物的保卫细胞是哑铃形的，如图1-10（b）所示。保卫细胞的解剖结构有两大特点：一是保卫细胞壁不均匀加厚，靠着气孔的内壁较厚，而背向气孔的外壁较薄；二是保卫细胞壁上的微纤丝以气孔为中心呈放射状分布。

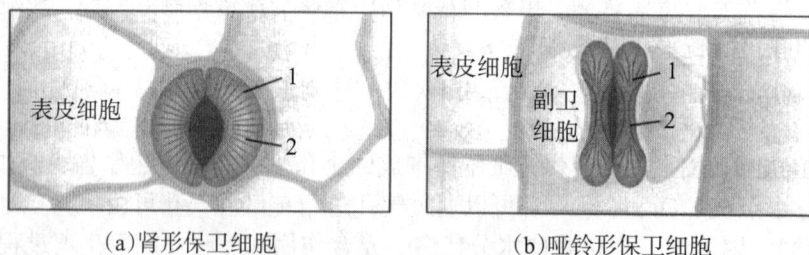

(a)肾形保卫细胞 　　　　(b)哑铃形保卫细胞

1—辐射状微纤丝；2—保卫细胞。

图1-10　植物的两类气孔

由于保卫细胞的这些特殊结构，当保卫细胞吸水膨胀时，肾形保卫细胞的外壁易于伸长，细胞向外弯曲，两个保卫细胞呈现两个面对的拉弓状形变，于是气孔张开；哑铃形保卫细胞吸水时，细胞两端膨胀呈球形，两个保卫细胞中间的气孔被撑开。当保卫细胞失水缩小时，气孔关闭。

决定细胞吸水还是失水的是水势，而细胞水势$\psi_w = \psi_s + \psi_p$，保卫细胞的体积比其他表皮细胞小得多，只要有少量的渗透物质积累，就可引起水势的明显降低，促进保卫细胞吸水，膨压升高，气孔开放。

（四）气孔运动的机理

一般植物在光照条件下气孔开放，在黑暗条件下气孔关闭。研究表明，在温室中生长的蚕豆叶片，其气孔开度和入射的太阳光强度有很好的相关性。

详细研究表明，光可以激活保卫细胞中的两种不同反应：保卫细胞叶绿体中的光合作用和特异的蓝光反应。光合作用能被光合电子传递抑制剂二氯苯基二甲脲（DCMU）抑制，蓝光反应不受DCMU抑制。用DCMU处理叶片，发现气孔对白光的反应只被部分抑制，这说明除了保卫细胞叶绿体的光合作用参与了依赖于光的气孔开放，还有非光合作用组分参与。该结论也可被双光实验（如图1-11所示）所验证：先用红光使光合作用达到饱和，再添加蓝光可引起气孔进一步张

图1-11　红光背景下气孔对蓝光的反应

开；这不能用光合作用来解释，因为此时的光合作用已经被红光饱和了。对蓝光效应的作用光谱进行研究表明这是典型的蓝光反应，其蓝光受体是玉米黄素，而光合作用的光受体是叶绿素。气孔运动的机理很复杂，目前仍未完全了解，可以归纳为以下三种学说。

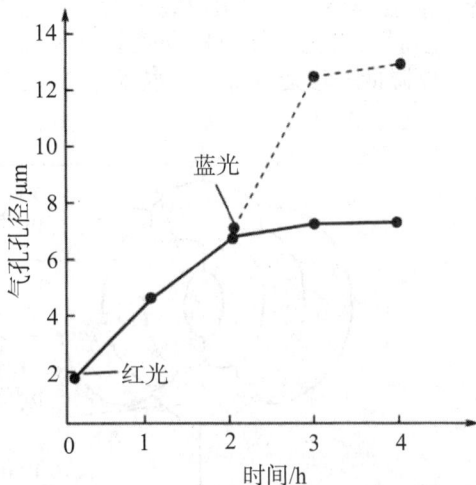

1. 淀粉与糖转化学说

此学说最早在1908年由植物生理学家洛伊德（F. E. Lloyd）提出，近年进行了补充修正。与叶肉细胞不同，保卫细胞的叶绿体是淀粉仓库，含有大的淀粉粒，光照下储存的淀粉降解为己糖或磷酸丙糖，然后转运到细胞质合成蔗糖；或光合作用也可以直接合成蔗糖，因此细胞内糖浓度升高、渗透势下降、水势下降，水分就从周围的细胞进入保卫细胞。保卫细胞吸水膨胀时外壁易于拉伸，细胞向内弯曲，气孔张开。在黑暗里则相反，光合作用停止，蔗糖分解后转运到叶绿体合成淀粉并储存起来，细胞液糖浓度降低、渗透势升高、水势升高，保卫细胞失水收缩，气孔便关闭。光照下保卫细胞内累积的蔗糖来源有三个：保卫细胞淀粉水解，保卫细胞叶绿体光合作用碳固定，叶肉细胞光合固定碳转运。

淀粉与糖转化学说是经典学说，在20世纪60年代以前一直占统治地位。支持这个学说的证据是用显微镜可以观察到植物叶片在光下气孔张开，保卫细胞的淀粉粒消失，这与叶肉细胞不同；晚上气孔关闭，淀粉粒出现。但随着研究的深入，人们发现这个学说并不能解释所有的现象，如葱等植物的保卫细胞中没有淀粉，而蚕豆保卫细胞在光下并未检测出大量的糖，却发现了大量K^+的累积。

2. K^+累积学说

电子探针微量分析仪可直接测定保卫细胞中的K^+，利用该技术进行大量实验后发现，气孔张开后，保卫细胞中含有大量K^+，气孔关闭后这些K^+消失，如图1-12所示。因此，提出了气孔张开的K^+累积学说。

研究表明，植物照光后玉米黄素在接收蓝光信号后发生构象改变，然后激活质膜上的H^+-ATP酶，此酶水解ATP使H^+主动泵出保卫细胞，细胞外pH下降、细胞内pH上升，质膜内侧电势降低，导致跨膜的质子电化学势梯度差增加，质膜超极化，内向K^+通道打开，K^+运

入保卫细胞，同时阴离子Cl^-也进入细胞以维持细胞电中性，引起保卫细胞内离子浓度升高、渗透势降低、水势降低，保卫细胞吸水膨胀、气孔打开。在黑暗中H^+-ATP酶停止做功，质膜去极化，外向K^+通道打开使K^+从保卫细胞扩散出去，并伴随阴离子释放，因此离子浓度降低、渗透势升高、水势升高，保卫细胞失水收缩，气孔关闭。

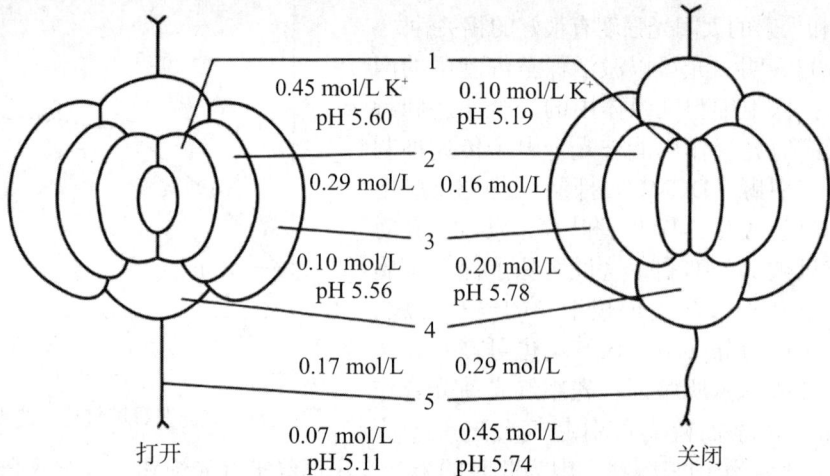

图1-12　鸭跖草气孔开放和关闭时各细胞的K^+浓度和pH

1—保卫细胞；2—内副卫细胞；3—外副卫细胞；4—端副卫细胞；5—表皮细胞。

大量的K^+由保卫细胞附近的副卫细胞或表皮细胞提供。另外蓝光也刺激淀粉降解和苹果酸合成，苹果酸根也可以平衡部分钾离子的正电荷。蓝光所引起的气孔大小变化遵循反比定律（reciprocity law），即反应不仅取决于光照强度和光照时间，还取决于总光量的大小。所以，气孔可以作为叶片的"光感受器"来感知叶面的总光量。

3. 苹果酸代谢学说

20世纪70年代初，研究发现保卫细胞积累的K^+，有1/2～2/3被苹果酸根平衡，以维持电中性，而苹果酸来源于淀粉水解。

苹果酸代谢学说的内容：照光时保卫细胞的细胞质中磷酸丙糖和葡萄糖可通过糖酵解作用产生磷酸烯醇式丙酮酸（PEP）。保卫细胞含有PEP羧化酶，在它的催化下，PEP与HCO_3^-结合，形成草酰乙酸，再被NAD(P)H还原形成苹果酸，反应式如下：

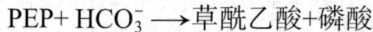

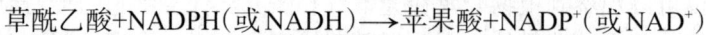

$$PEP + HCO_3^- \longrightarrow 草酰乙酸 + 磷酸$$
$$草酰乙酸 + NADPH（或NADH）\longrightarrow 苹果酸 + NADP^+（或NAD^+）$$

苹果酸可解离出2个H^+，在H^+/K^+泵作用下，H^+与K^+交换，使保卫细胞内K^+浓度增加，可以促进保卫细胞吸水、气孔张开；苹果酸根进入液泡和Cl^-共同与K^+在电学上保持平衡，也可作为渗透物质降低水势，使保卫细胞吸水、气孔张开。当叶片由光下转入暗处时，苹果酸转入线粒体脱羧降解或排到质外体。近期研究也证明，保卫细胞内淀粉和苹果酸之间存在一定的数量关系。

这三种学说的本质都是渗透调节保卫细胞，糖、苹果酸、K^+、Cl^-等在保卫细胞中积累，使其水势下降，吸水膨胀，气孔开放。没有任何单一的学说可以完全解释气孔开闭的机理。对气孔在一天中的变化进行连续观察，发现早上气孔逐渐张开时伴随着保卫细胞K^+含量的迅速增加；中午气孔开度继续增加，但K^+含量已经降低。而蔗糖含量在早上增加缓慢，中午及下午早些时候快速增加，傍晚气孔关闭，蔗糖含量降低，如图1-13所示。可能气孔的开

放主要与 K^+ 的吸收有关，气孔关闭主要与蔗糖含量降低有关。蔗糖的调节作用使得气孔开度与光合作用相关联。

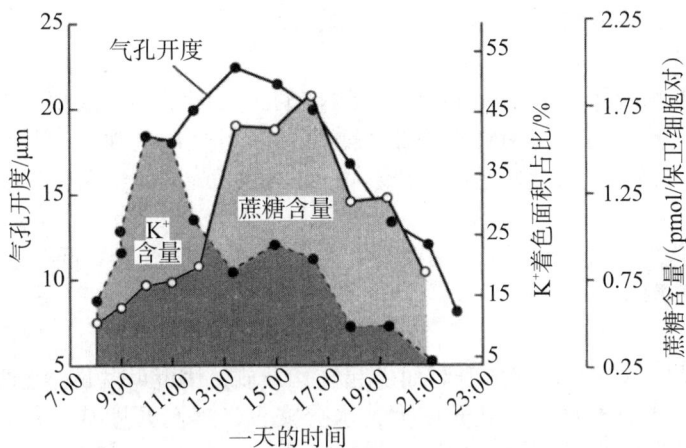

图1-13　蚕豆完整叶片保卫细胞气孔开度、K^+ 含量和蔗糖含量在一天中的变化

（五）气孔运动的调节

除了光照以外，对气孔运动影响最大的外界因素是水分状况。陆生植物在长期适应干旱的过程中形成了一套调控机制，对气孔开度进行调节，包括前馈式和反馈式调节。

1. 前馈式调节

研究发现供水充足时植物叶片气孔开放；干旱条件下植物水分亏缺，叶片的气孔会关闭。而在气孔关闭以前就可以检测出植物激素脱落酸（abscisic acid，ABA）含量增加。

若将一株植物根系分开放置于两个容器中对植物进行栽培，一半根系充分供水，一半根系干旱处理。结果发现植株叶片水分状况良好，但气孔是部分关闭的。为什么呢？进一步研究发现，由于有一半的根系可以充分吸收水分，因此叶片的细胞不缺水；而遭受干旱胁迫的那一半根系可产生脱落酸，脱落酸转运至叶中，促使保卫细胞外向 K^+ 通道打开，K^+ 外运，水势升高，保卫细胞失水收缩，所以气孔关闭。

这说明最先感受土壤干旱的是根系，根系感知干旱后会产生根源信号，通过信息传递调节气孔使之关闭，即使叶片并不缺水；脱落酸可以作为干旱的信号，调节气孔的运动。这种调节方式称为前馈式调节，相当于气孔的预警系统，在土壤水分减少，叶片水势还未发生变化时气孔即关闭，避免水分过量散失导致叶片严重缺水。除此以外，pH和多肽也在根和地上部长距离信号传递中起作用。研究表明，根系受到干旱后产生的信号也有多肽样激素，它运到叶片后促进脱落酸合成，进而促进气孔关闭。

研究表明，外施脱落酸可促进植物气孔关闭。除脱落酸以外，细胞分裂素也可促进气孔张开。

2. 反馈式调节

当蒸腾旺盛而植物吸水的速率赶不上失水的速率时，叶片水分亏缺，水势降低至某一临界值时，气孔关闭，以减少水分的进一步散失，这种方式称为反馈式调节。气孔开始关闭时的叶片水势称为临界水势，它可以表示植物对干旱的耐受程度。不同植物的临界水势不同，一般临界水势低的植物耐旱性强。

（六）环境因素对气孔运动的影响

许多环境因素能够影响气孔运动，简要归纳总结如下。

1. 光照

在供水充足的情况下，光照是调节气孔运动的主要因素。一般植物在光照下，气孔开放；在黑暗中，气孔关闭。其中红光和蓝光最有效。但是一些沙漠中生长的植物，如仙人掌、景天等，白天气孔关闭，晚上气孔开放。

2. 温度

一般随温度升高气孔开度增大，在30 ℃左右气孔开度最大；低于10 ℃或高于35 ℃，气孔会关闭或部分关闭。

3. 水分

保卫细胞必须吸水才能使膨压升高而引起气孔开放，因此叶片的水分状况对气孔开度有强烈的调控作用。水分充足，气孔开度大；水分减少，气孔开度减小；缺水干旱时气孔关闭，久雨时气孔也会关闭。

4. CO_2

低CO_2浓度促进气孔开放，高CO_2浓度使气孔关闭。

5. 风

微风时，气孔张开；风速大时，气孔关闭。

三、影响蒸腾作用的因素

蒸腾作用基本上是一个蒸发过程。首先，靠近气孔下腔的叶肉细胞的水分在表面变成水蒸气，扩散到气孔下腔，然后经过气孔扩散到叶面的界面层，再由界面层扩散到空气中，如图1-14所示。

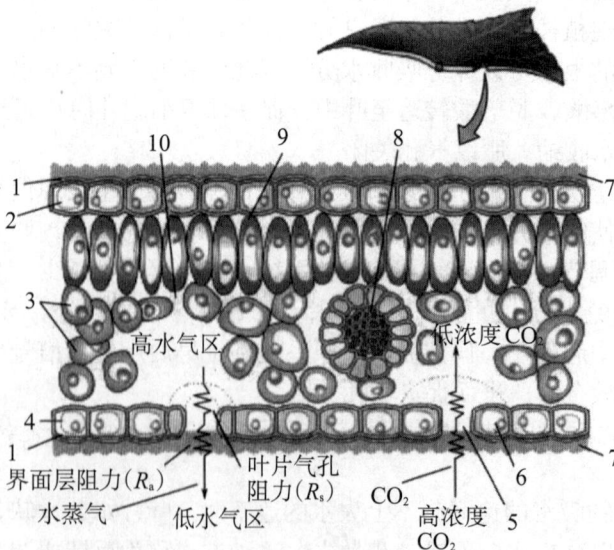

1—表皮；2—上表皮；3—叶肉细胞；4—下表皮；5—气孔腔；6—保卫细胞；
7—空气界面层；8—木质部；9—柱状薄壁组织；10—气孔下腔。

图1-14 水分通过叶片的途径

蒸腾的速率取决于水蒸气向外扩散的力量和扩散途径的阻力。即

$$蒸腾速率 = \frac{扩散力}{扩散途径阻力} = \frac{C_L - C_a}{R_s + R_a}$$ (1-6)

式中，C_L——叶内气孔下腔的水蒸气压；

C_a——空气中的水蒸气压；

R_s——气孔阻力［包括气孔下腔和气孔的形状和体积，其中以气孔开度为主（用光合测定仪测定时称为气孔导度）］；

R_a——叶片外水蒸气界面层阻力（界面层越厚，阻力越大；界面层越薄，阻力越小）。

从式（1-6）来看，凡是能改变扩散力和扩散阻力的因素，都会对蒸腾作用产生影响。

（一）影响蒸腾作用的内部因素

气孔阻力（内部阻力）是影响蒸腾作用的内部因素，凡是能减小气孔阻力的因素，都会促进蒸腾作用，使蒸腾速率加快。

1. 气孔的特征

气孔的构造特征是影响气孔蒸腾的主要内部因素。气孔频度（叶片的气孔数/cm²）大，气孔也大时，内部阻力小，蒸腾较强；气孔下腔体积大，内蒸发面大，叶肉细胞水分蒸发快，使C_L变大，蒸腾加快。叶子长成后，气孔频度、气孔大小和气孔下腔都固定，只有气孔开度决定着R_a的大小。

2. 叶变态

有些植物的变态叶使气孔构造特殊，也会影响蒸腾。例如，苏铁和印度橡胶树的气孔陷在表皮层之下，气体扩散阻力增大；有些植物内陷的气孔口还有表皮毛，增大了气孔阻力，使蒸腾减慢。

（二）影响蒸腾作用的外部因素

1. 温度

气温越高，叶温就越高，叶内水分蒸发就越快，C_L升高；同时，气温升高，空气湿度下降，C_a减小。结果是水蒸气压差增大，蒸腾加强。

2. 光照

光照对蒸腾的影响有两点：首先，光照可提高大气和叶面的温度，增大水蒸气压差，间接促进蒸腾；其次，光照可促进气孔张开，减小气孔阻力R_s，因此也会使蒸腾加强。

3. 湿度

空气相对湿度较低，也就是空气中水蒸气分子少，水蒸气压C_a降低，有利于蒸腾；反之，则阻碍蒸腾。

4. 风速

风对蒸腾作用的影响比较复杂。微风可促进叶片界面层水蒸气分子的扩散，使C_a减小，水蒸气压差增大，有利于蒸腾；强风会使水分散失过快，引起气孔关闭，抑制蒸腾。

5. 土壤状况

植物地上蒸腾与根系的吸水有密切的关系。因此，凡是影响根系吸水的各种土壤条件，如土温、土壤通气、土壤溶液浓度等，均可间接影响蒸腾作用。

第五节　植物体内水分的运输

一、水分运输的途径

水分从土壤经过植物体到大气的过程中，一部分要经过共质体，另一部分要经过质外体。其具体途径是：土壤→根毛→皮层→内皮层→中柱鞘→根的导管或管胞→茎的导管→叶柄导管→叶脉导管→叶肉细胞→叶细胞间隙→气孔下腔→气孔→大气。

水分在植物根、茎、叶内的运输有质外体运输和共质体运输两种途径。

（一）质外体运输

质外体运输经过死细胞。导管和管胞都是中空无原生质体的长形死细胞，细胞与细胞之间有孔，特别是导管细胞的横壁消失殆尽，对水分运输的阻力很小，适于长距离运输。裸子植物的水分运输途径是管胞，被子植物是导管和管胞。

（二）共质体运输

共质体运输经过活细胞。水分从皮层→根中柱、叶脉→叶肉细胞，都是经过活细胞。这部分共质体在植物内的长度不过几毫米，距离很短，但因细胞内有原生质体，阻力很大，运输速度很慢，一般只有$10^{-3}\,cm\cdot h^{-1}$。所以，没有真正输导系统的植物（如苔藓和地衣）不能长得很高。在进化过程中出现了管胞（蕨类植物和裸子植物）和导管（被子植物），才有可能出现高达几米甚至几百米的植物。

二、水分运输的速度

活细胞原生质体对水流移动的阻力很大，因为原生质体是由许多亲水物质组成的，都具有水合膜，当水分流过时，原生质体把水分吸住，保持在水合膜上，水流便遇到阻力。试验表明，在$0.1\,MPa$条件下，水流经过原生质体的速度只有$10^{-3}\,cm\cdot h^{-1}$。

水分在木质部中运输的速度比在薄壁细胞中快得多，为$3\sim45\,cm\cdot h^{-1}$，具体速度由植物输导组织隔膜大小而定。具环孔材的树木的导管较大而且较长，水流速度为$20\sim40\,cm\cdot h^{-1}$，甚至更高；具散孔材的树木的导管较短，水流速度慢，只有$1\sim6\,cm\cdot h^{-1}$；而裸子植物只有管胞，没有导管，水流速度更慢，还不到$0.6\,cm\cdot h^{-1}$。

三、水分沿导管上升的机制

如前所述，根压能使水分沿导管上升，但根压一般不超过$0.2\,MPa$，而$0.2\,MPa$也只能使水分上升$20.4\,m$。许多树木的高度远比这个数值大得多，同时蒸腾旺盛时根压很小，所以高大乔木水分上升的主要动力不只是根压。

那么，水分沿导管上升的动力是什么呢？水分在导管中的运动是一种集流，其上升的动力为压力势梯度（即水势梯度），造成植株上下导管中压力势梯度的原因有两个：一是根压（正压力势），二是蒸腾拉力（负压力势）。根压不足以实现这个过程，因此，在一般情况下蒸腾拉力才是水分上升的主要动力。强烈蒸腾时，顶端叶片水势可降至–3.0 MPa，而根部水势一般在–0.4～–0.2 MPa，因此，根部的水分可顺着水势梯度上升至乔木的顶端。蒸腾拉力要使水分在茎内上升，导管的水分必须形成连续的水柱。如果水柱中断，蒸腾拉力便无法把下部的水分拉上去。

导管中保持连续不断的水柱的根本原因在于较高的水分子的内聚力（相同分子之间的相互吸引力）。据测定，植物细胞中水分子的内聚力达20 MPa以上。叶片蒸腾失水后，便从下部吸水，所以水柱一端总是受到拉力；与此同时，水柱本身的重量又使水柱下降，这样上拉下坠使水柱产生张力。草本植物的水柱张力是0.15～0.5 MPa，灌木是0.7～0.8 MPa，高大树木是2～3 MPa。显然，水分子内聚力远比水柱张力大，故可使水柱不断。这种以水分具有较大的内聚力足以抵抗张力，保证由叶至根水柱不断来解释水分上升原因的学说，称为"内聚力学说"（cohesion theory），亦称"蒸腾-内聚力-张力学说"（transpiration-cohesion-tension theory），由爱尔兰人H. H. Dixon提出。对于该学说近几十年来争论较多。争论的焦点有两方面。一方面是水分上升是不是也有活细胞参与？有人认为导管和管胞周围的活细胞对水分上升也起作用，但是更多的研究指出，茎部局部死亡（如用毒物杀死或烫死）后，水分照样能运到叶片。另一方面是木质部里有气泡，水柱不可能连续，为什么水分还继续上升？但是有更多的试验者支持这个学说。他们认为，水分子与水分子之间具有内聚力，水分子与细胞壁分子之间又具有强大的附着力，所以水柱中断的机会很小。而且，在张力的作用下，植物体内所产生的连续水柱，除了在导管腔（或管胞腔）之外，也存在于其他空隙（如细胞壁的微孔）里。

第六节　合理灌溉的生理基础

在正常情况下，植物一方面从土壤中吸收水分，另一方面又不断地蒸腾失水，这样就在植物生命活动中形成了吸水与失水的连续运动过程。植物吸水与失水只有维持动态平衡时，植物才能进行旺盛的生命活动。在许多情况下，植物都处于不同程度的水分亏缺状态，可利用的水分不能满足植物良好生长的需要。为此，在农业生产中就需要灌溉（irrigation），以补充水分。合理灌溉的目的就是用最少量的水取得最大的效果。灌水不足或不及时，满足不了作物的需要；灌水过多则浪费水，甚至对作物生长造成不良后果。要实现合理灌溉，就要深入了解作物的水分状况、土壤的水分状况及作物的需水规律。

一、作物的需水规律

作物对水分的需要，因作物种类有很大差异，如水稻的需水量较多，小麦较少，玉米最少。以作物的生物产量乘以蒸腾系数即可大致估计作物的需水量，并作为灌溉用水量的一种参考。同时还应考虑土壤含水量和土壤保水能力、降雨量等因素。

同一作物在不同的生育期对水分的需要量也不同。如小麦，以其对水分的需要来划分，整个生长发育阶段可分为五个时期。

第一个时期是从种子萌发到分蘖前期。这个时期植株主要进行营养生长，根系发育很快，叶面积较小，耗水量不大。

第二个时期是从分蘖末期到抽穗期。这个时期小穗分化，茎、叶、穗迅速发育，叶面积增大，耗水量最多。这个时期植株代谢旺盛，如果缺水，小穗分化不良（性器官，特别是雄性生殖器官发育受阻）或畸形发展，茎的生长受阻，结果植株矮小，产量降低。特别是孕穗期，也就是从花粉母细胞四分体到花粉粒形成阶段，这是小麦的第一个水分临界期，即植物对水分不足特别敏感的时期。

第三个时期是从抽穗到开始灌浆。这时叶面积的增长基本结束，主要进行受精和种子胚胎生长。如果水分不足，上部叶片因蒸腾强烈，开始从下部叶片和花器官夺取水分，就会引起籽粒数减少，导致减产。

第四个时期是从开始灌浆到乳熟末期。这个时期营养物质从母体各部运到籽粒，而物质运输与水分状况关系密切。如果缺水，有机物运输变慢，就会造成灌浆困难，导致籽粒瘪小，产量降低。同时，水分不足也影响旗叶的光合速率和缩短旗叶的寿命，减少有机物的制造。这个时期是小麦的第二个水分临界期。

第五个时期是从乳熟末期到完熟期。这时营养物质向籽粒的运输过程已经结束，种子失去大部分水分逐渐变成风干状态。植株逐渐枯萎，已不需供给水分。尤其是进入蜡熟期后，根系开始死亡，若灌水反而有害。因为这样会使小麦贪青晚熟，或从老茎基部再生出新芽，消耗养分，降低产量。

其他作物也有水分临界期。一般作物的水分临界期都在营养生长转向生殖生长的阶段。例如，玉米水分临界期在开花至乳熟期，高粱在抽花序到灌浆期，豆类、荞麦和花生在开花期，水稻在花粉母细胞形成期和灌浆期。在水分临界期，细胞原生质的黏度和弹性都剧烈降低，因此忍受和抵抗干旱的能力减弱，并且新陈代谢增强。此时原生质必须有充足的水分，代谢才能顺利进行。这时如果缺水，作物会显著受害而减产。在水分临界期，作物不但对缺水最敏感，而且生长较快，水分利用率较高（即蒸腾系数较低），故应特别注意保证水分临界期的水分供应。

二、合理灌溉的指标

（一）土壤含水量指标

农业生产上有时是根据土壤含水量来进行灌溉，即根据土壤墒情决定是否需要灌水。一般作物生长较好的土壤含水量为田间持水量的60%～80%，如果低于此含水量，就应及时进行灌溉。但这个值不固定，常随许多因素的改变而变化。所以这种方法有一定的参考意义，但灌溉的对象是作物，不是土壤，最好以作物本身情况为依据。

（二）作物形态指标

自古以来有经验的农民都会根据作物的长势、长相来决定是否需要灌溉。作物缺水时的形态表现有：幼嫩的茎叶发生萎蔫；生长速度下降；茎、叶变暗，发红。其中，茎叶变暗、发红是因为干旱时生长缓慢，叶绿素浓度相对增大，使叶色变深，同时碳水化合物的生长性消耗减少，细胞中积累较多的可溶性糖并转化成花青素，使茎叶变红。

形态指标易于观察，但是当植物在形态上表现出受旱或缺水症状时，其体内的生理生化过程早已受到水分亏缺的危害，这些形态症状只不过是生理生化过程改变的结果。因此，更为及时和灵敏的灌溉指标是生理指标。

（三）灌溉的生理指标

1. 叶水势

叶水势是一个灵敏地反映植物水分状况的指标。当植物缺水时，叶水势下降。当叶水势下降到一定程度时，就应实施灌溉。对不同作物，发生干旱危害的叶水势临界值不同。表1-3列出了几种作物光合速率开始下降时和气孔开始关闭时的叶水势阈值。

表1-3　光合速率开始下降时和气孔开始关闭时的叶水势阈值

作物	光合速率开始下降的叶水势阈值/MPa	气孔开始关闭的叶水势阈值/MPa
小麦	−1.25	—
高粱	−1.40	—
玉米	−0.80	−0.48
豇豆	−0.40	−0.40
早稻	−1.40	−1.20
棉花	−1.80	−1.20

2. 细胞汁液浓度或渗透势

干旱情况下细胞汁液浓度比水分供应正常情况下高。当细胞汁液浓度超过一定值后，就应灌溉，否则会阻碍植株生长。

3. 气孔开度

水分充足时气孔开度较大，随着水分的减少，气孔开度逐渐缩小；当土壤可利用水耗尽时，气孔完全关闭。因此，气孔开度缩小到一定程度时就要灌溉。

4. 叶温-气温差

缺水时叶温-气温差加大，可以用红外测温仪测定作物群体温度，计算叶温-气温差确定灌溉指标。目前，已利用红外遥感技术测定作物群体温度，指导大面积作物灌溉。

需要强调的是，作物灌溉的生理指标因栽种地区、时间、作物种类、作物生育期的不同而异，甚至不同部位的叶片也有差异。所以，在实际应用时，应结合当地的情况，测定出不同作物的生理指标阈值，以指导灌溉的实施。

三、节水灌溉与节水农业

我国的水资源在时空上分布很不均匀，表现为南多北少、东多西少，夏秋多、冬春少。占国土面积50%以上的华北、西北、东北地区的水资源量仅占全国总量的20%左右。农业的季节性、区域性干旱缺水问题时有发生。而缺水又会使农业产量低而不稳。灌溉是解决农业干旱的有效办法。但传统的漫灌浇地的灌溉方式落后，农业灌溉水的利用率只有40%，农业灌溉用水量占全国总用水量的70%以上，因此，我国农业用水的浪费十分严重。目前，我国正在大力发展节水农业，把浇地变为浇作物，按作物的最佳需水要求进行灌溉，用较少的水取得较高的产出效益，提高水资源的利用率。

（一）节水灌溉方法

1. 喷灌

喷灌是利用专门的设备用压力将水喷到空中形成细小水滴，均匀降落到田间的一种灌水方法。这种方法可以解除大气干旱和土壤干旱，保持土壤团粒结构，防止土壤盐碱化。与漫灌相比，喷灌可节水50%。我国北方很多井灌地区采用喷灌后，每公顷每次灌水量从1 200 m³减少到300 m³。

2. 微灌

微灌是利用专门的设备（埋入地下的或设置于地面的管道网络）将作物生长所需的水分及养分运输到作物根系附近土层的一种灌水方法。微灌可分为滴灌、微喷灌、涌泉灌三种方式。由于微灌使作物根系生长发育区的土壤局部湿润，地表很大部分是干燥的，故可有效地利用水分，并对杂草生长造成不利条件。微灌可节水60%～70%。

3. 渗灌

渗灌是利用地下管道系统将灌溉水引入田间，通过管壁孔湿润根层土壤的灌水方法。

4. 膜上灌

膜上灌是我国首创的一种新型灌溉技术，它是在地膜覆盖的基础上将膜侧水流改为膜上水流，利用地膜进行输水，通过膜孔和膜侧给作物进行灌溉。膜上灌可以提高灌溉均匀度和水分利用效率。

（二）其他新型灌溉方式

随着植物水分代谢研究的不断进步，新的理论成果也在不断地应用于节水农业。例如，理论上出现了精确灌溉、调亏灌溉、控水灌溉等，新技术方面出现了水肥耦合、以肥调水，控制性分根交替灌溉等。这里主要介绍近年出现的新型灌溉方式。

1. 精确灌溉

精确灌溉（precision irrigation）是20世纪90年代发展起来的一种信息化现代农业。它主要运用先进的信息化技术（主要是遥感技术和计算机自动监控技术），以作物需水规律为依据，建立作物水分亏缺程度的遥感标识和模型，进行精确灌溉。

2. 调亏灌溉

调亏灌溉（regulated deficit irrigation，RDI）是20世纪70年代国际上出现的一种新兴灌溉方式。RDI主要是根据作物生长的生理特性，使其生育期的某一阶段水分亏缺，并通过其他措施调节光合产物在群体和个体间的分配，抑制营养生长，增大根冠比。适时、适度的水分亏缺能显著抑制蒸腾速率，复水后光合速率具有超补偿效应，光合产物具有超补偿积累，有利于其向果实的运转和分配。蔬菜作物苗期调亏可培育壮苗，减少后期叶面蒸腾，调节光合产物的积累和分配，提高水分利用效率。RDI可促进成花，特别是促进雌花分化，减缓蔬菜作物的长势，降低果实的含水量，可溶性固形物升高，但对果实的大小和形状无明显影响。

3. 控水灌溉

控水灌溉是根据作物的遗传特性和生理特征，在其生育期的某些阶段人为地施加一定程度的水分胁迫，调节其光合产物向不同组织器官间的分配，调控地上和地下部的生长动态，抑制营养生长，促进生殖生长，提高经济产量，达到节水高效、高产优质、提高灌溉效率的目的。控水灌溉能有效地调控土壤水分状况，增强土壤水分效应，改善植株发育。

4. 水肥耦合，以肥调水

合理增施肥料，特别是有机肥，不仅能使作物更加健壮生长，增强作物根系的吸水功能，提高作物抗旱能力，而且可以增加土壤有机质含量，改善土壤结构，增大土壤水分的库容量，达到以肥调水的作用。

5. 控制性分根区交替灌溉

当植物根系部分处于逐渐变干的土壤中并脱水时，根中产生大量ABA，使木质部汁液中ABA浓度成倍增加，运送至叶片，会引起气孔开度减小，叶片蒸腾失水减少。基于这一原理采用不同根区交替供水，使根系始终有一部分生长在干燥或较干燥的土壤区域中，限制该部分根系吸水，让其产生水分胁迫信号物质ABA，控制叶片气孔开度；而使另一部分生长在湿润区域的根系吸水，减少作物过多的蒸腾失水。交替灌水的方式还可减少空间全部湿润时的无效蒸腾和总的灌溉用水量，同时通过对不同区域根系进行交替干旱锻炼，使其具有补偿生长功能而刺激根系生长，提高根系对水分和养分的利用率，最终达到不减少作物光合产物积累而大量节水的目的。

我国许多地区缺水或无灌溉条件，必须大力发展节水农业才能提高作物产量。节水农业除了节水灌溉外，还包括旱地农业。旱地农业是指在降雨量偏少、没有或有限的灌溉条件情况下所从事的农业生产，它的内容包括种植制度的选择、抗旱或耐旱作物品种的选育、蓄水保墒、培肥土壤、旱作栽培耕作技术等。我国西北地区等干旱地区采用深耕蓄水、地膜覆盖等栽培方法，有效地提高了土壤的含蓄水能力，限制了土壤水分在地表的蒸发（同时还有抑制杂草生长、提高地温等效果）。总之，如何提高对水分的利用率，是一个综合性的系统工程。

四、合理灌溉增产的原因

灌溉可满足作物的生理需水。合理灌溉可使植物生长加快，叶面积增大，增加光合面积；使根系活动增强，增加对水分和矿物质的吸收，从而加快光合速率，同时改善光合作用的"午休"现象；使茎、叶输导组织发达，提高水分和同化物的运输速率，改善光合产物的分配利用，提高产量。

灌溉还可满足作物的生态需水，即改善作物的栽培环境，间接地对作物产生影响。例如：在盐碱地灌水有洗盐和压制盐分上升的作用；旱田施肥后灌水，起溶肥作用，有利于作物吸收；在"干热风"来临前灌水，可提高农田附近的大气湿度，降低温度，减轻干热风的危害；寒潮来临前灌水，有保温防寒抗霜冻作用。所以灌溉时，不能单纯按照作物的形态或生理指标进行灌溉以满足作物的生理需水，还应根据作物的栽培条件兼顾作物的生态需水。

思考题

1. 如何理解农业生产中"有收无收在于水"这句话？

2. 将一个细胞放在纯水中，其水势、渗透势、压力势及体积如何变化？

3. 植物体内水分存在的形式与植物代谢强弱、抗逆性有何关系？

4. 有 A、B 两个细胞，A 细胞 ψ_p =0.4 MPa，ψ_s =-1.0 MPa；B 细胞 ψ_p =0.3 MPa，ψ_s =-0.6 MPa。在 28 ℃时，将 A 细胞放入 0.12 mol·L^{-1} 蔗糖溶液中，B 细胞放入 0.2 mol·L^{-1} 蔗糖溶液中。假设平衡时两细胞的体积不变，平衡后 A、B 细胞的水势、渗透势、压力势各为多少？两细胞接触时水分流向如何？

5. 质壁分离及复原在植物生理学上有何意义？

6. 根压是如何产生的？其在植物水分代谢中有何作用？

7. 试述气孔运动的机制及其影响因素。

8. 哪些因素影响植物吸水和蒸腾作用？

9. 试述水分进出植物体的途径及动力。

10. 怎样维持植物的水分平衡？原理是什么？

11. 光照如何影响根系吸水？

12. 孤立于群体之外的单个树木与茂密森林中的树木相比，哪个蒸腾失水更快？为什么？

13. 植物在纯水中培养一段时间后，如果给水中加入一些盐，植物会发生暂时萎蔫，为什么？

14. 为什么夏季晴天中午不能用井水浇灌作物？

15. A、B、C 三种土壤的田间持水量分别为 38%、22%、9%，其永久萎蔫系数分别为 18%、11%、3%。用这三种土分别盆栽大小相同的同一种植物，浇水到盆底刚流出水为止，哪种土壤中的植物将首先萎蔫？

16. 合理灌溉在节水农业中有何意义？如何才能做到合理灌溉？

17. 试述水分通过植物细胞膜的途径及特点。

第二章 植物的矿质与氮素营养

第一节 植物必需的矿质元素

植物体中含有许多种化合物，也含有各种离子。无论是化合物还是离子，都是由不同的元素所组成的。下面介绍哪些元素是植物生命活动过程所必需的，它们有什么样的生理功能，以及诊断作物是否缺乏矿质元素的方法。

一、植物体内的元素

将烘干的植物体充分燃烧，燃烧时，有机体中的碳、氢、氧、氮等元素以二氧化碳、水、分子态氮和氮的氧化物形式散失到空气中，余下一些不能挥发的残烬，这些残烬称为灰分。矿质元素以氧化物形式存在于灰分中，所以，也称为"灰分元素"。氮在燃烧过程中散失而不存在于灰分中，所以氮不是灰分元素。但氮和灰分元素一样，都是植物从土壤中吸收的，而且氮通常是以硝酸盐（NO_3^-）和铵盐（NH_4^+）的形式被吸收，所以将氮归并于矿质元素一起讨论。一般来说，植物体中含有5%~90%的干物质，10%~95%的水分，而干物质中有机化合物超过90%，无机化合物不足10%。现已发现植物体内的元素超过70种。

二、植物必需矿质元素的确定

Arnon 和 Stout（1939）提出植物的必需元素必须符合下列三条标准：①完成植物整个生长周期不可缺少的；②在植物体内的功能是不能被其他元素代替的，植物缺乏该元素时会表现专一的症状，并且只有补充这种元素症状才会消失；③这种元素对植物体内所起的作用是直接的，而不是通过改变土壤理化性质、微生物生长条件等产生的间接作用。上述三条标准目前看来是基本正确的，因此普遍为人们所接受。

确定植物必需元素的种类的方法有溶液培养法，亦称"水培法"。溶液培养法是在含有全部或部分营养元素的溶液中栽培植物的方法。研究植物必需的矿质元素时，可在人工配成的混合营养液中除去某种元素，观察植物的生长发育和生理性状的变化。如果植物发育正常，就表示这种元素不是植物必需的；如果植物发育不正常，且补充该元素后又恢复正常状态，即可断定该元素是植物必需的。溶液培养方法不仅用于确定植物必需的矿质元素，而且已发展为蔬菜、花卉的现代产业化生产技术。

科学实验已经证明，来自水或二氧化碳的元素有碳、氧、氢三种，来自土壤的元素有氮、磷、钾、钙、镁、硫六种，植物对上述九种元素需要量相对较大（大于10 mmol·kg⁻¹干重），称为大量元素或大量营养；氯、铁、硼、锰、锌、铜、镍和钼八种元素也来自土壤，但植物需要量极微（小于10 mmol·kg⁻¹干重），稍多即发生毒害，故称为微量元素或微量营养。

三、植物必需矿质元素的生理作用

必需矿质元素在植物体内的生理作用概括起来有四个方面：①细胞结构物质的组成成分，如 N、S、P 等；②植物生命活动的调节者，参与酶的活动，如 K、Mn、Ca、Zn、Cu、Mg；③起电化学作用，即离子浓度的平衡、氧化还原、电子传递和电荷中和，如 K^+、Fe^{2+}、Cl^-；④作为细胞信号转导的第二信使，如 Ca^{2+}。有些大量元素同时具备上述两三个作用，大多数微量元素具有酶促功能。

植物必需矿质元素的各种生理作用及缺乏时的病征如下。

（一）氮

植物吸收的氮素主要是无机态氮，如铵态氮和硝态氮，也可以吸收利用有机态氮，如尿素、寡肽等。氮是氨基酸、酰胺、蛋白质、核酸、核苷酸、磷脂、辅酶等的组成元素，叶绿素、某些植物激素、维生素和生物碱等也含有氮。由此可见，氮在植物生命活动中占有首要的地位，故又称为"生命元素"。

当氮肥供应充分时，植物叶大而鲜绿，叶片功能期延长，分枝（分蘖）多，营养体健壮，花多，产量高。生产上常施用氮肥加速植物生长。但氮肥过多时，叶色深绿，营养体徒长，细胞质丰富而壁薄，易受病虫侵害，易倒伏，抗逆能力差，成熟期延迟。然而对叶菜类作物多施一些氮肥有助于提高产量。

植株缺氮时，植株矮小，根冠比增加，叶小色淡（叶绿素含量少）或发红（氮少，用于形成氨基酸的糖类也少，余下较多的糖类形成较多花色素苷，故呈红色），分枝（分蘖）少，花少，籽实不饱满，产量低。

（二）磷

通常磷以 HPO_4^{2-} 或 $H_2PO_4^-$ 的形式被植物吸收。当磷进入植物体后，大部分同化为有机物，有一部分仍保持无机物形式。磷以磷酸根形式存在于糖磷酸、核酸、核苷酸、辅酶、磷脂、植酸等中。磷不仅在 ATP 的反应中起关键作用，而且在糖类代谢、蛋白质代谢和脂肪代谢中起着重要的作用。

施磷能促进各种代谢正常进行，使植株生长发育良好，同时提高作物的抗寒性及抗旱性，提早成熟。由于磷与糖类、蛋白质和脂肪的代谢以及三者的相互转变都有关系，所以栽培粮食作物、豆类作物和油料作物都需要磷肥。

缺磷时，蛋白质合成受阻，新的细胞质和细胞核形成较少，影响细胞分裂，生长缓慢；叶小；分枝或分蘖减少，植株矮小，促进侧根和根毛形成；叶色暗绿，可能是细胞生长慢，叶绿素含量相对升高。某些植物（如油菜）叶子有时呈红色或紫色，因为缺磷阻碍了糖分运输，叶片积累大量糖分，有利于花色素苷的形成。缺磷时，开花期和成熟期都延迟，产量降低，抗性减弱。

（三）钾

土壤中有KCl、K₂SO₄等可溶性钾盐类存在，这些盐在水中解离出钾离子（K^+），进入根部。钾在植物中几乎都呈离子状态，部分在细胞质中处于吸附状态。钾主要集中在植物生命活动最活跃的部位，如生长点、幼叶、形成层等。

钾活化呼吸作用和光合作用的酶活性，是淀粉合成酶、琥珀酸脱氢酶和果糖激酶等40多种酶的辅因子，是形成细胞膨胀和维持细胞内电中性的主要阳离子。

在农业生产上，钾供应充分时，糖类合成加强，纤维素和木质素含量提高，茎秆坚韧，抗倒伏。由于钾能促进糖分转化和运输，使光合产物迅速运到块茎、块根或种子，促进块茎、块根膨大，种子饱满，故栽培马铃薯、甘薯、甜菜等作物时，施用钾肥增产显著，钾也被称为品质元素。钾不足时，植株茎秆柔弱易倒伏，抗旱性和抗寒性均差；叶尖叶缘焦枯，叶色变黄，逐渐坏死。由于钾移动性强，能移动到嫩叶，因此缺钾症状先出现在较老的叶，然后发展到植株基部。

（四）钙

植物从氯化钙等盐类中吸收钙离子。植物体内的钙存在形式有离子状态Ca^{2+}、草酸钙以及有机物结合的形式。钙主要存在于叶子或老的器官和组织中，在共质体细胞间以及韧皮部移动性很小。钙在生物膜中可作为磷脂的磷酸根和蛋白质的羧基间联系的桥梁，因而可以维持膜结构的稳定性。

细胞质基质中的钙与可溶性的蛋白质钙调蛋白（calmodulin，CaM）结合，形成有活性的$Ca^{2+} \cdot CaM$复合体，在代谢调节中起"第二信使"的作用。钙调节细胞生长和分泌过程。在没有外源钙供应时，几小时内根系伸长就会停止。钙是形成分泌性小囊泡和胞吐（exocytosis）作用所必需的，去除质外体的钙会显著降低根冠细胞的分泌活性。

钙是构成细胞壁的一种元素，细胞壁的胞间层是由果胶酸钙组成的。缺钙时，细胞壁形成受阻，影响细胞分裂，或者不能形成新细胞壁，出现多核细胞。因此，缺钙时植株生长受抑制，严重时幼嫩器官（根尖、茎端）溃烂坏死。番茄蒂腐病、莴苣顶枯病、芹菜裂茎病、菠菜黑心病、大白菜干心病等都是缺钙引起的。

（五）镁

镁主要存在于幼嫩器官和组织中，植物成熟时则集中于种子。镁离子在光合作用和呼吸过程中，可以活化各种磷酸变位酶和磷酸激酶。同样，镁也可以活化DNA和RNA的合成过程。镁是叶绿素的组成成分之一。缺乏镁，叶绿素即不能合成，叶脉仍绿而叶脉之间变黄，有时呈红紫色。若缺镁严重，则形成褐斑坏死。

（六）硫

植物从土壤中吸收硫酸根离子。SO_4^{2-}进入植物体后，一部分保持不变，大部分被还原成硫，进一步同化为半胱氨酸、胱氨酸和甲硫氨酸等。硫也是硫辛酸、辅酶A、硫胺素焦磷酸、谷胱甘肽、生物素、腺苷酰硫酸等的组成元素。

缺硫的症状与缺氮相似，包括缺绿、矮化、积累花色素苷等。区别是缺硫引起的缺绿是从嫩叶发起的，而缺氮引起的缺绿则在老叶先出现，因为硫不易再移动到嫩叶，氮则可以。

（七）氯

氯离子（Cl^-）在光合作用水裂解过程中起着活化剂的作用，促进氧的释放。根和叶的细胞分裂需要氯。缺氯时植株叶小，叶尖干枯、黄化，最终坏死；根生长慢，根尖粗。

（八）铁

铁主要以 Fe^{2+} 的螯合物形式被植物吸收。植物根据对铁的吸收，可分为机理 I 植物和机理 II 植物。机理 I 植物是双子叶植物以及非禾本科单子叶植物。高价铁还原系统将三价铁还原成二价铁，然后二价铁转运蛋白将还原的 Fe^{2+} 转运到细胞内。机理 II 植物限于禾本科植物，这些植物根系合成分泌铁载体（如麦根酸，PS），Fe^{3+} 与 PS 形成高稳定性复合物后进入。植物体内的铁主要以高价铁形式存在，也有一部分以亚铁形式存在，因此铁也是细胞内氧化还原反应所需元素。

大约有 80% 的 Fe^{2+} 存在于叶片的叶绿体中。首先，根部细胞质膜表面的螯合剂（如柠檬酸、苹果酸等）将 Fe^{3+} 还原为 Fe^{2+}，再由质膜上的单向运输载体将 Fe^{2+} 运输到细胞内。铁参与光合作用、生物固氮和呼吸作用中的细胞色素和非血红素铁蛋白的组成。铁在这些代谢方面的氧化还原过程中都起着电子传递作用。由于叶绿体的某些叶绿素-蛋白复合体合成需要铁，所以，缺铁时会出现叶片叶脉间缺绿。与缺镁症状相反，缺铁发生于嫩叶，因铁不易从老叶转移出来，缺铁过期或过久时，叶脉也缺绿，全叶白化。华北果树的黄叶病就是植株缺铁所致。

（九）硼

植物主要吸收 BO_3^{3-}，也可以吸收极少量的 $B(OH)_4^-$。硼与甘露醇、甘露聚糖、多聚甘露糖醛酸和其他细胞壁成分组成稳定的复合体，这些复合物是细胞壁半纤维素的组成成分。硼对植物生殖过程有影响，植株各器官中硼的含量以花最高。缺硼时，花药和花丝萎缩，绒毡层组织破坏，花粉发育不良。湖北、江苏等省甘蓝型油菜花而不实、棉花有蕾无铃都与植株缺硼有关，黑龙江省小麦不结实也是缺硼引起的。硼具有抑制有毒酚类化合物形成的作用，所以缺硼时，植株中酚类化合物（如咖啡酸、绿原酸）含量过高，嫩芽和顶芽坏死，丧失顶端优势，分枝多。

（十）锰

植物主要吸收 Mn^{2+}。Mn^{2+} 是细胞中许多酶（如脱氢酶、脱羧酶、激酶、氧化酶和过氧化物酶）的活化剂，尤其是影响糖酵解和三羧酸循环。锰使光合中水裂解放出氧。缺锰时，叶脉间缺绿，伴随小坏死点的产生。缺绿会在嫩叶或老叶出现，依植物种类和生长速率而定。

（十一）锌

锌离子是乙醇脱氢酶、谷氨酸脱氢酶和碳酸酐酶等的组成成分之一。缺锌植物失去合成色氨酸的能力，而色氨酸是吲哚乙酸的前身，因此缺锌植物的吲哚乙酸含量低。锌是叶绿素生物合成的必需元素。锌不足时，植株茎部节间短，莲座状，叶小且变形，叶缺绿。吉林和云南等省玉米的花白叶病、华北地区果树的小叶病等都是缺锌的缘故。

（十二）铜

铜是某些氧化酶（例如抗坏血酸氧化酶、酪氨酸酶等）的组成成分，可以影响氧化还原过程。铜又存在于叶绿体的质体蓝素中，质体蓝素是光合作用电子传递体系的一员。缺铜时，叶黑绿，其中有坏死点，先从嫩叶叶尖起，后沿叶缘扩展到叶基部，叶也会卷皱或畸形。缺铜过甚时，叶脱落。

（十三）镍

镍在植物体内主要以 Ni^{2+} 的形式存在。镍是脲酶的金属成分，脲酶的作用是催化尿素水解成 CO_2 和 NH_4^+。镍也是氢化酶的成分之一，它在生物固氮中产生氢气从而发挥作用。缺镍时，叶尖积累较多的脲，出现坏死现象。

（十四）钼

钼通常以钼酸盐（ MoO_4^{2-}、 $HMoO_4^-$ ）的形式进入植物体内。钼离子（ $Mo^{4+} \sim Mo^{6+}$ ）是硝酸还原酶的金属成分，起着电子传递作用。钼又是固氮酶中钼铁蛋白的组成成分，在固氮过程中起作用。所以，钼的生理功能突出表现在氮代谢方面。钼对花生、大豆等豆科植物的增产作用显著。缺钼时，老叶叶脉间缺绿，坏死。而花椰菜在缺钼时，形成鞭尾状叶，叶皱卷甚至死亡，不开花或花早落。

关于植物必需的矿质元素，目前尚有争议。Epstein 和 Bloom（2005）认为，除所提及的元素外，植物必需的矿质元素还包括钠（Na）、硅（Si）和钴（Co），称为有益元素。

许多盐生植物的正常生长发育需要钠盐。钠离子在 C_4 和 CAM 植物中催化 PEP 的再生，钠离子在 C_4 途径中促使维管束鞘与叶肉细胞之间丙酮酸的运输。缺钠时，植株叶片黄化（丧失叶绿素）和坏死（组织死亡），甚至不能开花。

硅有益于禾谷类植物的生长发育。硅是以硅酸（ H_4SiO_4 ）形式被植物体吸收和运输的。硅主要以非结晶水化合物形式（ $SiO_2 \cdot nH_2O$ ）沉积在细胞壁和细胞间隙中，它也可以与多酚类物质形成复合物成为胞壁，尤其表皮细胞的细胞壁，以避免病菌和害虫侵袭，防止倒伏。施用适量的硅，可促进水稻生长和受精，增加产量。缺硅时，植物蒸腾加快，生长受阻，易受病菌感染，也易倒伏。

钴是维生素 B_{12} 的成分，而维生素 B_{12} 又是豆科植物根瘤菌中形成豆血红蛋白的必要因子，所以钴在豆科植物共生固氮中起重要作用。钴是黄素激酶、葡萄糖磷酸变位酶、异柠檬酸脱氢酶、草酰乙酸脱羧酶、肽酶等多种酶的活化剂，因此钴也是植物生长发育所必需的。

四、作物缺乏矿质元素的诊断

（一）病征诊断法

缺少任何一种必需的矿质元素都会引起特有的生理病征。但是必须注意：各种植物缺乏

某种元素的特征不完全一致，且缺乏元素的程度不同，表现程度也不同。不同元素之间相互作用，使得病征诊断更复杂。例如，虽然土壤中有适量的锌存在，但大量施用磷肥时，植株吸收的锌少，呈现缺锌病；重施钾肥，植株吸收的锰和钙少，呈现缺锰和缺钙病征。此外，植株产生异常现象，还可能是受病虫害和不良环境（如水分过多或过少、温度过高或过低、光线不足、土壤有毒物质等）的影响。因此，只有充分调查，深入分析，综合考虑，具体试验，才能得出一个较正确的结论。

（二）化学分析诊断法

化学分析是营养诊断的一种重要依据。常用于化学分析的对象是叶片。刚成熟的叶片是代谢最活跃的部位，养分供应的变化比较明显。叶片的矿质元素含量最高，比较容易检测，其中元素总量可代表全株的营养水平。此外，叶片取材方便，不影响植株生长和产量。

第二节　植物细胞对矿质元素的吸收

植物细胞是构成植物体的基本单位。生命活动主要是在细胞内进行的。因此，要了解植物体对矿质元素的吸收，首先必须了解植物细胞对矿质元素吸收的机制。植物细胞所吸收的矿质元素来自细胞生存的环境，此环境可以是植物生存的外部环境（如土壤），也可以是植物体的内部环境，即一个细胞的周围环境组织。植物对矿质元素的吸收主要是通过对矿质离子的吸收来实现的。矿质离子通常作为重要的溶质存在于环境溶液中和组织质外体溶液中。细胞与其环境之间以细胞膜相隔，物质交流必须通过细胞膜（特别是质膜）来进行。因此从一定意义上讲，细胞对矿质元素的吸收，主要与溶质的跨膜运输有关。由于矿质离子都是带电荷的，不能通过膜脂双分子层自由扩散，所以矿质离子的跨膜运输都是由膜转运蛋白完成的。由于分子生物学等学科的迅速发展，植物细胞中大部分离子膜转运蛋白的基因已克隆，某些转运蛋白（K^+通道蛋白、Ca^{2+}转运体）的结构及调控特性也比较清楚。植物细胞对矿质元素的吸收方式可分为被动吸收、主动吸收和胞饮作用三种类型。其中胞饮作用不太普遍，因此溶质的跨膜运输主要通过被动吸收和主动吸收进行，溶质跨膜运输的几种方式如图2-1所示。

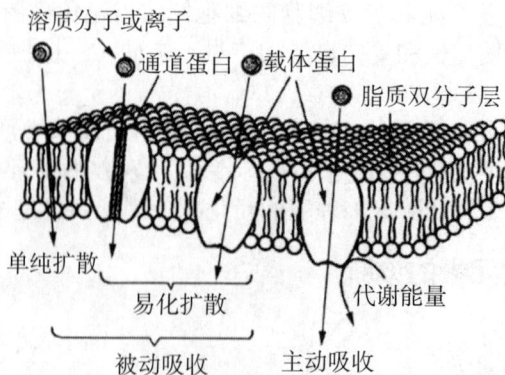

溶质分子或离子

通道蛋白　载体蛋白

脂质双分子层

单纯扩散

易化扩散

代谢能量

被动吸收　　主动吸收

图2-1　溶质跨膜运输的几种方式

一、被动吸收

被动吸收是指细胞对溶质的吸收是顺电化学势梯度进行的，这一过程不需代谢能量的直接参与。主要包括单纯扩散和易化扩散，后者又包括通道运输和载体运输。

（一）单纯扩散

溶液中的溶质从浓度较高的区域跨膜移向浓度较低的邻近区域即为单纯扩散（simple diffusion）。因此，当外界溶液的浓度高于细胞内部溶液的浓度时，外界溶液中的溶质就会扩散进入细胞内部。当细胞内外的浓度差（浓度梯度）变大时，细胞便大量地吸收物质，但随着浓度差变小，吸收也随之减少，直至细胞内外浓度达到平衡为止。所以，细胞内外浓度梯度是单纯扩散的主要决定因素。单纯扩散符合斐克定律（Fick's law），即某物质的扩散速率与该物质的浓度梯度成正比。

膜中的脂质是扩散途径中的主要障碍。脂溶性较好的非极性溶质能够较快地通过膜。O_2、CO_2、NH_3 均可以单纯扩散方式穿过膜的脂质双分子层。但类脂双分子层对不同溶质的透过系数是不同的。离子不能以单纯扩散方式通过类脂双分子层，但可以通过通道蛋白等进行扩散转运。

（二）易化扩散

易化扩散是溶质通过膜转运蛋白顺浓度梯度或电化学势梯度进行的跨膜转运。参与易化扩散的膜转运蛋白主要有通道蛋白和载体蛋白。

在易化扩散中，不带电荷的溶质传递的方向取决于溶质的浓度梯度，而带电荷的溶质（离子）传递的方向则取决于溶质的电化学势梯度。与单纯扩散一样，由通道蛋白介导的易化扩散可以双向进行，当跨膜双向传递的速率相同时，净转移就会停止。两者最终都不会导致溶质逆电化学势梯度积累。

1. 通道蛋白

通道蛋白简称"通道"或"离子通道"。其构象可随环境条件的改变而改变。在某种构象时，其中间会形成允许离子通过的孔，孔内带有表面电荷并填充有水。孔的大小及孔内表面电荷等性质决定了通道转运离子的选择性，一种通道通常只允许某一离子通过。离子的带电荷情况及其水合规模决定了离子在通道中扩散时通透性的大小。通过通道进行的扩散依赖于离子的水合规模是由于与之相关联的水分子必须与离子一起扩散。所有的通道蛋白均有使离子通过易化扩散的方式进行传递的功能。因此，由通道进行的转运是被动的。离子通过离子通道扩散的速率在 10^6 个·s^{-1} 以上，甚至可高达 10^8 个·s^{-1}。

通道蛋白往往是有"门"的，它有"开"和"关"两种构象。只有在"门"开的情况下离子才可以通过它。根据"门"开关的机制，可将离子通道分成两种类型：一类对跨膜电势梯度产生响应，另一类对外界刺激（如光照、激素等）产生响应。通道蛋白中还包括感受器或感受蛋白，它可能通过改变其构象对适应刺激做出反应并引起"门"的开和关。但通道"门"开关的确切机制尚不清楚。

如图2-2所示是一个离子通道的假想模型：跨膜的内部蛋白中央的孔道允许离子（K^+）通过。在这里，K^+顺电势梯度（由于质膜质子泵产生的细胞质侧过量的负电荷）逆其浓度梯度从通道左侧移向右侧。感受蛋白可对细胞内外由光照、激素或Ca^{2+}引起的化学刺激做出反应。通道上的"门"可以通过某种方式对膜两侧的电势梯度或由环境刺激而产生的化学物质做出开或关的反应。

膜片钳技术（patch clamp technique）是目前研究离子通道的主要手段。离子的跨膜转移会产生$10\sim12$ A级的电流，此电流可以用膜片钳技术进行检测。膜片钳技术是指用玻璃微电极测量通过膜的离子电流大小的技术。这一技术的应用极大地推动了人们对离子通道特性的研究。该技术的要点是用酶解法去除细胞壁，或用激光去除部分细胞壁。用一个尖端被热抛光、直径约为1 μm的玻璃微电极压向膜表面。在电极玻璃管内施加吸力使膜紧贴电极尖端。与电极尖端紧密接触的小块膜部分即所谓的"片"。电极抽出时可探截此"膜片"并可根据需要制成内向外（inside-out）或外向外（outside-out）的膜片型，如图2-3所示。对细胞质膜而言：内向外膜片型的细胞质面暴露在保温介质中；外向外膜片型的细胞质面暴露在电极介质中，细胞壁面暴露在保温介质中，这种膜片型特别适合探讨细胞内调节因子对通道活性的影响。电极玻璃管内可装入已知浓度的盐溶液。将电极接到高分辨率的放大器上，并按照预先确定的值控制或"钳住"跨膜电势差（电压），同时记录通过膜的电流，并以此分析离子通道开关的情况，如图2-4所示（图中保卫细胞质膜上K^+通道被90 mV脉冲电流所激活）。在此技术中，电极尖端足够小（如直径1 μm）时，所探截的膜可能含有单一的离子通道。由于离子通道在生命活动中有广泛而深刻的作用，因此发明膜片钳技术的E. Nehler和B. Sakmann荣获1991年诺贝尔生理学奖或医学奖。

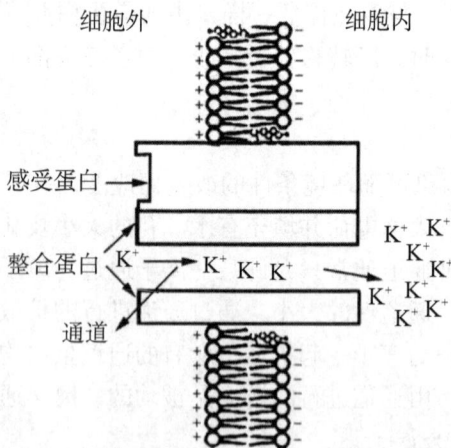

图2-2　离子通道的假想模型

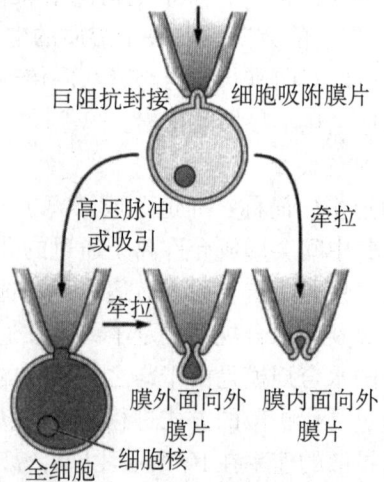

图2-3　膜片钳技术示意图

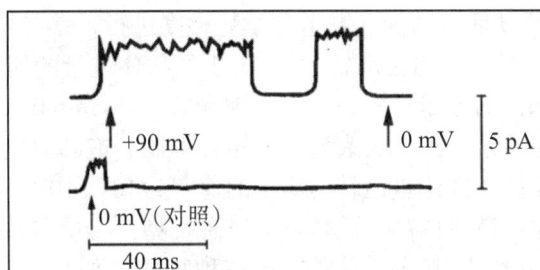

图2-4　离子测定示意图

（注：脉冲电流结束前通道有一段短暂的关闭与开启；0 mV为对照）

应用膜片钳技术，现已了解到质膜上存在K⁺、Cl⁻和Ca^{2+}通道。从有机离子跨膜传递的事实看，质膜上也存在着供有机离子通过的通道。在液泡膜上也有相应的离子通道。

除了用膜片钳技术对离子通道进行电生理学研究外，随着分子生物学及分离纯化技术的发展，人们对某些离子通道蛋白（如K⁺通道）的基因调控、蛋白质氨基酸序列及活性调节机制等均有了一定了解，如图2-5所示为植物内向整流K⁺通道蛋白（AKT_1）结构模型。靠近N端有6个跨膜结构域（S_1至S_6），靠近C端有核苷酸结合序列（NB）和类锚蛋白（ankyrin-like）结构域（ANK）。S_4为电压感受器，其特征是含有几个带正电荷的氨基酸残基。P结构域或称S_5为通道蛋白的进口，在离子透过及选择性方面起关键作用。

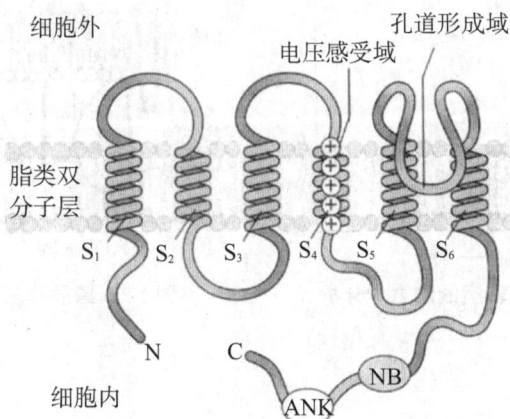

图2-5　植物K⁺通道（AKT1）结构模型

2. 载体蛋白

载体蛋白又称为"载体""传递体"，有时也称"透过酶"或"运输酶"。由载体转运的离子与载体蛋白有专一的结合部位，因此载体能选择性地携带离子通过膜。载体蛋白对被转运物质的结合及释放，与酶促反应中酶与底物的结合及对产物的释放情况相似。载体对被转运物质的亲和力是会发生变化的。细胞内某溶质的浓度增大（或降低）时，载体与该溶质的亲和力会反馈性地减小（或增大），这可表现在K_m值的增大（或减小）上。另外，载体的数量也会改变，这就使最大转运速率（v_{max}）发生变化。通过这些机制，当外界溶质的浓度有较大波动时，细胞可以维持其内部溶质浓度的稳定。

由载体进行的转运可以是被动的（顺电化学势梯度进行，参与协助扩散），也可以是主动的（逆电化学势梯度进行，参与主动转运）。由于经载体进行的转运依赖于溶质与载体特殊部位的结合，而结合部位的数量有限，所以有饱和效应（saturation），如图2-6所示。载体对所转运物质具有相对专一性，因此还表现出竞争性抑制。饱和效应和竞争性抑制可作为载体参与离子转运的有力证据。载体蛋白转运离子的速率为 $10^4 \sim 10^5$ 个·s^{-1}，比离子通道的转运速率低，但选择性一般比通道蛋白高。载体可分三种类型：①单向转运体，把所转运物质从膜一侧转运至另一侧，其特点是单一方向转运一种物质（如 Fe^{2+}、Zn^{2+}、Mn^{2+} 和 Cu^{2+} 等载体）；②同向转运体或协同转运体，往往 H^+ 顺电化学势梯度从膜的一侧转运至膜的另一侧的同时把另一物质转运到同一侧，其特点是同时向同一方向转运两种物质（如 NO_3^-、NH_4^+、PO_4^{3-}、SO_4^{2-} 和蔗糖等载体）；③逆向转运体，一般是把某物质顺其电化学势梯度从膜一侧转运至另一侧的同时把另一种物质逆方向且逆电化学势梯度转运至膜的另一侧，如质膜上 Na^+/H^+ 逆向转运体，利用质膜 H^+-ATPase 建立的跨膜 H^+ 电化学势梯度把 Na^+ 从细胞质中逆电化学势梯度运至细胞外，这种逆浓度转运属于次级主动转运。三种类型载体运输示意图如图2-7所示。

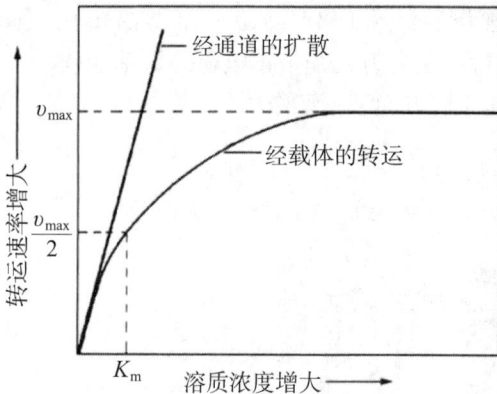

图2-6　离子通过通道或载体转运的动力学分析

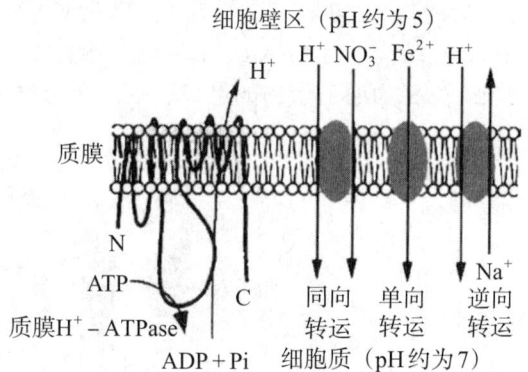

图2-7　跨质膜三种类型载体运输示意图

二、主动吸收

主动吸收是指植物细胞利用代谢能量逆电化学势梯度吸收矿质的过程。主动吸收包括初级主动吸收和次级主动吸收两种形式。

（一）初级主动吸收

初级主动吸收是指植物细胞直接消耗 ATP 或 PPi（无机焦磷酸）逆浓度转运溶质的过程。初级主动吸收的膜转运蛋白又称"泵"。植物细胞膜上的泵主要有质子泵和离子泵，为膜结合的 ATP 酶或焦磷酸酶（pyrophosphatase），功能是利用其水解 ATP 或 PPi（焦磷酸）释放的能量用于 H^+ 或无机离子的逆浓度跨膜转运。ATP 酶和焦磷酸酶逆电化学势梯度主动转运阳离子导致膜内外正负电荷分布不一致，进而形成跨膜电势差，所以这类泵又称"电致泵"。这类电致泵主要有质膜 H^+-ATP 酶、液泡膜 H^+-ATP 酶、液泡膜 H^+-焦磷酸酶和膜结合的转运阳离子的 ATP 酶（Ca^{2+}-ATP 酶和 Mg^{2+}-ATP 酶等）。

1. 质膜 H^+-ATP 酶

质膜 H^+-ATP 酶是植物生命活动的主宰酶（master enzyme），对植物的许多生命活动起着重要的调控作用，其主要功能是在细胞质一侧水解 ATP 的同时把细胞质中的 H^+ 泵至细胞外。该过程形成跨膜 H^+ 电化学势梯度，又称"质子驱动力"（proton motive force，pmf）。pmf 包括跨膜电势梯度（$\Delta\Psi$）（即细胞质膜内侧电位负值，外侧电位正值）和跨膜 H^+ 浓度梯度（质膜外浓度高，细胞质一侧质子浓度低），pmf=$\Delta\Psi$+ΔpH。跨质膜的 pmf 是植物细胞矿质元素等溶质进行跨膜次级主动转运的主要驱动力。因此，质膜 H^+-ATP 酶对矿质元素的吸收、细胞质 pH 恒定的维持、细胞的生长和植物对环境因子的响应等有广泛而深刻的作用。质膜 H^+-ATP 酶分子量约 100 kDa，单一多肽，其 N 端和 C 端均在细胞质侧，C 端为自抑制区末端，克梭孢菌素（fusicoccin）和 14-3-3 蛋白对其有重要调控作用，如图 2-8 所示，每水解 1 分子 ATP 泵出 $0\sim1$ 个 H^+，专一性抑制剂为 VO_4^{3-} 和己烯雌酚（DES）。

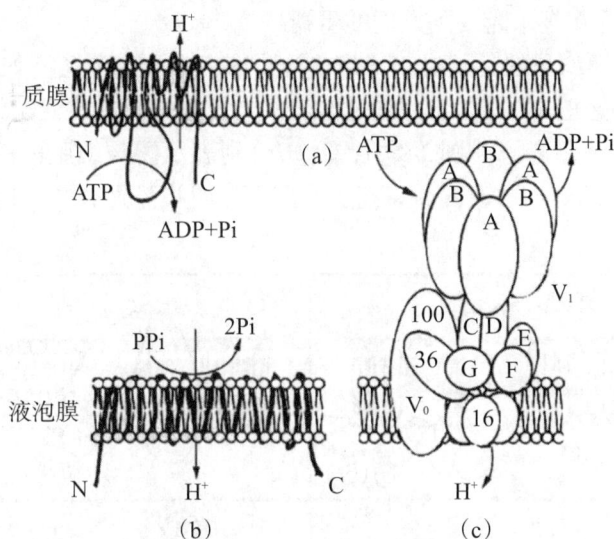

图 2-8　植物细胞质膜 H^+-ATP 酶(a)，液泡膜 H^+-焦磷酸酶(b)和
液泡膜 H^+-ATP 酶(c)的结构示意图

2. 液泡膜质子泵

液泡膜有两种类型的质子泵：一是液泡膜 H^+-ATP 酶（V-H^+-ATP 酶）；二是液泡膜 H^+-焦磷酸酶（V-H^+-pyrophosphatase），它们分别水解细胞质中的 ATP 和 PPi，把细胞质中 H^+ 逆电化学势梯度泵入液泡中，建立跨液泡膜的质子驱动力，从而驱动溶质的跨液泡膜的次级主动转运。液泡膜 H^+-ATP 酶为多亚基复合体，类似于线粒体和叶绿体的 F-ATP 酶，为头柄结构，分为细胞质一侧的 V_1 部分和膜中的 V_0 部分，有 $8\sim13$ 个亚单位，分子量约为 650 kDa，如图 2-8 所示。其底物为 Mg^{2+}-ATP，最适 pH 为 $7.5\sim8.0$，Cl^-、Br^- 和 I^- 等阴离子对其活性有激活作用，其专一性抑制为巴菲洛霉素（Bafilomycin）A_1、康纳霉素（concanamycin）A 和 NO_3^-，每水解 1 分子 ATP 泵出 $2\sim3$ 个 H^+。液泡膜 H^+-焦磷酸酶为单一多肽，分子量为 $69\sim80$ kDa，K^+ 为其激活剂，但受 Na^+ 抑制，每水解 1 分子 PPi 泵出 1 个 H^+，如图 2-8 所示。应注

意，在线粒体膜和类囊体膜中存在的H^+-ATP酶，虽然结构与液泡膜H^+-ATP酶相似，但功能正好相反，线粒体和类囊体膜的H^+-ATP酶利用光合电子传递和氧化电子传递过程中产生的跨膜H^+梯度合成ATP。此外，内质网和高尔基体膜中也存在H^+-ATP酶。

3. 离子泵

植物细胞膜中转运阳离子的ATP酶主要有Ca^{2+}-ATP酶、Mg^{2+}-ATP酶。其中Ca^{2+}-ATP酶有两种类型：II A型Ca^{2+}-ATP酶（内质网型）主要分布于内质网膜上，II B型Ca^{2+}-ATP酶（质膜型）主要分布于质膜和液泡膜上。两者的主要区别是II A型Ca^{2+}-ATP酶受钙调素（CaM）激活，而II B型Ca^{2+}-ATP酶则不受钙调素激活。Ca^{2+}-ATP酶分子量约为110 kDa，最适pH为7.0～7.5，其主要功能是水解ATP把细胞质中Ca^{2+}逆浓度泵出细胞外或泵入液泡和内质网等Ca^{2+}库，从而维持细胞质中Ca^{2+}稳态（0.1～1 μmol/L），而Ca^{2+}由胞外或Ca^{2+}库进入细胞质是通过Ca^{2+}通道顺电化学势梯度进行的。由于Ca^{2+}是重要的信号物质，所以Ca^{2+}-ATP酶在植物生命活动中的作用越来越受到人们的重视。

关于ATP酶转运阳离子的分子机制，目前尚没有完全研究清楚。如图2-9所示是ATP酶主动转运阳离子的可能机制，其要点是通过ATP的结合与水解，改变酶的构象，利用ATP水解释放的能量主动转运阳离子。图2-9中，a、b分别表示酶与细胞内的离子结合并被磷酸化；c表示磷酸化导致酶的构象改变，将离子暴露于外侧并释放出去；d表示释放Pi，恢复原构象。

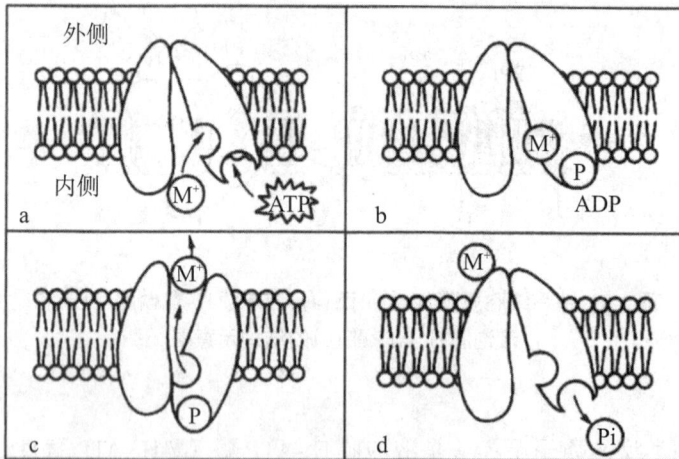

图2-9　ATP酶逆电化学势梯度转运阳离子的示意图

（二）次级主动运输

次级主动运输是指植物细胞利用膜质子泵所建立的跨膜pmf，通过载体逆电化学势梯度运输物质的过程。主要有逆向转运体和同向转运体。

阴离子的跨膜转运既可以通过载体运输，也可以通过通道运输。

三、胞饮作用

细胞可以通过质膜吸附物质并进一步通过膜的内陷、分离和溶解等步骤将物质转移到胞内，这种吸收物质的方式称为胞饮作用（简称"胞饮"）。胞饮作用属于非选择性吸收方式，因此，包括各种盐类、大分子物质甚至病毒在内的多种物质都可能通过胞饮作用而被植物细胞吸收。这就为细胞吸收大分子物质提供了可能。胞饮作用不是植物吸收矿质元素的主要方式。

胞饮的过程：物质被质膜吸附时质膜内陷，物质便进入凹陷处，随后，质膜内折，逐渐将物质围起来而形成小囊泡。小囊泡向细胞内部移动，囊泡本身慢慢溶解消失，物质便留在胞内，或者小囊泡一直向内移动至液泡膜，最后将物质送到液泡内。

第三节　植物体对矿质元素的吸收

植物体可以通过根系和叶片吸收矿质元素，但通常情况下，植物主要通过根系吸收矿质元素。

一、根系对矿质元素的吸收

前面所讲的植物细胞对矿质元素的吸收可以说是整个植物体吸收和利用矿质元素的基础。而从器官水平上看，整个植物体对矿质元素的吸收主要是通过根系进行的。根系对矿质元素的吸收情况影响着整个植物体的生长发育。

（一）根系吸收矿质元素的特点

植物根系对矿质元素的吸收既与水分吸收有关，又有其独立性，同时对不同离子的吸收还有选择性。

1. 根系对矿质元素的吸收部位

关于根部吸收矿质元素的部位，有实验证明，根毛区积累的离子数虽较少，但该部位的木质部已分化完全，所吸收的离子能较快地运出。根尖顶端虽有大量离子积累，但该部位无输导组织，离子不易运出，如图2-10所示。综合离子累积和运出的结果，确定根尖的根毛区为植物根部吸收矿质元素的主要部位，这一点与植物根系吸收水分的主要部位基本一致。

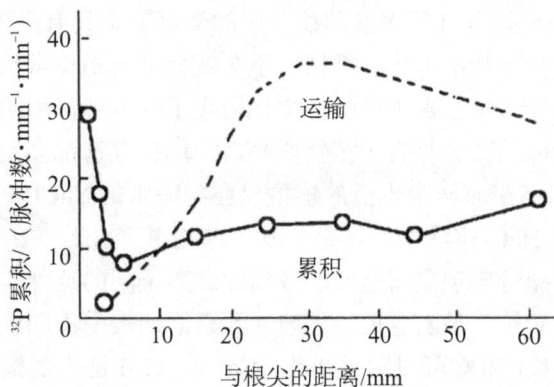

图2-10　大麦根尖不同区域^{32}P的累积和运输

2. 根系对矿质元素和水分的相对吸收

植物根系吸收矿质元素和水分的主要部位均为根毛区，那么是否可以认为根系对矿质元素的吸收与对水分的吸收是同步进行的呢？或者说矿质元素是随水分进入细胞的呢？答案是否定的。例如，在溶液培养时若营养液浓度低，则根系吸收矿质元素相对多，营养液浓度会越来越低；相反，当营养液浓度较高时，根系吸收水分相对多，结果使营养液浓度越来越高。还有实验表明，植物吸水增强时吸收矿质元素也多，但不成一定比例。甚至吸水增强时吸收某些矿质元素少了，吸水少时吸收某些矿质元素反而多了。

实际上，植物对矿质元素的吸收和对水分的吸收是相对的，它们既相互联系，又各自独立。说其相互联系，是因为二者是互利的。矿质元素要溶于水中才易被根系吸收，进入根部后，矿质元素又以集流方式进入根部自由空间，而根系对盐分的吸收又可降低根部的水势，有利于水分进入根部。说其独立，是因为根系吸收水分与吸收盐分的机制不同。根部吸水以蒸腾所引起的被动吸水为主，而对盐分的吸收则以消耗代谢能量的主动吸收为主，有选择性和饱和效应，需要载体等。

3. 根系对离子的选择性吸收

离子的选择性吸收（selective absorption）即植物根系吸收离子的数量与溶液中离子的数量不成比例的现象。根系对离子的选择性吸收是以细胞对离子的选择性吸收为基础的。

根系对离子的选择性吸收具体表现在以下两个方面：①植物对同一溶液中的不同离子的吸收是不一样的。例如，水稻可以吸收较多的硅，但却以较低的速度吸收钙和镁。又如，番茄以很高的速率吸收钙和镁，但几乎不吸收硅。②植物对同一种盐的正、负离子的吸收不同。例如，供给 $(NH_4)_2SO_4$ 时，根系对 NH_4^+ 的吸收远远多于对 SO_4^{2-} 的吸收，这样，便有较多的 H^+ 从根表面进入土壤溶液，从而使土壤溶液变酸，故这类盐被称为生理酸性盐。绝大多数铵盐属于此类盐。当供给 $NaNO_3$ 或 $Ca(NO_3)_2$ 时，根系在选择性吸收 NO_3^- 时，伴随着 H^+ 的吸收，土壤中剩余了较多的 OH^- 和 HCO_3^-，使土壤溶液变碱，故这类盐被称为生理碱性盐。若供给的是 NH_4NO_3，则根系对 NH_4^+ 和 NO_3^- 的吸收速率基本相同，土壤溶液的酸碱性不发生变化，这类盐则被称为生理中性盐。生产上使用化学肥料时应注意肥料类型的合理搭配及施用量，以免造成土壤的次生盐渍化及土壤pH等理化性质的恶化。

4. 单盐毒害和离子拮抗

某溶液若只含有一种盐分（即溶液的盐分中的金属离子只有一种），该溶液即被称为单盐溶液。若将植物培养在单盐溶液中，则植物不久就会呈现不正常状态，最后死亡，这种现象即为单盐毒害。能够导致单盐毒害的盐分中，阳离子的毒害作用明显，阴离子的毒害作用不显著。无论单盐溶液中的盐分是否为植物所必需，单盐毒害都会发生。即使单盐溶液的浓度很低，也不例外。如将在海洋中生活的植物放在与海水的NaCl浓度一样（甚至只有海水NaCl浓度的1/10）的纯NaCl溶液中，还是会发生单盐毒害。若在单盐溶液中加入少量含其他金属离子的盐类，单盐毒害现象就会减弱或消除。离子间的这种作用叫作离子对抗或离子拮抗。金属离子之间的对抗不是随意的，一般在元素周期表中不同族金属元素的离子之间才会有拮抗作用。例如，Na^+ 和 K^+ 可以对抗 Ba^{2+} 或 Ca^{2+}。表2-1是小麦根在不同盐溶液中的生长情况。

表2-1　小麦根在不同盐溶液中的生长情况

溶液	根的总长度/mm	溶液	根的总长度/mm
NaCl	59	NaCl+CaCl₂	254
CaCl₂	70	NaCl+CaCl₂+KCl	324

关于单盐毒害和离子对抗的本质，目前尚无令人满意的解释。有人认为，该现象可能与细胞质和质膜的亲水胶体状态有关。Na^+和K^+可使原生质水合程度增大，黏度变小，而Ca^{2+}则相反。水合程度过大或过小都会使原生质体处于一种不正常的状态。当K^+、Na^+、Ca^{2+}以一定比例混合时，原生质体才能呈正常状态。

选择几种含植物必需矿质元素的盐分，按一定浓度与比例配制成混合溶液，植物便可以生长良好。这种对植物生长无毒害作用的溶液称为平衡溶液。对海藻来说，海水是平衡溶液。对陆生植物来说，土壤溶液一般也是平衡溶液。

（二）根系吸收矿质元素的过程

土壤溶液中的矿质元素首先吸附在根细胞表面，然后进入根系内部，进入根系内部的矿质元素既可以通过质外体也可以通过共质体途径进入导管。

1.把离子吸附在根部细胞表面

根部细胞在吸收离子的过程中，同时进行着离子的吸附与解吸附。这时，总有一部分离子被其他离子所置换。由于细胞吸附离子具有交换性，故称为交换吸附。根部之所以能进行交换吸附，是因为根部细胞的质膜表层有正负离子，其中主要是H^+和HCO_3^-，这些离子主要是由呼吸放出的CO_2和H_2O生成的H_2CO_3所解离出来的。H^+和HCO_3^-迅速地分别与周围溶液的阳离子和阴离子进行交换吸附而到达根细胞表面，H^+和HCO_3^-留在土壤溶液中。这种交换吸附是不消耗代谢能量的，吸附速度很快（几分之一秒），当吸附表面形成单分子层时即达极限。吸附速度与温度无关。

对于被土壤胶体吸附着的矿物质，根部细胞可通过两种方式进行交换吸附。①通过土壤溶液间接进行。根部呼吸放出的CO_2与土壤溶液中的H_2O形成H_2CO_3，H_2CO_3从根表面逐渐接近土粒表面，土粒表面吸附的阳离子（如K^+）与H_2CO_3的H^+进行离子交换，H^+被土粒吸附，K^+进入土壤溶液（形成$KHCO_3$），当K^+接近根表面时，再与根表面的H^+进行交换吸附，K^+即被根细胞吸附，如图2-11（a）所示。K^+也可能连同HCO_3^-一起进入根部。在此过程中，土壤溶液好似"媒介"，将根细胞与土粒之间的离子交换联系起来。②直接交换。根部和土壤颗粒表面上的离子是在吸附位置上不断振动着的。如果根部和土壤颗粒之间的距离小于离子振动的空间，那么土壤颗粒上的阳离子和根表面的H^+便可以不通过土壤溶液而直接交换，根部从而得到阳离子，如图2-11（b）所示。这种方式的交换也称为接触交换。

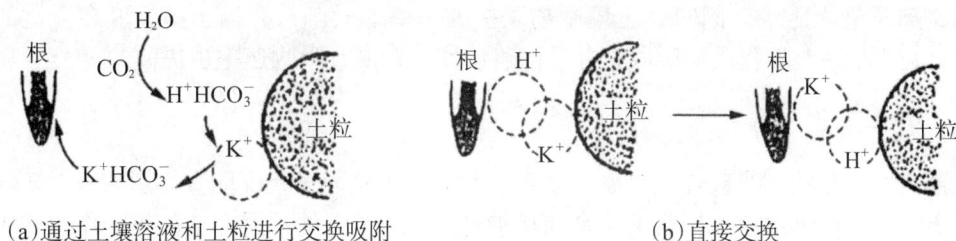

（a）通过土壤溶液和土粒进行交换吸附　　　　　　　　　（b）直接交换

图2-11　根对吸附在土壤胶体上的矿物质的吸收

至于难溶性的盐类，根系可通过呼吸放出的CO_2遇水所形成的碳酸，或者向外分泌的柠檬酸、苹果酸等有机酸来溶解它们，并进一步加以吸收。岩缝中生长的树木、岩石表面的地衣等植物就是通过这种方法来获取矿质营养的。

2. 离子进入根部内部

上述被根表面吸附的离子可通过质外体或共质体途径进入根的内部。①质外体途径：质外体又称为"自由空间"。自由空间的体积不易直接测得，但可由表观自由空间（apparent free space，AFS）或相对自由空间（relative free space，RFS）间接衡量。AFS是自由空间占组织总体积的百分比，可通过对外液和进入组织空间的溶质数的测定加以推算。一般AFS为5%～20%。离子通过质外体扩散，当到达内皮层时由于内皮层上存在凯氏带，离子与水分都被其阻挡而不能通过。这样，离子和水分最终必须转入共质体才能继续向内运送至导管，或由共质体重新进入凯氏带内侧的质外体向根系内部扩散。不过，在幼嫩的根中内皮层尚未形成凯氏带之前，离子和水分可经质外体到达导管。另外，在内皮层中有个别细胞壁不加厚的通道细胞，可作为离子和水分扩散的途径。凯氏带的存在，使离子进入或运出共质体时必然有载体的参与。这就使根系有选择地吸收离子，维持各种离子内外浓度差，保证正常的生理状态。②共质体途径：离子由质膜上的载体或离子通道运入细胞质，通过内质网在细胞内移动，又由胞间连丝进入相邻细胞，进入共质体内的溶质也可运入液泡而暂存起来。溶质经共质体的运输以主动运输为主，也可以进行扩散性运输，但速度较慢。目前有两种观点解释离子进入导管的机制。一种观点是导管周围薄壁细胞中的离子以被动扩散的方式随水分流入导管。因为有实验证明，木质部中各种离子的电化学势均低于皮层或中柱内其他生活细胞；另一种观点则认为，导管周围薄壁细胞中的离子通过主动转运进入导管。因为也有实验指出，离子向木质部的转运在一定时间内不受根部离子吸收速率的影响，但可被ATP合成抑制剂抑制。

二、环境因子对根系吸收矿质元素的影响

根系所处的环境是土壤，因此，土壤温度、通气状况、溶液浓度和土壤溶液pH等都直接或间接影响根系对矿质元素的吸收。

（一）土壤温度

根细胞对矿质元素的吸收主要通过膜转运蛋白进行，因此，土壤温度过高或过低，都会使根系吸收矿物质的速率下降。温度过高（如超过40 ℃）会使酶钝化，影响根部代谢，也使细胞透性加大而引起矿物质被动外流。温度过低时，代谢减弱，主动吸收慢，细胞质黏性也增大，离子进入困难。同时，土壤中离子扩散速率降低。只有当土壤温度在合适的范围内，才有利于根系对矿物质的吸收，并且随着温度的升高，吸收速率也提高。

（二）土壤通气状况

根部吸收矿物质与呼吸作用有密切联系。因此，土壤通气状况能直接影响根对矿物质的吸收。土壤通气好可加速气体交换，从而增加O_2，减少CO_2的积累，增强呼吸作用和ATP的供应，促进根系对矿物质的吸收。

（三）土壤溶液的浓度

当土壤溶液的浓度在一定范围内时，增大其浓度，根部吸收离子的量也随之增加。但当土壤溶液浓度高出此范围时，根部吸收离子的速率就不再与土壤浓度密切相关。此乃根部细胞膜上的转运蛋白数量有限所致。如果土壤溶液浓度过大（如盐碱地），土壤水势太低，还可能造成根系吸水困难，这是盐碱地作物出苗难、产量低的原因之一，也是农业生产上一次施用化肥过多导致"烧苗"的原因。

（四）土壤溶液的pH

土壤溶液的pH主要有直接和间接影响两方面。直接影响土壤的pH影响根系的生长，从而影响吸收面积。大多数植物的根系在微酸性（pH 5.5～6.5）的环境中生长良好，也有些植物（如甘蔗、甜菜等）的根系适于在较为碱性的环境中生长，见表2-2所列。间接影响比直接影响大。一方面，土壤pH通常影响土壤微生物的生长而间接影响根系对矿物质的吸收。当土壤偏酸（pH较低）时，根瘤菌会死亡，固氮菌失去固氮能力。当土壤偏碱（pH较高）时，反硝化细菌等对农业有害的细菌发育良好。这些都会对植物的氮素营养产生不利影响。另一方面，土壤pH影响土壤中矿物质的可利用性，这方面的影响往往比前面两点的影响更大。土壤溶液pH变化可引起溶液中矿质元素可利用性的改变，如图2-12所示。土壤溶液的pH较低时有利于岩石的风化和K^+、Mg^{2+}、Ca^{2+}、Mn^{2+}等的释放，也有利于碳酸盐、磷酸盐、硫酸盐等的溶解，从而有利于根系对这些矿物质的吸收。但pH较低也有不利的一面，如酸性土壤中的钾、钙、镁易被雨水淋溶而损失（南方酸性的红壤土往往缺乏上述元素就是这个道理）。另外，在酸性环境中，铝、铁、锰等的溶解度增大，植物过度吸收这些矿物质会造成毒害。相反，当土壤溶液中pH增高时，铁、磷、钙、镁、铜、锌等会逐渐形成不溶物，植物能够利用的量就会减少。

表2-2　几种主要作物生长的最适pH范围

作物	最适pH范围	作物	最适pH范围	作物	最适pH范围
马铃薯	4.8～5.4	大豆	6.0～7.0	西瓜	6.0～7.0
胡萝卜	5.3～6.0	水稻	5.0～7.0	油菜	6.0～7.0
番薯	5.0～6.0	小麦	6.0～7.0	棉花	6.0～8.0
花生	5.0～6.0	大麦	6.0～7.0	甘蔗	7.0～7.3
烟草	5.0～6.0	玉米	6.0～7.0	甜菜	7.0～7.3

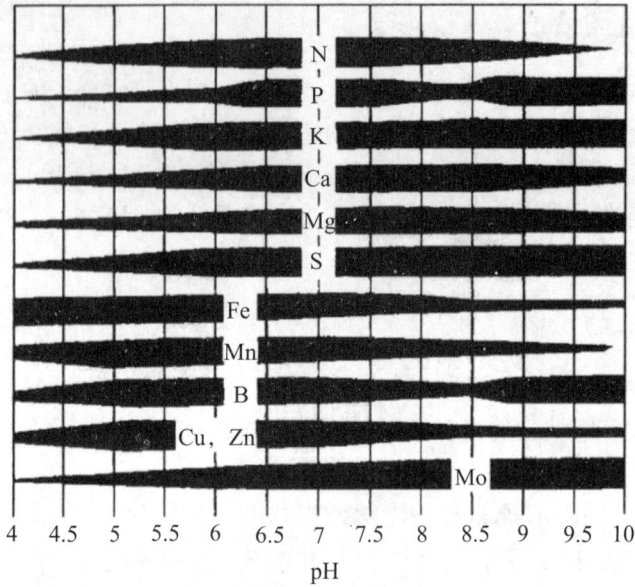

图2-12　土壤溶液pH对矿质元素可利用性的影响

除土壤中的环境因子外，土壤特性（主要是土壤颗粒对矿质离子的吸附能力），土壤微生物种类、数量和活性及土壤中污染物（特别是Al^{3+}和Hg^{2+}等金属）也会影响根系对矿质元素的吸收。

三、植物叶片对矿质元素的吸收

除根部外，植物的地上部分也可以吸收矿物质。在农业生产中采用给植物地上部分喷施肥料以补充植物对矿质元素需要的措施称为根外营养。由于地上部分吸收矿物质的器官以叶片为主，因此根外营养也叫"叶片营养"。

溶液必须很好地吸附在叶片上才易于被叶片吸收。但有些植物的叶片很难附着溶液，或虽附着但分布不均匀。要解决这个问题，可在溶液中加入能减小液体表面张力的物质（表面活性剂或沾湿剂），如吐温，或加入较稀的洗涤剂等。

叶片营养是否有效关键取决于营养物能否被叶片吸收。叶片一般只能吸收溶解在溶液中的矿物质。研究表明，溶液并非通过气孔进入叶片，而是通过叶面的角质层进入叶片内部。角质层是多糖和角质（脂类化合物）的混合物，它分布在叶表皮的外表面或浸渗在叶表皮细胞的外侧壁中，不易透水。但角质层有裂缝，呈微细的孔道（如甘蓝叶片角质层小孔的直径为6～7 mm），可让溶液通过。溶液经角质层孔道到达表皮细胞外侧壁后，经过壁中通道外连丝到达表皮细胞的质膜，再被转运到细胞内部，最后到达叶脉韧皮部，其机制与根部吸收离子相同。

营养物进入叶片的量与叶片的内外因素有关。嫩叶吸收营养物比老叶迅速而且量大，原因是两者的表层成分和生理活性不同。温度对营养物进入叶片有直接影响。温度为30 ℃、20 ℃、10 ℃时，棉花叶片吸收^{32}P的相对速率分别是100、72、53。可见，叶片营养也是一个与代谢有关的过程。由于叶片只能吸收溶液中的矿物质，溶剂蒸发完后，固体物质是不能

进入叶片的。所以，尽量延长溶液在叶片上的停留时间，也是增加叶片吸收量的一个重要因素（当然，吸收的量也与叶片对溶液的吸附及其吸收速率有关）。蒸发还会使溶液浓度增高，导致盐分积聚在叶表面，不仅不利于叶片的吸收，甚至会引起叶片反渗透而被"烧伤"。风速大、气温高、大气湿度低等环境因素会加速液体的蒸发，因此，根外施肥应选在凉爽、无风、大气湿度高的时间（如阴天、傍晚）进行。根外施肥所用溶液的肥料浓度一般在2.0%以下为宜。

根外施肥的优点是迅速高效。除某些植物（如柑橘类）叶片上的角质层较厚，叶面施肥效果稍差些外，大多数植物采用根外施肥效果都很好，特别是在植物迅速生长时期（营养临界期），或农作物生育后期根部吸肥能力减退时，采用根外施肥可有效补充营养。又如，磷肥易被土壤固定，叶面喷施过磷酸钙，效果很好。铁锰在碱性土壤中有效性降低，用根外施肥效果也不错。根外施肥也是植物补充微量元素的一种好方法。农业生产中喷施内吸性杀虫剂、杀菌剂、植物生长调节剂、除草剂和抗蒸腾剂等，都是根据叶片营养的原理进行的。可见，叶片营养在农业生产中的应用范围是很广的。

总之，根外施肥要注意以下几点：①浓度不要过高，以免引起"烧苗"，一般大量元素1%左右，微量元素0.1%左右为宜；②在作物营养临界期和生育后期效果最好；③阴天或傍晚最好，但需24 h无雨；④挥发性强的元素不能用于根外施肥。

第四节　矿质元素的运输和利用

根部吸收的矿物质，有一部分留存在根内，大部分运输到植物体的其他部分。叶片吸收的矿物质的去向也是如此。广义地说，矿物质在植物体内的运输，包括矿物质在植物体内向上、向下的运输，以及在地上部分的分布与以后的再次分配利用等。

一、矿质元素运输的形式

根部吸收的无机氮化物，大部分在根内转变为有机氮化物，所以氮的运输形式是氨基酸（主要是天冬氨酸，还有少量丙氨酸、甲硫氨酸、缬氨酸等）和酰胺（主要是天冬酰胺和谷氨酰胺）等有机物，还有少量以硝态氮等形式向上运输。磷酸主要以正磷酸形式运输，但也有部分在根部转变为有机磷化物（如磷酰胆碱、甘油磷酰胆碱），然后才向上运输。硫的运输形式主要是硫酸根离子，但有少数是以甲硫氨酸及谷胱甘肽之类的形式运输的。金属离子则以离子状态运输。

二、矿质元素运输的途径

（一）木质部运输——由下而上运输

矿质元素以离子形式或其他形式进入导管后，随着蒸腾流一起上升，也可以顺着浓度差而扩散。进行下列实验：把柳茎一段的韧皮部同木质部分离开来，在两者之间插入或不插入不透水的蜡纸，在柳树根施予^{42}K，5 h后测定^{42}K在柳茎各部分的分布。结果是，有蜡纸间隔开的木质部含有大量^{42}K，而韧皮部几乎没有^{42}K，这就说明根部吸收的放射性钾是通过木质

部上升的。在分离以上或以下部分，以及不插入蜡纸的实验中，韧皮部都有较多^{42}K。这个现象表示，^{42}K从木质部活跃地横向运输到韧皮部。

（二）韧皮部运输——双向运输

利用上述的实验技术，研究叶片吸收离子后下运的途径。把棉花茎一段的韧皮部和木质部分开，其间插入或不插入蜡纸，叶片施用$^{32}PO_4^{3-}$，1 h后测定^{32}P的分布。实验结果表明，叶片吸收磷酸后，是沿着韧皮部向下运输的；同样，磷酸也从韧皮部横向运输到木质部，不过，叶片的下行运输还是以韧皮部为主。

叶片吸收的离子在茎部向上运输的途径也是韧皮部，不过有些矿质元素能从韧皮部横向运输到木质部而向上运输。所以，叶片吸收的矿质元素在茎部向上运输是通过韧皮部和木质部。

矿质元素在植物体内的运输速率为$30\sim100$ $cm\cdot h^{-1}$。

由此可知，与木质部不同，韧皮部运输是一种双向运输。韧皮部运输的方向取决于植物各器官和组织对养分的需求，是从源运输到库。其运输机制一般认为是伴随同化物运输。

三、矿质元素在植物体内的利用

矿质元素进入根部导管后，便随着蒸腾流上升到地上部分。矿质元素在地上部分各处的分布，因离子在植物体内是否参与循环而异。

某些元素（如钾）进入地上部后仍呈离子状态；有些元素（氮、磷、镁）形成不稳定的化合物，不断分解，释放出的离子又转移到其他需要的器官去。这些元素便是参与循环的元素。另外有一些元素（硫、钙、铁、锰、硼）在细胞中呈难溶解的稳定化合物，特别是钙、铁、锰，它们是不能参与循环的元素。从同一物质在体内是否被反复利用来看，有些元素在植物体内能多次被利用，有些只利用一次。参与循环的元素都能被再利用，不能参与循环的元素不能被再利用。在可再利用的元素中，磷、氮最典型；在不可再利用的元素中，钙最典型。

参与循环的元素在植物体内大多数分布于生长点和嫩叶等代谢较旺盛的部分，代谢较旺的果实和地下贮藏器官也含有较多的矿质元素。不能参与循环的元素却相反，这些元素被植物地上部分吸收后，即被固定住而不能移动，所以器官越老含量越大，例如嫩叶的钙少于老叶。植物缺乏某些必需元素，最早出现病征的部位（老叶或嫩叶）不同，原因也在于此。凡是缺乏可再利用元素的生理病征，首先在老叶发生；而缺乏不可再利用元素的生理病征，首先在嫩叶发生。

参与循环的元素的重新分布，也表现在植株开花结实时和落叶植物落叶之前。例如，玉米形成籽实时所得到的氮，大部分来自营养体，其中尤以叶子最多。又如，落叶植物在叶子脱落之前，叶中的氮、磷等元素运至茎干或根部，而钙、硼、锰等则不能运出或只有少量运出。牧草和绿肥作物结实后，营养体的氮化合物含量大减，不是作饲料或绿肥的最适宜生育期，道理也就在此。

第五节　植物对氮、磷、硫的同化

高等植物吸收的矿质元素，许多都需要被同化后才能更加充分地被植物利用，发挥其特有的生理功能。本节主要介绍植物对氮、磷、硫的同化。

一、氮的同化

（一）植物的氮源

大气中含有约78%的氮气，但不能被植物利用，只有某些微生物才能利用大气中的氮气。植物所利用的氮源主要是土壤中的含氮化合物。土壤中的含氮化合物包括有机物和无机物。由于土壤基质（由矿物岩石经过风化而成）中不含氮素，所以土壤中的含氮化合物主要源于动物、植物和微生物躯体的腐烂分解，小部分形成氨基酸、酰胺、尿素等而被植物直接吸收，大部分则通过土壤微生物转化为无机氮化物后被植物吸收。农业生产上常使用的氮肥有硝态氮、铵态氮和尿素。尿素虽然是植物良好的氮源，但由于它易被土壤微生物的脲酶分解为 NH_3 和 CO_2，并伴随硝化作用形成 NO_3^-，因此只有一小部分以尿素的形式被植物吸收。所以被植物吸收的氮源常是无机的铵态氮和硝态氮。植物吸收的铵态氮可以直接被同化，而硝态氮则需要先还原成铵态氮，再被同化。

（二）氮的同化过程

硝态氮是植物吸收氮的主要形式。氮的同化分为硝酸盐还原为亚硝酸盐、亚硝酸盐还原为铵、铵同化为氨基酸三个步骤。

1. 硝酸盐的还原

硝态氮由硝酸还原酶（NR）催化还原为亚硝态氮，该过程可在根和叶的细胞质进行，通常绿色组织中更活跃，但木本植物根的硝态氮还原能力也很强。同化力 NAD(P)H 来源于光合作用和呼吸作用。所以，光照下硝酸盐还原加强。其反应式如下：

$$NO_3^- + NAD(P)H + H^+ \longrightarrow NO_2^- + NAD(+P) + H_2O$$

高等植物的硝酸还原酶是钼黄素蛋白，由腺嘌呤黄素二核苷酸（FAD）、亚铁血红素和钼组成复合体。硝酸还原酶是植物营养组织中主要的含钼蛋白，缺钼的一个症状是硝酸还原酶的活性减弱。所以，植物缺钼时会累积 NO_3^- 不能被还原，表现缺氮的症状。硝酸还原酶是一种底物诱导酶（或适应酶）。我国科学家吴相钰、汤佩松1957年首次发现，水稻幼苗在硝酸盐溶液中培养，体内即生成硝酸还原酶；如果把幼苗放在不含硝酸盐的溶液中继续培养，硝酸还原酶又逐渐消失。这是高等植物内存在诱导酶的首例报道。

2. 亚硝酸盐的还原

亚硝酸盐还原为铵在叶绿体中进行，由亚硝酸还原酶（NiR）催化。正常有氧条件下，亚硝态氮很少在体内累积，因为植物组织内存在大量的亚硝酸盐还原酶。其反应过程如图2-13所示，由光合作用供给的 e^- 经过铁氧还蛋白（Fd），提供给 NiR 的辅基铁硫簇（Fe_3S_4），然后再转移给另一个辅基多肽血红素，最后将电子传给 NO_2^- 而还原成 NH_4^+，同时释放少量 N_2O。根中前质体的 NiR 也能进行亚硝酸盐还原。

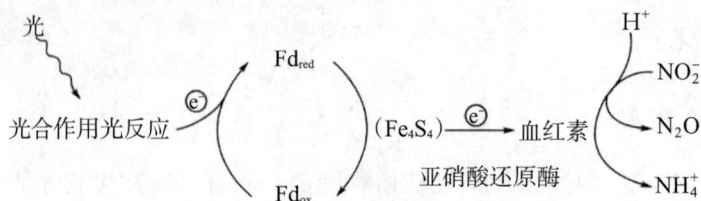

图2-13 亚硝酸还原酶还原亚硝酸的过程

3. 铵的同化

植物从土壤中吸收的铵或由硝酸盐还原形成的铵被同化为氨基酸的过程称为铵的同化。高浓度的游离铵对植物有害，因此植物体内铵形成后立即被同化为氨基酸。根叶、根瘤都可以进行同化，但叶片活性最强。铵的同化过程中，主要由谷氨酰胺合成酶（GS）和谷氨酸合成酶（GOGAT）两种酶催化，由NAD(P)H或Fd提供电子，转变为谷氨酸。然后谷氨酸可以在转氨酶的作用下转化为其他氨基酸。GS普遍存在于各种植物组织中，对铵的亲和力很高，能防止铵累积造成毒害。

GS催化的反应式为

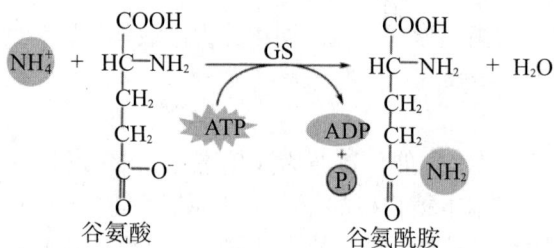

GOGAT催化的反应式为

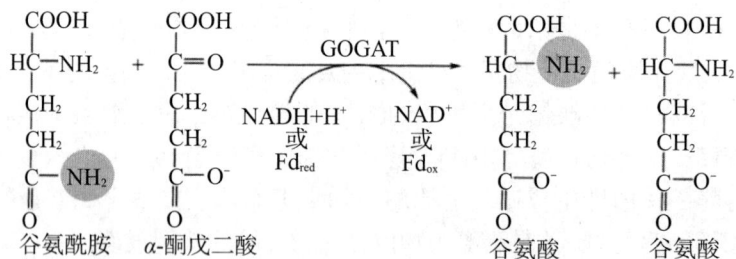

另外，植物体还有谷氨酸脱氢酶（GDH）可以参与铵的同化，它催化α-酮戊二酸和氨生成L-谷氨酸。但此酶与铵的亲和力很低，活性弱，不是铵同化的主要途径。它主要在谷氨酸的降解中起作用。

综上所述，铵的同化过程包括硝酸盐的还原、铵同化为谷氨酸、谷氨酸再经过转氨作用生成其他氨基酸，如图2-14所示。NO_3^-通过叶肉细胞质膜上的硝酸盐-质子同向运输器（NRT）进入叶肉细胞质基质，在硝酸还原酶（NR）的作用下转变为NO_2^-，NO_2^-接着进入叶绿体基质并在亚硝酸还原酶（NiR）的作用下转变为NH_4^+，NH_4^+与α-酮戊二酸结合形成谷氨酸，谷氨酸随后运出到细胞质基质，再转变为天冬氨酸和其他氨基酸，最后形成蛋白质、核酸等。

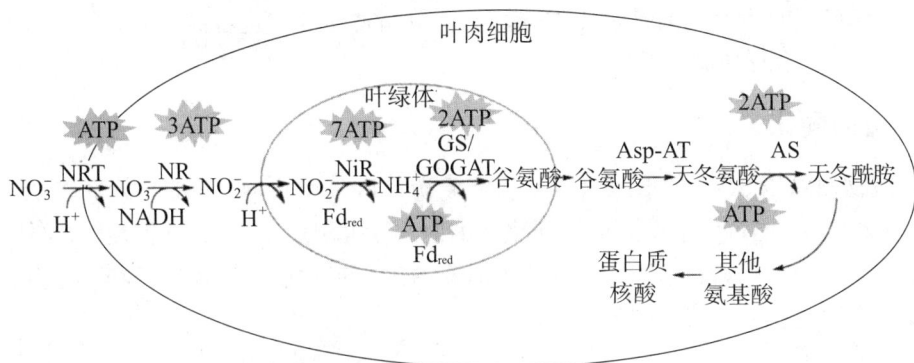

图2-14　叶片氮素的同化过程

（三）生物固氮

氮气转变为含氮化合物的过程称为固氮。固氮又分为工业固氮和自然固氮两种。工业固氮是人为地在高温、高压下将氮气还原为铵（氨）的过程。自然固氮中10%通过闪电完成，90%由生物固氮完成。植物不能固定空气中游离的N_2，但某些微生物能把空气中的游离N_2固定转化为含氮化合物，称为生物固氮。工业固氮能耗大、污染环境，因此有效利用生物固氮意义重大。

生物固氮主要由两类微生物实现：能独立生存的固氮微生物，包括多种细菌和蓝绿藻；与植物共生的微生物，如与豆科植物共生的根瘤菌，与非豆科植物共生的放线菌以及与满江红共生的蓝藻等，其中根瘤菌最重要。固氮微生物含有固氮酶，此酶由钼铁蛋白和铁蛋白构成。固氮酶对O_2高度敏感，在含氧空气中很快被钝化。

固氮酶催化的总反应式为

$$N_2+8e^-+8H^++16ATP \longrightarrow 2NH_3+H_2+16ADP+16P_i$$

生物固氮可以改良土壤，增加土壤肥力。目前我国耕地退化，土壤肥力下降，在农田放养红萍，种植紫云英、花生、大豆等豆科植物，是改良和保护土壤的最有效最经济的方法之一。不过，固氮酶固定1分子氮气形成2分子氨要消耗16分子ATP，这是一个耗能过程。据估算，高等植物固定1 g氮气要消耗12 g有机碳。

二、磷的同化

磷酸盐被植物吸收后，可以$H_2PO_4^-$（P_i）的形式存在，也可以合成有机物如核苷酸、磷酸糖和磷脂等的形式存在。与ADP合成ATP是磷最主要的同化途径。植物细胞中ATP的合成主要有两个途径：一个是发生在叶绿体中的光合磷酸化，另一个是发生在线粒体中的氧化磷酸化。

在植物细胞中，许多小分子通过磷酸化作用，与P_i结合形成含磷小分子，如UTP、GTP、CTP、ATP等。这些小分子物质可作为核酸、脂类、糖类、蛋白质等大分子物质合成的物质和能量来源。如蔗糖的合成需要消耗UTP，淀粉合成需要ATP，磷脂合成过程需要

CTP参与。糖代谢时，底物通常需要先磷酸化，单糖之间的转化也需要先磷酸化，一般是将ATP上的P_i与糖结合形成磷酸糖。

三、硫的同化

高等植物根系以SO_4^{2-}的形式吸收矿质元素硫，叶片也可以SO_2的形式获得硫，吸收的气体SO_2需要转变为SO_4^{2-}才能被植物同化。因此SO_2和SO_4^{2-}的同化过程是一样的。硫酸盐的同化既可以发生在根系，也可以发生在叶片。SO_4^{2-}的同化需要经过SO_4^{2-}的活化、APS的还原以及硫化物（S^{2-}）合成半胱氨酸。

（一）SO_4^{2-}的活化

SO_4^{2-}非常稳定，在与其他物质作用前要先活化。活化时需经ATP硫酸化酶催化，SO_4^{2-}与ATP反应，形成5'-腺苷酰硫酸（APS）和焦磷酸（PP_i）。催化此反应的酶有两种形式，多数存在于质体中，少部分存在于细胞质，其反应式如下：

$$SO_4^{2-} + ATP \xrightarrow{\text{ATP硫酸化酶}} APS + PP_i$$

（二）APS还原为S^{2-}

在质体的APS还原分为两个步骤。首先，APS还原酶催化还原态的谷胱甘肽（GSH）转移2个电子给APS，生成亚硫酸盐（SO_3^{2-}）和氧化态的谷胱甘肽（GSSG）。然后，亚硫酸盐还原酶借助Fd转移6个电子给亚硫酸盐，生成硫化物（S^{2-}）。其反应式如下：

$$2GSH+APS \xrightarrow{\text{APS还原酶}} SO_3^{2-} + 2H^+ + GSSG + AMP$$

$$SO_3^{2-} + 6Fd_{red} \xrightarrow{\text{亚硫酸盐还原酶}} S^{2-} + 6Fd_{ox}$$

（三）S^{2-}合成半胱氨酸

此过程也分为两个步骤。首先，在线粒体中丝氨酸（Ser）在丝氨酸乙酰转移酶的作用下，与乙酰CoA反应生成乙酰丝氨酸（OAS）和CoA。然后，在细胞质中OAS经乙酰丝氨酸硫酸酶的催化，与S^{2-}反应生成半胱氨酸（Cys）和乙酸。反应式如下：

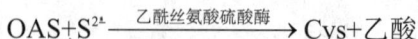

$$Ser+乙酰CoA \xrightarrow{\text{丝氨酸乙酰转移酶}} OAS+CoA$$

$$OAS+S^{2-} \xrightarrow{\text{乙酰丝氨酸硫酸酶}} Cys+乙酸$$

经过上述步骤，SO_4^{2-}被还原生成半胱氨酸，半胱氨酸会进一步合成胱氨酸等含硫氨基酸。由SO_4^{2-}转化为半胱氨酸的还原过程需要转移8个电子，是高耗能的。叶片中硫同化比根系更活跃，因为光合作用可提供还原型铁氧还蛋白（Fd_{red}），而呼吸作用可以提供丝氨酸。

第六节　合理施肥的生理基础和意义

合理施肥，就是根据矿质元素在作物中的生理功能及土壤中有效矿质元素含量，结合作物的需肥特点进行施肥。也就是说，对作物施什么肥、施多少肥、何时施、怎样施，都应合理安排，以做到适时适量，少肥高效。

一、作物的需肥规律

不同作物对不同元素的需要量和比例不同。例如，豆科作物可通过根瘤菌进行固氮，一般应控制氮肥的施用。土壤中氮素太多反而会降低根瘤菌对氮的固定。但在根瘤尚未发育完全的幼苗阶段，或开花结实时期（此时根瘤菌得到的同化物少，固氮较弱），可适量施些氮肥。豆科作物亦需要较多的磷、钾肥。油料作物需镁较多，甜菜、苜蓿、亚麻对硼有特殊要求，应注意及时提供。另外，不同作物收获部分不同，施肥也不同。如叶菜类作物可以多施氮肥；根茎类作物（马铃薯等）则多施钾肥，促进地下部分膨大及糖分积累等。

同一作物不同生长发育时期对矿质元素的需要也不相同。在种子萌发时期，因种子本身贮有养分，故不需要吸收外界肥料。随着幼苗的长大，吸肥量增强；到开花结实期，吸收肥料的量达最大。之后，随着长势减弱，吸收下降，至成熟期则停止吸收。衰老时甚至有部分矿质元素排出体外。所以，施肥应重在前、中期，后期以叶片施肥为主。在作物栽培中，将作物对缺乏矿质元素最敏感的时期称为需肥临界期（或植物营养临界期），把施肥的营养效果最好的时期称为最高生产效率期（或营养最大效率期）。一般以种子和果实为收获对象的作物，其营养最大效率期是生殖生长期，需肥临界期为苗期。

二、合理施肥的指标

前面讲的植物营养临界期和植物营养最大效率期，并不是说必须在这一时期施肥。什么时间施肥、施多少肥要根据土壤和作物的有关指标而定。

（一）土壤肥力指标

土壤肥力包括全部养分和有效养分两部分。有效养分指作物可利用的养分，但不代表这部分养分就是被作物吸收的实际数量，而只能作为基肥施用的参考。如根据中国农科院调查，生产水平在 $627.5 \text{ t} \cdot \text{hm}^{-1}$ 的小麦田，其土壤有机质量应达到1%以上，而总氮质量分数应在0.06%以上。其他元素如磷和钾均有一定的要求。

（二）作物营养指标

作物营养指标是反映作物营养状况的重要参数，也是合理施肥的基础，包括形态指标和生理生化指标。

1. 形态指标

能够反映作物需肥情况的植株外部形态称为形态指标。作物的长相（株型或叶片形状）、长势（生长速度）和叶色是很好的形态指标。例如，氮肥多时，植株生长快，叶大而软，株型松散；氮肥不足时，生长慢，叶小而直，株型紧凑；叶色深，表明氮和叶绿素水平高。因此，生产中常以叶色作为施氮肥的指标。但是形态指标往往不灵敏，一旦表现出来，就表明作物体内已严重缺乏该元素。

2. 生理生化指标

能够反映植株需肥情况的生理生化变化称为施肥的生理生化指标。生理生化指标一般以功能叶作为测定对象。

①叶中元素含量：叶片元素诊断（或叶分析）是一种应用较广的植物营养分析方法。该方法就是在不同施肥水平下，分析不同作物或同一作物的不同组织、不同生育期中营养元素的浓度（或含量）与作物产量之间的关系。通过分析，可在严重缺乏与适量浓度之间找到一临界浓度（critical concentration），即作物获得最高产量时组织中营养元素的最低浓度。表2-3列出了几种作物中某些矿物质元素的临界浓度，供参考。低于临界浓度应施肥，高于临界浓度施肥则浪费，甚至有害。

②酰胺含量：作物能够以酰胺（谷氨酰胺和天冬酰胺）的形式将体内过多的氮素贮存起来以避免铵毒害。顶叶酰胺含量超过一定水平，表示氮素营养充足；若酰胺含量低于一定水平，说明氮素营养不足。这一指标特别适合作为水稻等作物施用穗肥的依据。

③酶活性：一些矿质元素可作为某些酶的激活剂或组成成分，当缺乏这些元素时，相应的酶的活性就会下降。如缺铜时抗坏血酸氧化酶和多酚氧化酶的活性下降。硝酸还原酶和谷氨酸脱氢酶分别催化 NO_3^- 和 NH_4^+ 的转化，因此，当作物体内的硝态氮和铵态氮不足时，这两种酶活性下降；反之，活性增强。根据这些酶活性的变化，便可以推测作物体内的营养水平，从而指导施肥。

表2-3　几种作物干重中一些矿质元素的临界质量分数　　　　　　单位：%

作物	测定时期	分析部位	$\omega(N)$	$\omega(P_2O_5)$	$\omega(K_2O)$
春小麦	开花末期	叶子	2.6～3.0	0.52～0.60	2.8～3.0
燕麦	孕穗期	植株	4.25	1.05	4.25
玉米	抽雄	果穗前1叶	3.10	0.72	1.67
花生	开花	叶子	4.0～4.2	0.57	1.20

三、合理施肥与现代农业

合理施肥是提高作物产量的重要措施。但施肥必须注意以下两方面问题：一是最大量提高施肥效果。所施肥料能否被作物吸收利用还取决于土壤水分状况、通气状况、施肥方式等。所以，施肥一般应结合浇水和深耕松土等栽培管理措施。二是注意施肥不当造成减产、农产品质量降低及土壤次生盐渍化问题。施肥不当引起减产是经常发生的事，如氮肥施用过多引起作物旺长，群体光照和通气条件恶化，光合作用降低，呼吸增强，最终造成减产，甚至由于基部茎节机械组织不发达，生长发育后期遇风雨发生严重倒伏，造成颗粒无收。小麦生产中经常发生这种减产甚至绝产事件。施肥过多使农产品品质降低也是目前农业生产中的普遍问题，在保护地栽培中更为严重。许多农民为了提高产量大量施用氮肥并给予充足的浇灌，产量上去了，经济效益却下来了，更为严重的是同一块地连年过量施用化肥导致土壤次生盐渍化，使产量严重下降，甚至造成土壤废弃。因此，以有机肥为主，合理施用化肥是现代化农业的方向。

思考题

1. 如何确定某种矿质元素为植物必需的元素?

2. 溶液培养的主要步骤有哪些? 应注意什么问题? 无土栽培、砂培、水培等与溶液培养有何异同?

3. 为什么农业生产中称 N、P、K 为"肥料三要素"? 其主要功能及缺乏病征是什么?

4. Ca 在植物生命活动中有哪些作用?

5. 举例说明植物缺元素病征为什么有的首先发生在顶端幼嫩枝叶上, 有的首先发生在下部老叶上?

6. 如果一株植物叶片发黄, 可能的原因有哪些?

7. 矿质元素是如何从植物细胞膜外转运到膜内的?

8. 主动吸收、初级主动吸收、次级主动吸收、泵的含义是什么? 它们有何区别? 通道吸收和载体吸收有何相同点和不同点?

9. 被动吸收、简单扩散和协助扩散有何异同?

10. 质膜 H^+-ATP 酶有何特点? 它与植物细胞吸收矿质元素有何关系?

第三章　植物的生长物质

植物生长物质（plant growth substance）是一些调节植物生长发育的物质。植物生长物质可分为植物激素（plant hormone 或 phytohormone）和植物生长调节剂（plant growth regulator）两类。植物激素是植物体内产生的一类在极低浓度时即可对植物的生长发育、代谢、环境应答等生理过程产生重要调控作用的有机物；而植物生长调节剂是指一些具有植物激素类似活性的人工合成的化合物，被广泛应用于农林生产，通过调控植株生长发育，为生产作出重要贡献。

20世纪60年代以来，生长素类、赤霉素类、细胞分裂素类、乙烯和脱落酸被称为5大类经典激素。随后发现的植物激素还有油菜素甾醇类、茉莉素、水杨酸、多胺与独脚金内酯等。尽管植物激素之间存在交互作用，但是每一种植物激素的特异功能都不能被其他植物激素所代替。随着对植物激素研究工作的不断深入，人们对植物激素的作用及机制有了较为整体的认识。

第一节　生　长　素　类

生长素（auxin）是最早发现的一种植物激素。1934年，荷兰的 F. Kögl 等从玉米油、根霉、麦芽等中分离和纯化出了能刺激植物生长的物质，经鉴定是吲哚-3-乙酸（indole-3-acetic acid，IAA），其分子式为 $C_{10}H_9NO_2$，相对分子质量为175.18。这项工作大大推动了植物激素研究向前发展。

一、生长素的种类和化学结构

IAA在高等植物中广泛存在，且含量最丰富，作用最重要，是植物体内主要的生长素形式。

除了IAA以外，植物体内还有其他生长素类物质，包括从玉米叶片和种子中提取出来的吲哚-3-丁酸（indole-3-butyric acid，IBA）、从莴苣中提取到的IAA氯代物4-氯-3-吲哚乙酸（4-chloro-3-indole acetic acid，4-Cl-IAA）等，它们的生长素活性都很强。此外，一些植物（番茄、烟草等）中存在的苯乙酸（phenylacetic acid，PAA），也具有生长素活性。以上四种化学物质被认为是植物内源生长素，它们的化学结构如图3-1所示。

吲哚-3-乙酸（IAA）

吲哚-3-丁酸（IBA）

4-氯-3-吲哚乙酸
（4-Cl-IAA）

苯乙酸（PAA）

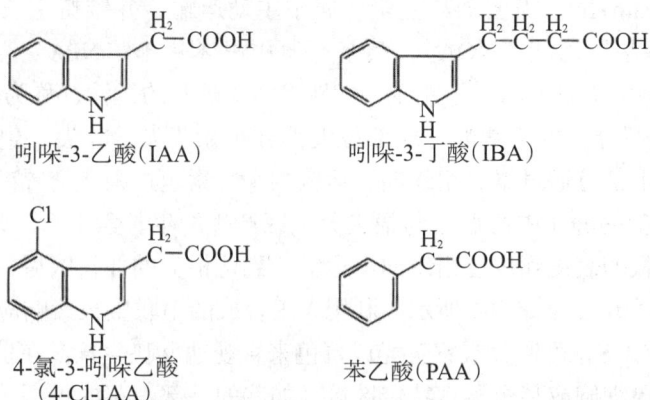

图3-1　四种内源生长素的化学结构

　　根据生长素的结构特征，人们合成了一系列具有生长素活性的化合物，包括2,4-二氯苯氧乙酸（2,4-D）、2,4,5-三氯苯氧乙酸、α-萘乙酸（NAA）等，这些化合物已被广泛应用于科学研究及农业生产。

　　生长素在植物组织内呈不同化学状态。人们把能自由移动、能扩散到琼脂的生长素称为自由型生长素（free auxin）；而把被大分子包埋，通过酶解、水解或自溶作用才能提取出来的那部分生长素，称为束缚型生长素（bound auxin）。自由型生长素具有生理活性，而束缚型生长素则没有活性。自由型生长素和束缚型生长素可相互转变。

　　束缚型生长素在植物体内的作用体现在以下几个方面。

　　（1）作为贮藏形式。IAA与葡萄糖形成吲哚乙酰葡糖（indole acetyl glucose），在种子和贮藏器官中含量高，是生长素的贮藏形式。

　　（2）作为运输形式。IAA与肌醇形成吲哚乙酰肌醇，贮存于种子中。种子发芽时，比吲哚乙酸更易于运输到地上部。

　　（3）解毒作用。细胞内自由型生长素过多时，会对植物产生毒害。IAA和天门冬氨酸结合生成的吲哚乙酰天冬氨酸，具有解毒功能。

　　（4）调节自由型生长素含量。根据植物体对自由型生长素的需要程度，束缚型生长素在酶的作用下可与束缚物分离或结合，使植物体内自由型生长素浓度呈稳态。

二、生长素在植物体内的分布和运输

　　生长素在高等植物中分布很广，根、茎、叶、花、果实、种子及胚芽鞘中都有。它的含量极低，1 g鲜重植物材料一般含10～100 ng生长素。生长素大多集中在生长旺盛的部分，如胚芽鞘、芽和根端的分生组织、形成层、受精后的子房、幼嫩种子等。

　　在高等植物体内，生长素有极性运输（耗能的主动运输）和非极性运输（依赖于自由扩散的韧皮部运输）两种运输方式。

（一）生长素的极性运输

　　极性运输是生长素的一个重要特征。生长素的极性运输是一种短程、单方向的运输，其

运输速度为 $5\sim20\ mm\cdot h^{-1}$，需要消耗能量，属于主动运输，并维持生长素的逆浓度梯度运输。人工合成的萘基氧乙酸（NOA）、萘基邻氨甲酰苯甲酸（NPA）、羧苯基苯丙烷二酮（CPD）以及三碘苯甲酸（TIBA）等能专一性地阻断生长素的运输，称为极性运输抑制剂。

在植物的地上部分，生长素的合成部位大都分布在茎尖、叶尖，生长素主要向基部运输。在根中，由地上部分通过维管组织向下运输的生长素越过根茎交界处，向根尖中柱细胞单向运输，到达根尖的静止中心后，与根尖分生区产生的生长素汇合，形成根尖生长素库。库中的生长素通过根的表皮和皮层组织向上运输，到达根尖的伸长区后，再通过皮层细胞向根尖分生区运输（回流），如图3-2所示。利用人工合成的串联生长素响应元件启动子DR5驱动报告基因GFP或GUS，可通过观察荧光或着色来直观地反映生长素在植物组织内的分布情况，发现生长素在单细胞或某个器官特定区域（如茎的基部、芽的顶端等）积累并达到浓度最大，也可以在一个组织或器官中（如根、胚胎中）形成浓度梯度，如图3-3所示。极性运输在生长素浓度梯度的建立和维持过程中发挥着重要作用。

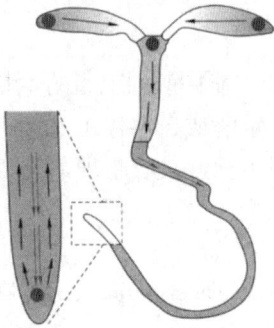

图3-2 双子叶植物中的生长素极性运输模式

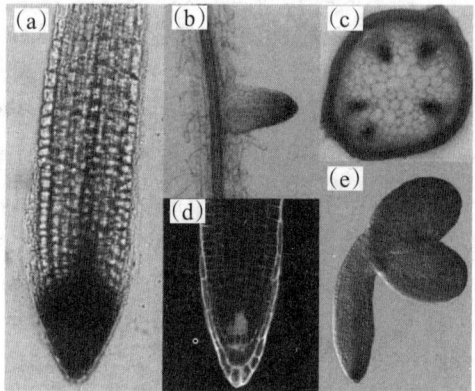

图3-3 拟南芥中生长素的分布

生长素极性运输的机制可用化学渗透假说（chemiosmotic hypothesis）来解释。如图3-4所示，质膜的质子泵将ATP水解，提供能量，同时将 H^+ 从细胞质基质释放到细胞壁，所以细胞壁空间的pH较低（pH=5）。而生长素的 pK_a 是4.75，在酸性环境中羧基不易解离，主要呈非解离型（IAAH），较亲脂。IAAH通过质膜的磷脂双分子层扩散进入细胞要比阴离子型（IAA⁻）快；除此以外，质膜上有生长素输入载体（auxin influx carrier）AUXI。AUXI属于膜蛋白，其多肽顺序与氨基酸透性酶（permease）相似，该酶是 H^+/IAA内向转运体。阴离子型（IAA⁻）通过透性酶主动地与 H^+ 协同转运，进入细胞质基质。IAA通过上述两种机制进入细胞。细胞质基质pH约为7.2，IAA主要以IAA⁻的形式存在，其在细胞基部的输出载体作用下运出细胞。

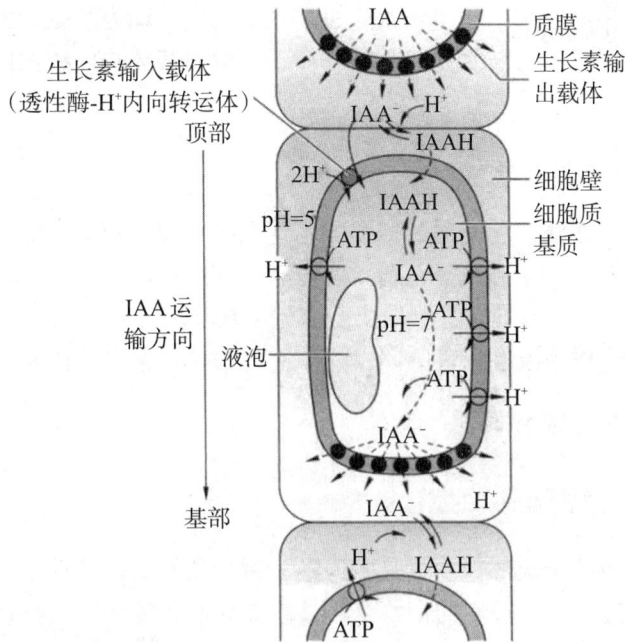

图3-4　IAA极性运输的化学渗透假说

目前已知，生长素极性运输依赖于生长素输入载体 AUX/IUX1 家族、输出载体 PIN（pin-formed）蛋白家族和 ABCB/PGP 蛋白家族。

在拟南芥中已发现 8 个 PIN1 蛋白家族成员。表 3-1 列出了 PIN1、PIN2、PIN3 和 PIN4 的定位与功能，其中 PIN1 负责 IAA 从茎尖向根尖的运输，PIN3 则负责将 IAA 在根尖侧向运输到维管束薄壁细胞，PIN4 参与 IAA 向根尖静止中心的运输。这表明 PIN 成员在特定的细胞类型和细胞层中表达，并决定了生长素在细胞内的时空分布与极性定位。

表3-1　拟南芥 PIN 家族几个成员的定位与功能

	PIN1	PIN2	PIN3	PIN4
定位	花序轴形成层和微管木质部薄壁细胞的基部	根尖表皮和皮层细胞背离根尖一侧	地上部分内皮层、根中柱细胞边界；中柱鞘细胞的侧向	根分生区静止中心附近
功能	介导茎尖组织中生长素的向基运输、根中的向顶运输	介导根中生长素的向基运输	介导向性反应中生长素的侧向重分配	确定根尖生长素库和调节生长素的再分配
缺失表型	针状花序，无花；子叶融合；次生器官大小及数目异常	主根向重性缺陷；侧根延伸迟缓	生长受阻；重力反应和向光性异常	根部分生区细胞模式异常

PGP 蛋白（P-glycoprotein）是一类 ATP 结合蛋白——ABC 蛋白家族中的 B 转运蛋白亚家族（ABC subfamily B transporters，ABCB）。拟南芥中已发现 22 个 *ABCB/PGP* 基因。研究证明，ABCB1/PGP1、ABCB4/PGP4、ABCB19/PGP19 参与转运生长素；ABCB19/PGP19、ABCB1/PGP1 与 PIN1 协同作用影响拟南芥体内生长素从茎向根的长途运输。

综上所述，在细胞壁空间中的生长素通过扩散或在质子动力势驱动的生长素输入载体的协助下，从细胞的顶端进入，继而在细胞基部质膜的输出载体PIN和PGP蛋白的协助下输出细胞。如此反复进行，就形成了生长素的极性运输。

（二）生长素的非极性运输

生长素除极性运输之外，还能通过植物的维管系统实现长距离运输，包括韧皮部运输和通过木质部沿着植物茎干向上或向下运输，其运输较快，为 $1 \sim 2.4 \ \text{m} \cdot \text{h}^{-1}$。生长素的非极性运输不需要能量和载体，运输方向主要取决于两端生长素浓度差。

生长素的非极性运输和极性运输共同发挥作用，调控细胞内生长素的平衡。

三、生长素生物合成和降解

（一）吲哚-3-乙酸的生物合成

生长素在植物体中的合成部位主要是叶原基、嫩叶和发育中的种子。成熟叶片和根尖也产生生长素，但数量甚微。生长素的生物合成具有多样性和复杂性的特点。其合成包括依赖 L-色氨酸的合成和非依赖色氨酸的从头合成。

在植物体内，色氨酸（tryptophan）和色氨酸的合成前体吲哚-3-甘油磷酸（indole-3-glycerol phosphate，IGP）都是IAA的结构类似物，可作为IAA生物合成的前体。植物体内生长素合成途径如图3-5所示。图中虚线指非色氨酸依赖合成途径的可能过程。

1. 色氨酸依赖型的合成途径（tryptophan dependent pathway）

植物主要通过四条途径完成色氨酸到吲哚乙酸的合成。

（1）吲哚丙酮酸途径。在色氨酸氨基转移酶作用下，色氨酸形成吲哚-3-丙酮酸（indole pyruvic acid，IPA），再通过黄素单加氧酶（flavin monooxygenases）YUCCA催化产生吲哚-3-乙酸。实验表明，这条途径是植物体最基本、最主要的生长素合成途径。

（2）色胺途径。色氨酸在色氨酸脱羧酶的作用下转变为色胺（tryptamine，TAM），而后经历一系列酶促反应，色胺转变成吲哚-3-乙醛（indole-3-acetaldehyda，IAAld），后者经过脱氢变成吲哚-3-乙酸。本途径只在少数植物中存在。

（3）吲哚乙醛肟途径。色氨酸首先被转变为吲哚-3-乙醛肟（indole-3-acetaldoxime，IAO），拟南芥中CYP79B蛋白是催化该反应的主要酶。IAO再转变成吲哚-3-乙腈（indole-3-acetonitrile，IAN），然后在腈水解酶作用下转变成吲哚-3-乙酸。这种途径可能存在于十字花科、禾本科、葫芦科、芭蕉科、豆科和蔷薇科等植物。

（4）吲哚乙酰胺途径。在细菌中，色氨酸形成吲哚-3-乙酰胺（indole-3-acetamide，IAM），然后在吲哚乙酰胺水解酶作用下形成吲哚-3-乙酸。已在小麦、豌豆、水稻等植物提取的粗蛋白中检测到具有活性的吲哚乙酰胺水解酶，在拟南芥中发现了编码催化IAM转化为IAA的关键酶基因 AMI1（AMIDASE1）。

在上述四条途径中，吲哚丙酮酸途径在高等植物中占优势。在大麦、小麦、烟草等植物中同时具有吲哚丙酮酸途径和色胺途径。

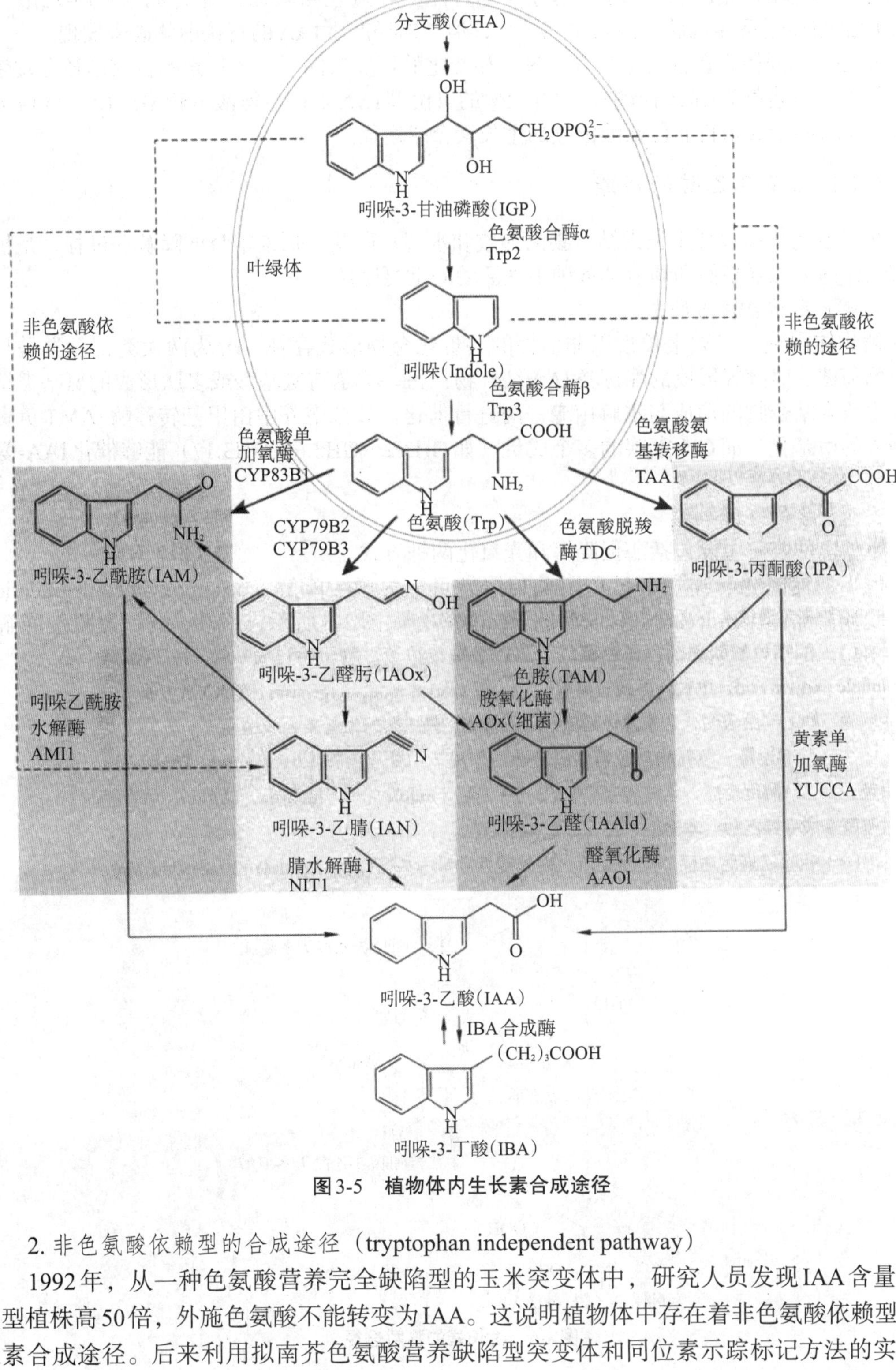

图3-5　植物体内生长素合成途径

2. 非色氨酸依赖型的合成途径（tryptophan independent pathway）

1992年，从一种色氨酸营养完全缺陷型的玉米突变体中，研究人员发现IAA含量比野生型植株高50倍，外施色氨酸不能转变为IAA。这说明植物体中存在着非色氨酸依赖型的生长素合成途径。后来利用拟南芥色氨酸营养缺陷型突变体和同位素示踪标记方法的实验证

明，吲哚-3-甘油磷酸或其下游产物吲哚都可能不经过色氨酸而独立合成吲哚-3-乙酸。吲哚-3-丙酮酸和吲哚-3-乙腈可能是中间产物，但该途径产生IAA的直接前体尚未发现。

总之，不同植物在各自生长发育过程和变化的环境条件下，生长素的合成途径会发生变化。例如，拟南芥7天龄幼苗中，约有50%的自由型IAA来自色氨酸依赖型途径，而14天龄幼苗有90%的IAA来自非色氨酸依赖的生长素合成途径。

（二）吲哚-3-乙酸的代谢

生长素的代谢包括生长素结合物的形成和水解，以及生长素本身的降解等过程，是植物维持其体内生长素平衡和调节其各种生理活动的重要途径。

1. 生长素结合物的形成

植物体内绝大多数生长素以非活性的共价化合物形式存在，分为两大类：一类是与甲基、葡萄糖、肌醇等形成的酯键类IAA结合物；另一类是与氨基酸或多肽形成的氨基类结合物。生长素结合物的形成与水解由专一酶进行催化。如拟南芥中由甲基转移酶IAMT负责催化IAA的甲基化。而GH$_3$家族的多个成员（如GH3.2～GH3.6，GH3.17）能够催化IAA-氨基酸的形成。

2. 生长素的降解

生长素的降解主要包括酶促降解和光氧化两种方式。

（1）酶促降解。吲哚-3-乙酸的酶促降解可分为脱羧降解（decarboxylated degradation）和非脱羧降解（non-decarboxylated degradation），如图3-6所示。图中（A）为脱羧降解途径，（B1）和（B2）为非脱羧降解。

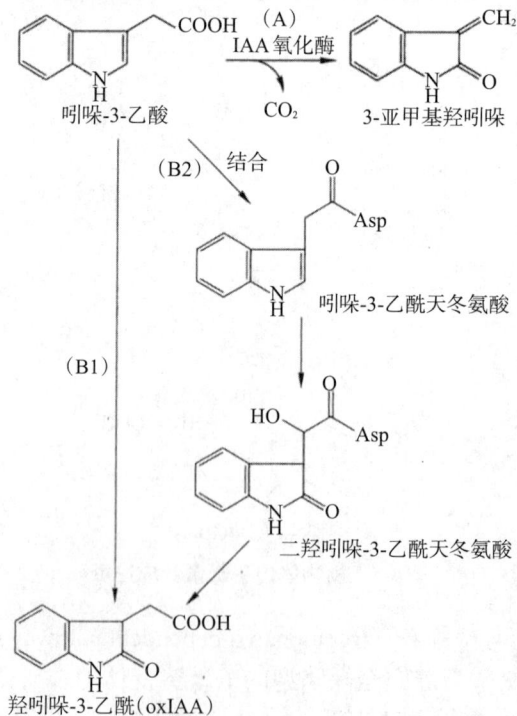

图3-6 生长素的降解途径

①脱羧降解。高等植物体内吲哚乙酸氧化酶（IAA oxidase）能使IAA氧化脱羧，是一种起着氧化酶作用的过氧化物酶（peroxidase），其氧化产物除CO_2外，还有3-亚甲基羟吲哚（3-methylene oxindole）等。

②非脱羧降解。非脱羧降解存在两条途径：一条是IAA直接氧化成羟吲哚-3-乙酸（ox-indole-3-acetic acid，oxIAA），oxIAA进一步与葡萄糖结合；另一条是形成氧化IAA的氨基酸结合物，再转变成oxIAA。降解物仍然保留IAA侧链的两个碳原子，如二羟吲哚-3-乙酰天冬氨酸（dioxindole-3-acetylaspartate）等。

（2）光氧化。在强光下，溶液中的吲哚乙酸在核黄素催化下被光氧化，产物是吲哚醛（indole aldehyde）等。

植物体内的自由型IAA水平是通过生物合成、降解、运输、可逆的结合以及利用（信号转导）来调节的，以适应植物生长发育的需要，如图3-7所示，这个过程称为IAA稳态（auxinhomeostasis）。

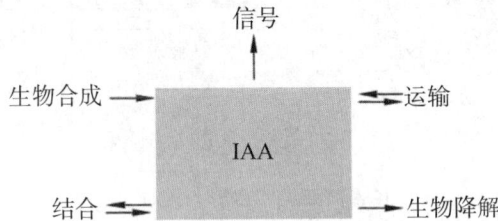

图3-7　自由型生长素水平调节

四、生长素的信号转导途径

生长素作为一个信号分子，从最初被植物细胞感知和识别，到经过信号转导途径调控下游相关基因的表达，直至最终实现生理作用，一直是人们关注的热点问题，也是理解和阐明生长素作用机理的基础。

目前已初步揭示了生长素在细胞内的信号转导途径。其涉及已知的生长素受体、转录因子AUX/IAA和生长素应答因子（auxin response factor，ARF）三类蛋白组分。

（一）生长素受体

已知的两类生长素受体分别是生长素结合蛋白1（auxin-binding protein 1，ABP1）和运输抑制剂响应1（transport inhibitor response 1，TIR1）蛋白。

ABP1大量位于内质网上，少量分布在质膜外侧，是一种相对分子质量为$2.2×10^4$的糖蛋白，最早从玉米胚芽鞘中分离出来。ABP1同系物广泛存在于高等植物中。ABP1与生长素结合后，引起质膜构象的改变，从而使质膜上离子通道发生变化，引起细胞对生长素的早期反应（early auxin response）。例如，用NAA处理烟草叶肉原生质体，在1～2 min就导致质膜超极化（hyperpolarization）。若预先加入ABP1抗体，则抑制质膜超极化，这就说明ABP1参与了生长素诱导的质膜超极化。目前认为，ABP1参与了细胞骨架的重排以及调控PIN在质膜上的极性定位。

TIR1蛋白位于细胞核，具有F盒（F-box）序列，是一个负责蛋白质降解的SCF（SKP1/cullin/F-box）蛋白复合体的组分。

在不含生长素或生长素浓度极低的条件下，AUX/IAA与ARF形成异源二聚体，使ARF无法与下游的生长素诱导基因的启动子区域结合，影响基因的转录。而当生长素浓度增加到一定浓度时，生长素与受体TIR1结合，TIR1构象变化，增强了SCFTIR1复合物与AUX/IAA紧密结合，促使AUX/IAA蛋白被26S蛋白酶体降解，从而释放ARF。ARF自身形成同源二聚体，以促进下游基因的转录，从而使生长素反应顺利进行，如图3-8所示。

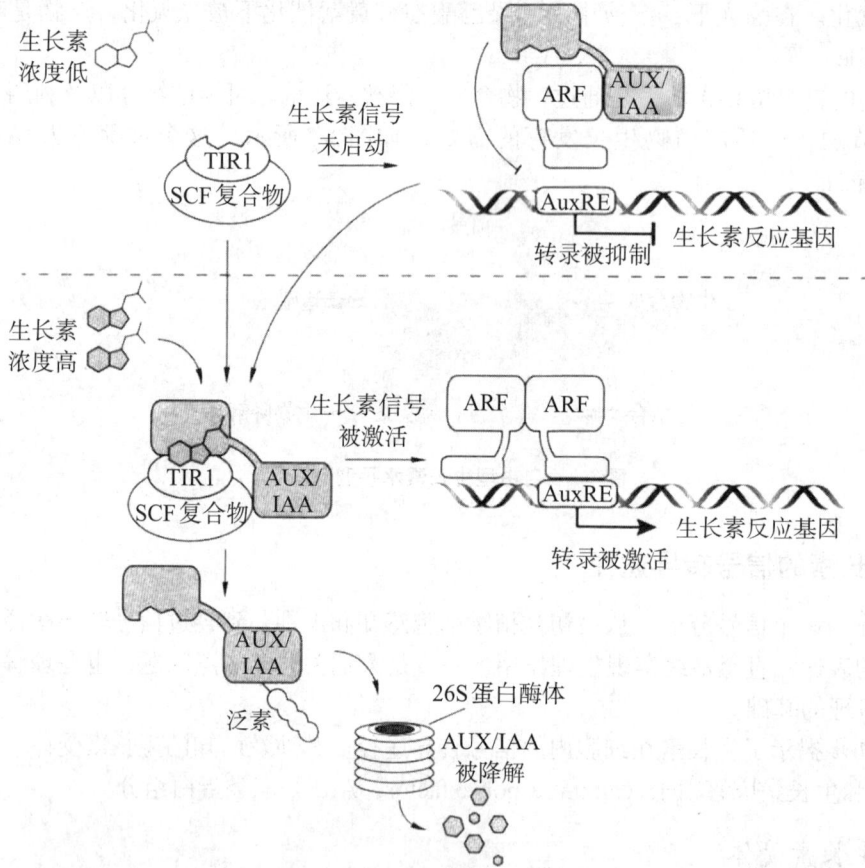

图3-8　TIR1介导的生长素信号转导途径

（二）重要的信号转导组分

根据生长素对基因表达的诱导或抑制的时程，被生长素调节转录的基因可分为生长素早期反应基因和晚期反应基因。早期反应基因参与生长素调节的快速反应，例如胞内钙离子浓度的升高及一些蛋白的快速分泌，这些反应需要的时间从几分钟到几小时不等。而晚期反应基因又叫次级反应基因，在生长素诱导反应的后期起作用，有些晚期反应基因是早期反应基因编码产物所诱导的。

如前所述的AUX/IAA是目前研究得最清楚的早期反应基因，植物细胞加入生长素5～

60 min后大部分AUX/IAA成员就已表达。AUX/IAA蛋白是生长素发挥作用时重要的负调控因子（转录因子），它有4个保守的结构域，即Ⅰ、Ⅱ、Ⅲ和Ⅳ。通常，结构域Ⅲ、结构域Ⅳ与ARF形成异源二聚体，抑制或促进下游的生长素反应基因的转录，从而调控生长素的反应。

AUX/IAA与ARF家族成员多，至今已知拟南芥基因组中有29个编码AUX/IAA的基因，它们的蛋白产物可以与20个ARF蛋白通过不同组合的相互作用以实现对众多生长素反应基因的精细调控。

五、生长素的生理作用和应用

生长素在植物组织细胞间的不对称分布是生长素作用的重要基础。生长素影响细胞分裂、伸长和分化，也影响营养器官和生殖器官的生长、成熟和衰老。生长素的生理作用总结如下。

（1）促进作用。促进细胞分裂、维管束分化、茎伸长、叶片扩大、顶端优势、种子发芽、侧根和不定根形成、根瘤形成、偏上性生长、形成层活性、光合产物分配、雌花增加、单性结实、子房壁生长、乙烯产生、叶片脱落、伤口愈合、种子和果实生长、坐果等。

（2）抑制作用。抑制花朵脱落、侧枝生长、块根形成等。

必须指出，生长素对细胞伸长的促进作用，与生长素浓度、植物的年龄和器官的种类有关。一般情况下，生长素在低浓度时可促进生长，浓度较高则会抑制生长，浓度更高则会使植物受伤。细胞年龄不同对生长素的敏感程度不同。一般来说，幼嫩细胞对生长素反应非常敏感，衰老细胞则比较迟钝。不同器官对生长素的反应程度也不一样，根最敏感，反应浓度为$10^{-10}\,mol\cdot L^{-1}$左右；茎最不敏感，反应浓度为$10^{-4}\,mol\cdot L^{-1}$左右；芽居中，其浓度为$10^{-8}\,mol\cdot L^{-1}$左右。

抗生长素（antiauxin）属于一类合成的生长素衍生物，如α-（对氯苯氧基）异丁酸[α-(p-chlorophenoxy) isobutyic acid, PCIB]。它本身没有或具有很低生长素活性，但在植物体内与生长素竞争受体，对生长素有专一的抑制效应。

第二节 赤 霉 素 类

一、赤霉素的发现和化学结构

（一）赤霉素的发现

赤霉素（gibberellin, GA）是日本学者在研究水稻恶苗病的过程中发现的。早在19世纪末，日本水稻苗出现异常徒长现象，当时，日本农民曾用"笨苗"来形容这种症状。Hori最早指出这种异常徒长现象起因于真菌病害。Sawada进一步指出，这是由真菌分泌的物质感染稻苗所导致的。Kurosawa发现，用藤仓赤霉菌（*Gibberella fujikuroi*）培养液处理未受感染的水稻植株，也能刺激稻苗徒长，提示该症状是赤霉菌所分泌的某种化学物质引起的。Yabuta等从诱发水稻恶苗症的赤霉菌中分离并结晶得到了这种物质，定名为赤霉素。在第二次世界大战时，这项研究工作被停止。"二战"后，日本的赤霉素研究引起各国的关注。英美学者以日本赤霉素的发现为基础，展开了进一步的研究。1954年，美英科学家分别从赤霉菌培养液中提取并鉴定到了赤霉酸（gibberellic acid，GA_3）。1955年，日本学者重新分析他们早期得到的赤霉素产品，并提取到了GA_1、GA_2和GA_3三种赤霉素。Phinney等最早报道在高等植物中存在有赤霉素。他们以突变矮化的玉米品种为材料，并且在不同属、种的植物种子或果实提取液中均发现有类似赤霉素的物质存在。1958年，MacMillan等在多花菜豆未成熟种子中分离得到GA_1结晶，这说明赤霉素类化合物是高等植物的天然产物。此后，又陆续在其他高等植物中发现存在多种赤霉素。现已证实，赤霉素是植物界中普遍存在的一类植物激素。到2000年年底，在植物和真菌中已发现有127种不同结构的赤霉素，其中大多数种类存在于高等植物中，其他种类中一部分存在于真菌，另一部分在真菌与植物中均有。按其发现的顺序，分别简写为GA_1、GA_2、GA_3……GA_{127}。

（二）赤霉素的化学结构

在植物激素中，仅有赤霉素类是根据其化学结构来分类的。赤霉素类的基本结构是赤霉素烷（gibberellane），它是一种双萜，由4个异戊二烯单位组成，含有4个碳环（A、B、C、D）。在赤霉烷上，由于双键、羟基的数目和位置不同，以及内酯环的有无，形成了不同的赤霉素，如图3-9所示（图中C_{19}-GA包括有活性的GA_1和GA_{20}，无活性的GA_8和GA_{29}；C_{20}-GA包括有活性的GA_{37}和无活性的GA_{27}）。根据赤霉素分子中碳原子数目的不同，可分为C_{19}和C_{20}两类赤霉素。GA_1、GA_2、GA_3、GA_7、GA_9、GA_{29}等属于C_{19}赤霉素，GA_{12}、GA_{13}、GA_{25}、GA_{37}等属于C_{20}赤霉素。C_{19}-GA是由C_{20}-GA转变而来的，但前者所包含的种类多于后者，且生理活性也高于后者。各种赤霉素都含有羧酸，所以赤霉素呈酸性。

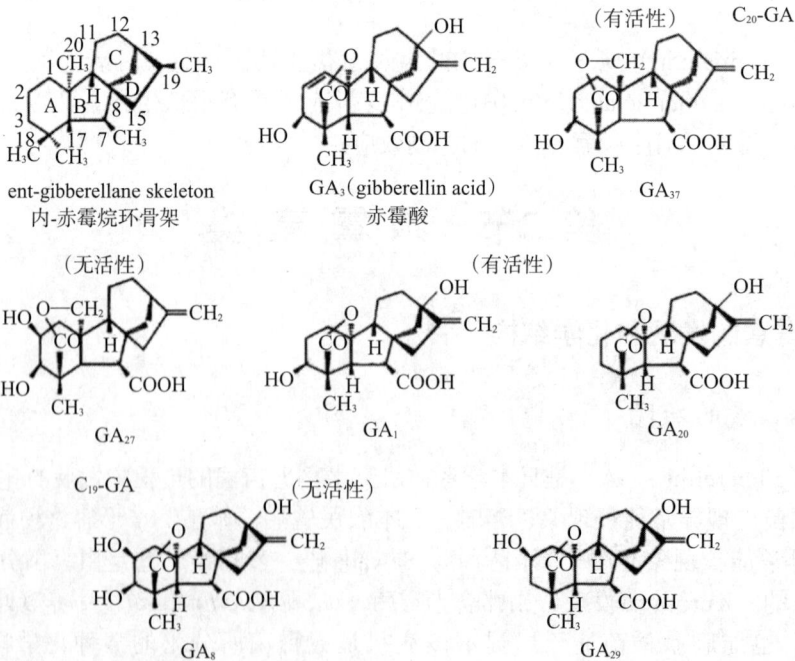

图3-9　赤霉烷环骨架和一些活性与非活性的GA的化学结构

在 GA 家族中，大多数成员没有生物活性或活性很低。少数具有高生物活性的赤霉素都有相同的结构特点。如第 7 位碳原子上的羧基是所有 GAs 共有的，也是产生活性所必需的；C_{19}-GAs 比 C_{20}-GAs 具有更强的生物学活性；具有活性的 GAs 均在第 3 位碳原子上被羟基化等。但若在第 2 位碳原子上引入一个羟基，就会导致 GAs 活性的丧失。生理活性强的赤霉素有 GA_1、GA_3、GA_7、GA_{30}、GA_{38} 等，生理活性弱的赤霉素有 GA_{13}、GA_{17}、GA_{25}、GA_{28}、GA_{39} 等。最有代表性的赤霉素是赤霉酸（GA_3），分子式是 $C_{19}H_{22}O_6$，相对分子质量为 346。

赤霉素有游离态赤霉素（free gibberellin）和结合态赤霉素（conjugated gibberellin）之分。结合态赤霉素是赤霉素和其他物质（如葡萄糖）结合形成赤霉素葡萄糖酯和赤霉素葡萄糖苷，无生理活性，是一种赤霉素储藏和运输的形式。在植物的不同发育时期，结合态赤霉素和游离态赤霉素可以相互转化。如在种子成熟时，游离态赤霉素不断地转化为结合态赤霉素而储藏起来；而在种子萌发时，结合态赤霉素通过水解或蛋白酶分解释放出具有生物活性的游离态赤霉素，从而发挥其生理作用。

二、赤霉素的分布和运输

赤霉素广泛分布于被子植物、裸子植物、蕨类植物、褐藻、绿藻、真菌和细菌中。赤霉素和生长素一样，较多存在于植株生长旺盛的部位，如茎端、嫩叶根尖、果实和种子中。高等植物的赤霉素含量一般为 $1\sim1\,000\ ng\cdot g^{-1}$ 鲜重，在根、茎等营养器官中仅 $1\sim10\ ng\cdot g^{-1}$ 鲜重，而在果实和种子（尤其是未成熟的种子）等生殖器官中赤霉素可高达 $3\sim4\ \mu g\cdot g^{-1}$ 鲜重。在同一植物中往往含有多种赤霉素，如在南瓜、菜豆种子中至少分别含有 20 种、16 种赤霉素。甚至每个器官或组织都含有 2 种以上的赤霉素。赤霉素的种类、数量和状态（游离态或结合态）还因植物发育时期而异。

赤霉素在植物体内的运输没有极性，可以双向运输。根尖合成的赤霉素沿着导管向上运输，而嫩叶产生的赤霉素则沿筛管向下运输。不同植物运输速度差异很大。

三、赤霉素的生物合成

人工合成赤霉素从 1986 年开始，已合成出 GA_3、GA_1、GA_{19} 等，但成本较高。目前生产上使用较多的 GA_3 等仍然从赤霉菌的培养液中提取，成本较低。

在高等植物体内，赤霉素的生物合成部位至少有三处：发育中的果实与种子、茎端和根部，其中发育中的果实和种子是赤霉素生物合成的主要部位。赤霉素在细胞中的合成部位有质体、内质网和细胞质。

赤霉素是由五碳的异戊二烯形成的二萜化合物，赤霉素合成分为 GGPP 合成、GA_{12}-7-醛合成和 GA 生成三个阶段。

第一阶段：GGPP 合成。赤霉素的生物合成的前体是牻牛儿牻牛儿基焦磷酸（geranyl-geranyl pyrophosphate，GGPP），而 GGPP 是由异戊烯基焦磷酸（isopentenyl pyrophosphate，IPP）转化来的。IPP 的生物合成有两条途径：一条是甲羟戊酸（mevalonic acid，MVA）途径，由细胞质中的乙酰 CoA 经过一系列酶催化产生 IPP，此途径主要合成植物体内的细胞分裂素（cytokinins）以及植物甾醇（phytosterols）；另一条是甲基苏糖醇磷酸酯（methylerythritol phosphate，MEP）途径，由质体和叶绿体中一系列酶催化形成 IPP，此途径中除了合成赤霉素外，还可以合成脱落酸（abscisic acid）以及质体醌（plastoquinones）。IPP可以由异构酶催化形成二甲基丙烯焦磷酸（dimethylallyl pyrophosphate，DMAPP）。IPP与DMAPP缩合成十碳的单萜牻牛儿基焦磷酸（geranyl pyrophosphate，GPP），GPP与另一分子的IPP缩合成十五碳的倍半萜法尼基焦磷酸（farnesylpyrophosphate，FPP），FPP再与另一个IPP缩合为二十碳的双萜GGPP，如图3-10所示。

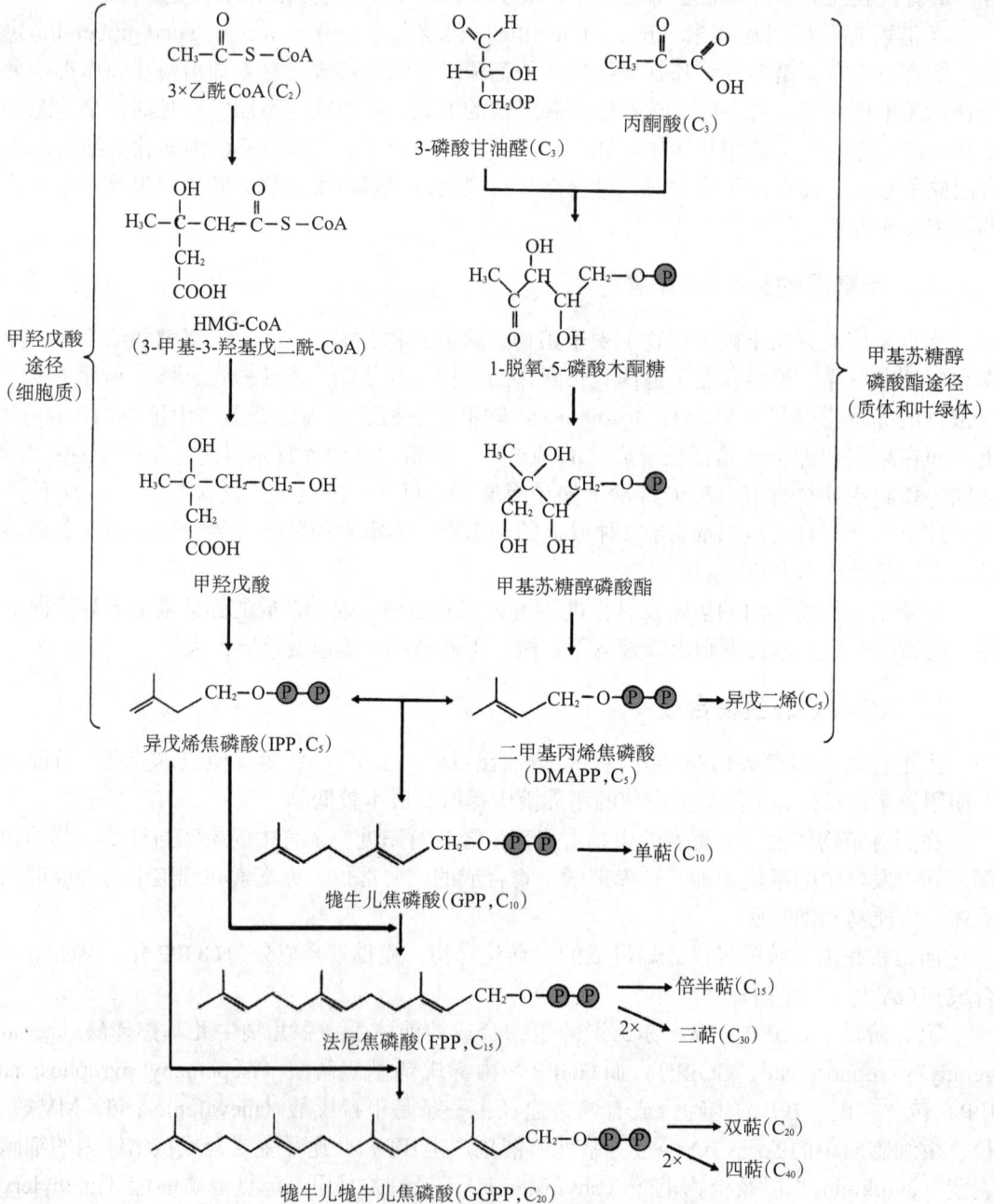

图3-10　GGPP合成阶段

第二阶段：GA_{12}-7-醛合成。在质体中，GGPP 环化形成古巴焦磷酸（copalyl pyrophos-phate，CPP），随后形成内根-贝壳杉烯（ent-kaurene）。此过程受 AMO-1618、矮壮素（cyco-cel，CCC）、phophon-D 等抗赤霉素类物质的抑制，植物体中的赤霉素含量下降而抑制植物的生长，表现出矮化性状。内根-贝壳杉烯经过三次氧化形成内根-贝壳杉烯酸（ent-kaureno-ic acid），并形成内根-贝壳杉烯醇（ent-kaurenol）和内根-贝壳杉烯醛（ent-kaurenal）两种中间产物，此过程受另一种矮壮素嘧啶醇（ancymidol）抑制。最后贝壳杉烯酸第7位碳原子发生羟基化等反应形成 GA_{12}-7-醛（GA_{12}-7-aldehyde），如图3-11所示。

第三阶段：GA 生成。GA_{12}-7-醛进一步氧化为不同的 GA。此过程是在细胞质中进行的。首先，GA_{12}-7-醛第7位碳原子上的醛基氧化成羧基，生成了 GA_{12}。这是重要的一步，因为第7位碳原子上羧基为所有 GA 所共有，亦为赤霉素具有生物活性所必需。随后，GA_{12} 第13位碳原子发生羟基化作用形成 GA_{53}。GA_{12} 和 GA_{53} 分别在 GA_{20}-氧化酶（GA_{20}-oxidase）、$GA_3\beta$-羟基化酶（$GA_3\beta$-hydroxylase）作用下，形成有生物活性的 GA_1、GA_4。这一过程的关键步骤是第20位碳原子逐步氧化，把 GA_{20}-GA 转变为 GA_{19}-GA。GA_1 和 GA_4 在 $GA_2\beta$-羟基化酶（$GA_2\beta$-hydroxylase）作用下，转变为无生物活性的 GA_8、GA_{34}，如图3-12所示。

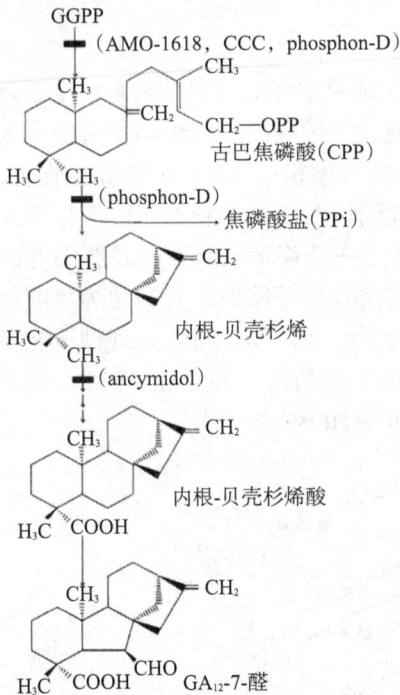

图3-11　GA_{12}-7-醛合成阶段

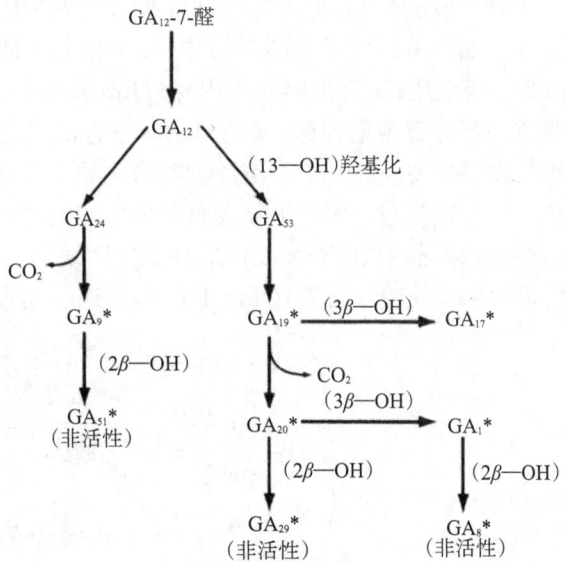

图3-12　各类赤霉素的形成

四、赤霉素的生理作用及应用

（一）赤霉素促进茎的伸长

赤霉素能促进植物茎的伸长生长，尤其是对矮生突变品种的效果特别明显。用 GA 处理

能使节间的伸长加快，而不改变节间数。但对离体的茎切段的伸长没有明显的效果。外源施加赤霉素处理能使矮生植物长高早已得到证实。阻碍矮生植株伸长的原因是矮生植物内源 GA 的生物合成受阻，使得体内 GA 含量水平比正常品种低。如分析不同遗传型品系油菜，发现矮化品系茎内源 GA（GA_1 和 GA_3）含量只有正常品系的36%。在玉米中存在着30多种矮生型突变体，它们均表现为节间缩短的性状，成熟时植株的高度仅为正常植株的20%～25%，实验发现其中的5个突变体（d_1、d_2、d_3、d_5 和 an_1），在用赤霉素处理后呈现出与正常植株相似的高度。进一步研究发现，每个突变体控制着赤霉素生物合成途径中的一个酶，从而分别阻断了 GA_1 生物合成途径中的不同的步骤。目前已有许多实验表明，GA_1 是矮生玉米、豌豆、油菜、大豆等植物茎伸长所需的活性赤霉素，其他赤霉素可能先转化为 GA_1 后促进茎的伸长。

GA 促进茎伸长的生理作用，已在生产上得到广泛的应用。如在水稻"三系"的制种过程中，不育系往往包穗，影响结实率，若在主穗"破口"到见穗时喷施 GA，使节间细胞延长，可减少包穗率，提高制种产量。GA 还可提高叶茎类作物如芹菜、莴苣、韭菜、牧草、茶、苎麻等的产量。

（二）赤霉素诱导水解酶的合成

在大麦种子吸胀之后 12～14 h，胚中释放出相当数量的赤霉素（赤霉素来自结合态的释放或重新合成的），赤霉素通过胚乳扩散到糊粉层细胞，并诱导 α-淀粉酶和蛋白酶等水解酶的合成，如图 3-13 所示。图 3-13 中，a 为由胚释放 GA 进入糊粉层；b 为在糊粉层细胞 GA 诱导 α-淀粉酶生成；c 为由糊粉层内释放出 α-淀粉酶进入胚乳；d 为 α-淀粉酶将淀粉分解为麦芽糖及进一步分解为葡萄糖；e 为单糖分子合成双糖分子——蔗糖运入胚芽鞘及胚根等部位供胚生长发育需要。胚乳中不溶性的贮藏物质在这些水解酶作用下降解，并转化为可溶性的碳水化合物和氨基酸，为胚生长发育提供所需的物质和能量。所以用赤霉素处理种子能促进萌发，如 GA 缺乏型拟南芥突变体的种子，因缺内源 GA 而不能萌发，外源 GA_4 和 GA_7 处理能显著促进萌发，处理浓度为 10 $\mu mol \cdot L^{-1}$ 以上时，萌发率可达100%。

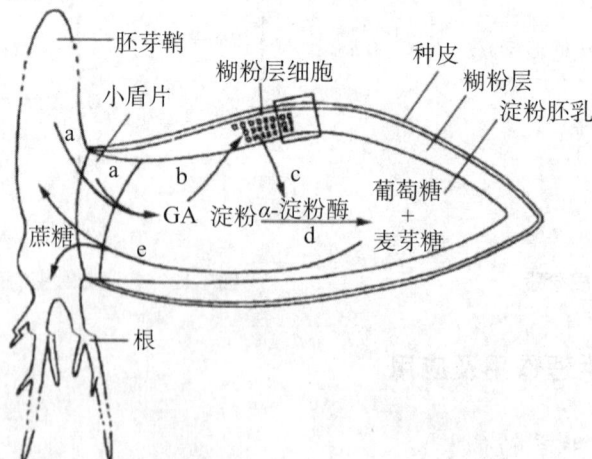

图3-13　GA诱导大麦种子糊粉层细胞α-淀粉酶生成

赤霉素诱导α-淀粉酶的形成，已被应用在啤酒生产中。用GA处理萌动而未发芽的大麦种子，可诱导糊粉层α-淀粉酶的产生，使胚乳物质糖化，发酵生产啤酒。这种处理不仅可以大大降低大麦发芽所消耗的大量养分（约占原料大麦干重的10%），还可以节省人力和设备，并且缩短生产周期，从而降低成本。

（三）赤霉素的其他生理作用

赤霉素除具有促进茎的伸长和诱导水解酶的合成作用外，还能影响花的形成，表现在诱导开花和控制性别两方面。某些二年生植物如甘蓝、油菜、萝卜等，要求长日照和低温才能抽薹开花。若用赤霉素处理可以代替上述环境因子的作用，促使这类植物抽薹开花。GA在性别分化方面主要是促进雄花的形成，如在黄瓜等葫芦科植物花芽分化初期施用GA能促进雄花的发育，而施用GA合成抑制剂则有促进雌花发育的趋向。GA和生长素一样，促进某些植物坐果和单性结实，这已在梨、杏、草莓、葡萄等植物上得到证实，但对不定根的形成却起抑制作用，这与生长素的作用有所不同。此外，GA还有延缓衰老与成熟等生理作用。

五、赤霉素的作用机理

大量研究表明赤霉素的受体位于细胞质膜上。G蛋白、cGMP、Ca^{2+}/CaM及蛋白激酶都不同程度参与了GA响应的信号转导过程。信号通过信息传递途径到达细胞核，调节细胞延长和蛋白质形成。

（一）赤霉素促进茎伸长的机制

植物茎伸长与组成茎的细胞数目的增加及细胞伸长有关。所以GA显著促进茎的伸长可能与增加细胞分裂、促使细胞壁松弛和增加细胞渗透吸水有关。

实验表明，GA能促进莲座天仙子等一些长日照植物的细胞分裂，主要是GA促进G_1期细胞进入S期以及相应缩短了G_1期和S期，从而缩短了细胞分裂间期，促进DNA的合成。

大多数研究都认为，GA促进茎伸长主要与细胞壁的伸展性有关。至于如何改变细胞壁的伸展性，目前有两种不同的解释。一种解释认为，GA是通过降低细胞壁Ca^{2+}的水平来促进细胞的伸长生长。Moll等报道，用$CaCl_2$处理过的莴苣下胚轴生长变慢，当加入50 μmol·L^{-1} GA_3后生长速度增快，如图3-14所示。所以GA促进茎伸长的作用可能与刺激Ca^{2+}从细胞壁释放有关。在细胞壁中，Ca^{2+}是与细胞壁聚合物交叉点的非共价离子结合在一起的，因此Ca^{2+}使细胞壁不易伸展而制约细胞伸长。GA能使细胞壁内的Ca^{2+}移开并进入细胞质，使细胞壁Ca^{2+}水平下降，结果细胞壁伸展性加大，细胞生长加快。另一种解释认为，GA是通过影响细胞壁结构来控制植物伸长生长。即GA通过降低细胞壁内过氧化物酶的活性，来阻止细胞壁硬化，增加细胞壁的伸展性；GA通过提高木葡聚糖内转糖基酶（xyloglucan endotrans-glycosylase，XET）活性，增加细胞壁组成成分木葡聚糖的含量，从而使细胞延长。

（二）赤霉素增强了α-淀粉酶的mRNA转录

赤霉素对RNA和蛋白质影响的研究，一般以禾谷类的种子为材料。提取有活性的糊粉层细胞及其原生质体作为实验对象，已成为分子和基因水平研究激素的通用模式系统。研究表明：GA 的处理诱导 α-淀粉酶的重新合成（GA 诱导大麦离体糊粉层细胞内新合成的蛋白质中，α-淀粉酶的比例可高达70%），主要是增加细胞的 α-淀粉酶总 mRNA 数量，也就是增加 α-淀粉酶基因的转录速率。如用大麦糊粉层细胞核进行转录实验，在 GA$_3$ 处理后 1～2 h 内，α-淀粉酶 mRNA 含量开始增加，20 h 达到高峰，其含量是对照的50倍。这说明赤霉素促进 α-淀粉酶形成主要来自新产生的 mRNA 翻译的结果，并且 GA 还能在一定程度上增强翻译水平，产生 α-淀粉酶，如图 3-15 所示。

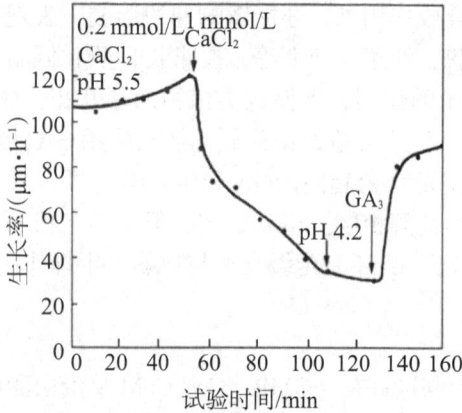

图 3-14　CaCl$_2$ 和 GA$_3$ 对莴苣下胚轴生长速度的影响

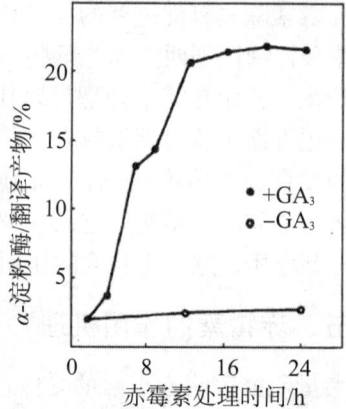

图 3-15　GA$_3$ 处理时间与大麦种子糊粉层 α-淀粉酶 mRNA 翻译能力的关系

（三）GA 信号转导途径

GA 信号转导途径主要是通过研究相关突变体开始的，水稻中过高表型突变体（slender rice，slr1），其植株特别高且苗条，对外源 GA 不敏感。进一步研究表明，导致过高表型的原因是缺失 DELLA 调节域蛋白。DELLA 调节域蛋白属于转录因子 GRAS 家族的亚家族，按 GRAS 家族的前三个成员命名：gibberellin-insensitive（GAI）、repressor of gal-3（RGA）和 scarecrow（SCR），这些特殊的 GRAS 蛋白 N 端都有一个由天冬氨酸（D）、谷氨酸（E）、亮氨酸（L）和丙氨酸（A）构成的 DELLA 调节域，而 C 端则为含有核定位序列和亮氨酸重复序列的抑制域。DELLA 蛋白是 GA 应答的负调节因子。当缺乏 GA 时，DELLA 蛋白与激活蛋白结合抑制 GA 响应基因转录。当 GA 水平升高时，GA 与其受体蛋白 GID1（GA insensitive dwarf 1）结合形成 GA-GID1-SLR1 复合体，GA-GID1-SLR1 复合体与 SCFGID 泛素连接酶中的 F-box 蛋白的 GID2 相结合，并将其活化，使 DELLA 泛素化并通过 26S 蛋白酶体降解，从而解除 DELLA 蛋白的抑制，激活 GA 响应基因转录，如图 3-16 所示。

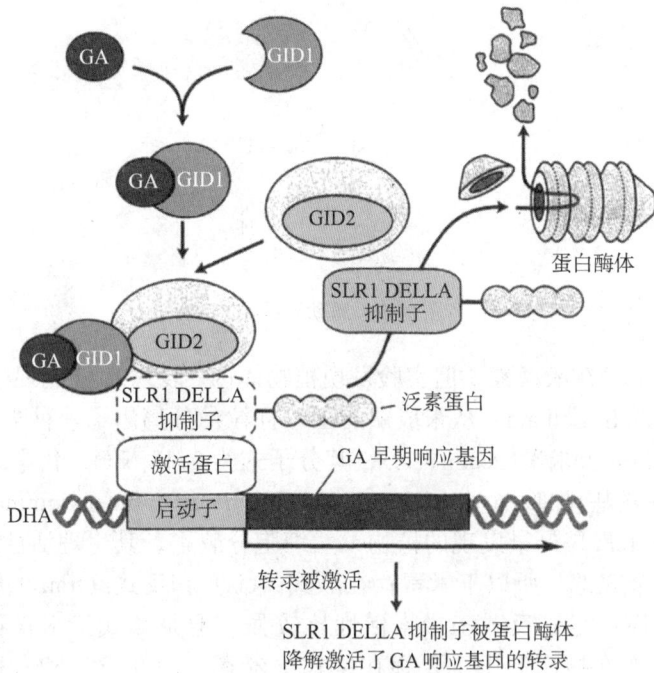

蛋白酶体

SLR1 DELLA 抑制子

泛素蛋白

GA 早期响应基因

激活蛋白

DHA 启动子

转录被激活

SLR1 DELLA抑制子被蛋白酶体
降解激活了GA响应基因的转录

图3-16　赤霉素的信号转导途径

第三节　细胞分裂素类

一、细胞分裂素的发现和化学结构

（一）细胞分裂素的发现

生长素和赤霉素是促进细胞伸长生长的物质，植物体内是否存在促进细胞分裂的物质呢？早在1948年，美国威斯康星大学的斯库格（F. Skoog）和崔激等在烟草茎切段组织培养中发现，当生长素存在时，短时间内茎切段能同时进行细胞扩大和细胞分裂。在生长素培养基中加入酵母，烟草髓组织的细胞扩大和细胞分裂会得到促进，分裂过程的持续时间也被延长。分析得出酵母中促进细胞分裂的有效成分是嘌呤类化合物。1954年，雅布隆斯基（J. R. Jablonski）和斯库格发现烟草髓组织在只含有生长素的培养基中细胞不分裂而只长大，若将髓组织与维管束接触，则细胞分裂。后来他们发现维管组织、椰子乳汁或麦芽提取液中都含有诱导细胞分裂的物质——嘌呤类化合物。1955年，米勒（C. O. Miller）和斯库格等发现经高压灭菌处理的鲱鱼精细胞DNA能诱导烟草髓组织的细胞分裂。他们分离出了这种活性物质，并命名为激动素（kinetin，KT），其结构如图3-17所示。1956年，米勒等鉴定出其化学结构为N^6-呋喃甲基腺嘌呤（N^6-furfuryl adenine），分子式为$C_{10}H_9N_5O$，相对分子质量为215.2。然而，迄今为止在植物体内还未发现天然存在的激动素。

激动素(KT)

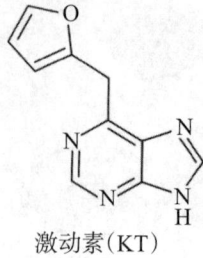

图3-17　激动素的结构

尽管植物体内不存在激动素，但实验发现植物体内广泛分布着能促进细胞分裂的物质。1973年，莱撒姆（D. S. Letham）从未成熟的玉米籽粒中分离出了一种类似于激动素的细胞分裂促进物质，命名为玉米素(zeatin，Z)，其分子式为$C_{10}H_{13}N_5O$，化学结构为6-(4-羟基-3-甲基-反式-2-丁烯基氨基)嘌呤[6-(4-hydroxyl-3-methyl-*trans*-2-butenylamino)purine]，相对分子质量为129.7。玉米素是最早发现的植物天然细胞分裂素，其生理活性远强于激动素。因为玉米素侧链有一个双键，所以玉米素存在顺式（cis）和反式（trans）两种构型，而且两者之间可以相互转换。尽管反式玉米素活性比较强，但是顺式玉米素在一些植物中也发挥着重要的作用。如在拟南芥中主要存在反式玉米素，而在玉米和水稻中顺式玉米素则占主要地位。1965年，斯库格等提议将来源于植物的、其生理活性类似于激动素的化合物统称为细胞分裂素（cytokinins，CTKs），目前在高等植物中已至少鉴定出了30多种细胞分裂素。

（二）细胞分裂素的种类和结构特点

天然存在的细胞分裂素类化合物是腺嘌呤第6位氮原子上被取代的衍生物，主要分为两类：N^6位携带异戊二烯侧链的异戊二烯类细胞分裂素以及N^6位被芳香族化合物取代的芳香族类细胞分裂素。前者在植物体内广泛存在，包括反式玉米素（*trans*-zeatin，tZ）、异戊烯基腺嘌呤（isopentenyl adenine，iP）、顺式玉米素（*cis*-zeatin，cZ）、二氢玉米素（dihydrozeatin，DZ）等；后者只存在于一些植物体内，如杨树、拟南芥、小立碗藓等。常见的植物体内天然存在的芳香族类细胞分裂素为苄基腺嘌呤（benzyladenine，BA）、6-(2-羟苄基氨基)-嘌呤（ortho-topolin，oT）、6-(3-羟苄基氨基)-嘌呤（meta-topolin，mT）、6-(2-甲氧基苄基氨基)-嘌呤（ortho-methoxytopolin，oM）和6-(3-甲氧基苄基氨基)-嘌呤（meta-methoxy-topolin，mM），如图3-18所示。

异戊二烯类
细胞分裂素

反式玉米素(tZ) 异戊烯基腺嘌呤(iP) 顺式玉米素(cZ) 二氢玉米素(DZ)

芳香族类
细胞分裂素

苄基腺嘌呤(BA) 6-(2-羟苄基氨基)-嘌呤(oT) 6-(3-羟苄基氨基)-嘌呤(mT)

6-(2-甲氧基苄基氨基)-嘌呤(oM) 6-(3-甲氧基苄基氨基)-嘌呤(mM)

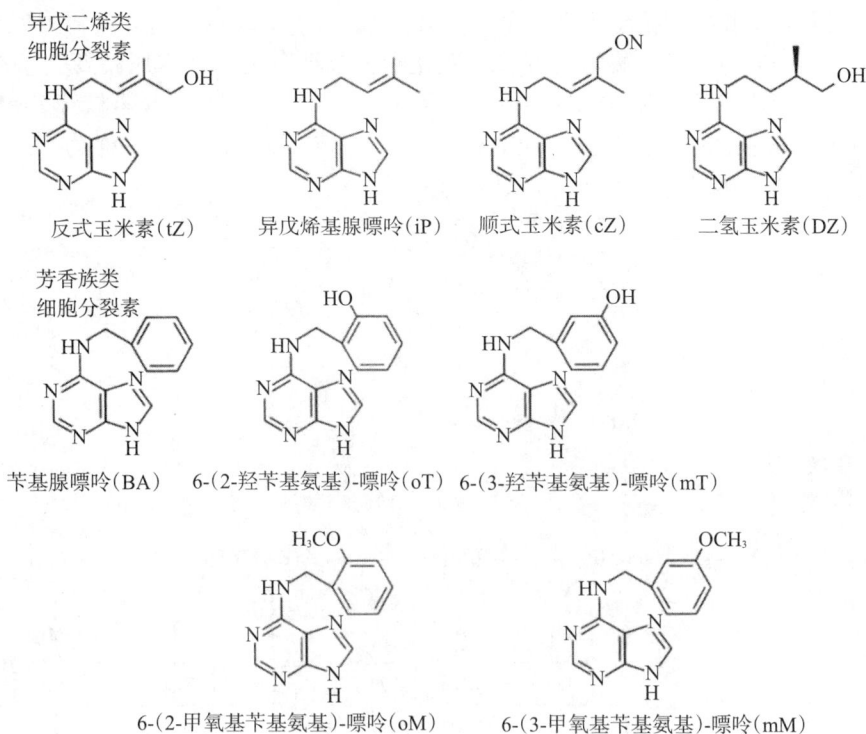

图3-18 植物体内天然存在的CTKs的结构

在农业和园艺上应用得较广泛的细胞分裂素是激动素和BA。有的化学物质虽然不具有腺嘌呤结构，但仍然具有细胞分裂素的生理活性，如噻苯隆（thidiazuron，TDZ），其结构如图3-19所示，已广泛应用在农业生产上。

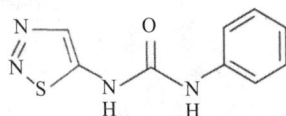

噻苯隆(TDZ)

图3-19 噻苯隆的结构

二、细胞分裂素的生物合成、代谢和运输

（一）细胞分裂素的生物合成

在高等植物中，细胞分裂素主要存在于细胞分裂旺盛的部位，如茎尖、根尖、未成熟的种子、萌发的种子和发育中的果实等。一般而言，细胞分裂素的含量为$1\sim 1\,000\,ng\cdot g^{-1}DW$。

一般认为，细胞分裂素的合成部位是根尖。但根尖可能并不是细胞分裂素合成的唯一部位。CTKs可在植物体的很多部位合成，并且在合成部位发挥作用。在拟南芥和水稻中，CTKs合成的关键酶基因可在很多器官中表达，包括根、茎、叶、花、果实。

催化异戊二烯类TCK合成的第一个关键酶为腺嘌呤核苷酸异戊烯基转移酶（adenosine phos-phate-isopentenyl transferase，IPT），IPT催化二甲基丙烯基焦磷酸（dimethylallyl diphos-phate，DMAPP）上的异戊二烯基团转移到腺嘌呤核苷酸的N位上。IPT已从许多植物中分离鉴定，拟南芥中存在9个基因编码IPT。高等植物中的IPTs优先利用腺苷三磷酸（ATP）和腺苷二磷酸（ADP）作为异戊烯基受体，分别生成iP-核苷三磷酸（iPRTP）和iP-核苷二磷酸

（iPRDP）。拟南芥中 iP-核糖酸（iPRTP 和 iPRDP）在 CYP735A 的作用下羟化生成对应的 tZ-核糖酸。生成的 iP-、tZ-核糖酸可通过去磷酸化和去核糖基化两步作用转变为游离基形式，但迄今还没有克隆到编码这两步酶的基因。近年来，研究发现细胞分裂素核苷 5'-单磷酸核糖水解酶（cytokinin nucleoside 5'-monophosphate phosphoribohydrolase，也称为 LONLY GUY，LOG）可直接催化上述过程的发生，如图 3-20 所示。

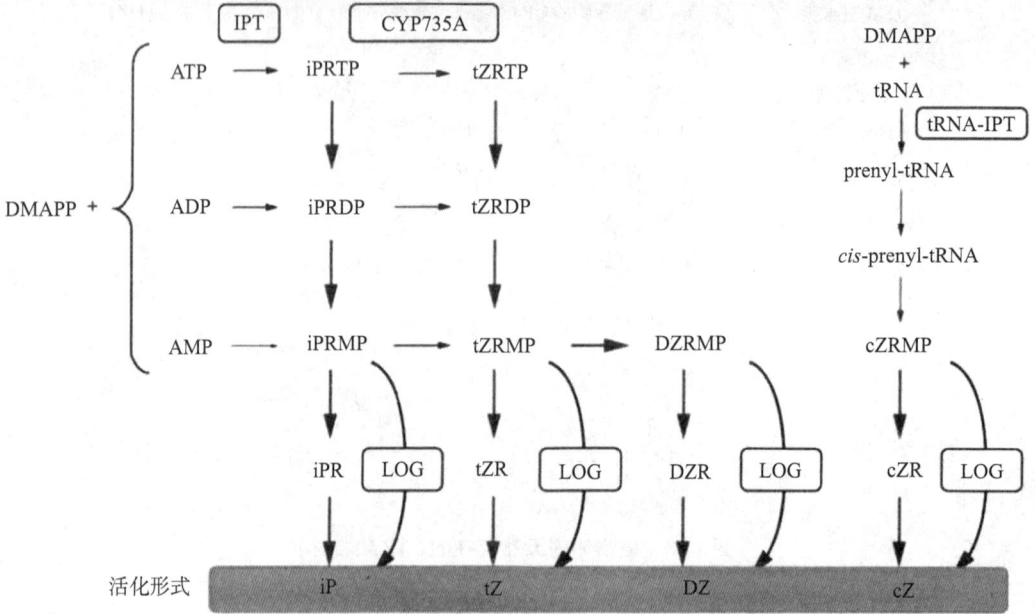

图3-20　细胞分裂素的合成途径

另外，植物还可通过 tRNA 的降解来合成 CTKs，现已报道一些 CTKs 如异戊烯基腺嘌呤核苷（iP riboside，iPR）、顺式-玉米素核苷（cis-zeatin riboside，cZR）、tZR 以及它们的 2-甲硫基衍生物可来自 tRNA 的降解。该途径的第一步是由 tRNA-异戊烯基转移酶（tRNA-IPT）催化 tRNA 异戊烯化，异戊烯基同样由 DMAPP 供应，如图 3-20 所示。拟南芥中，tRNA-IPT 缺失的突变体不含有 cZ 类 CKs，表明拟南芥体内的 cZ 类 CTKs 来自 tRNA 的降解。水稻中富含 cZ 类 CKs，但还不清楚是否所有的 cZ 类 CKs 都来自 tRNA 的降解。芳香族类细胞分裂素的合成途径迄今还不清楚。

植物中最具有活性的 CTKs 为 iP 和 tZ，它们在植物中分布比较广泛；而 cZ 的活性较低，主要存在于单子叶植物中。在玉米和水稻中，cZ 类 CTKs 的含量高于 tZ 和 iP 类 CTKs。

（二）细胞分裂素的结合物、氧化和运输

细胞分裂素常与葡萄糖、氨基酸和核苷结合形成结合态细胞分裂素。葡萄糖与细胞分裂素结合可形成细胞分裂素的 N-葡萄糖苷和 O-葡萄糖苷。N-葡萄糖苷没有生物活性，是一种失活形式，而 O-葡萄糖苷不受细胞分裂素氧化酶的破坏，在适当条件下可水解为游离态细胞分裂素，它可能属于一种贮藏形式。

CTKs 的不可逆降解是由细胞分裂素 CTK 氧化酶/脱氢酶（cytokinin oxidase/dehydrogenase，CKX）催化的，如图3-21所示。CKX催化iP、cZ、tZ的侧链以及它们核苷的侧链氧化裂解，形成腺嘌呤或腺苷以及相应的支链醛。不同的CTKs对CKX的亲和力不同，tZ和iP很容易被CKX降解，而cZ的亲和力较弱，DZ和芳香族CKs则不易被CKX降解。已在多种植物中发现了细胞分裂素氧化酶的存在，在拟南芥中有7个*CKX*基因（*CKX1～CKX7*），它们编码的酶定位于液泡、细胞质或细胞壁空间，具有不同的表达模式和不同的生化特性。

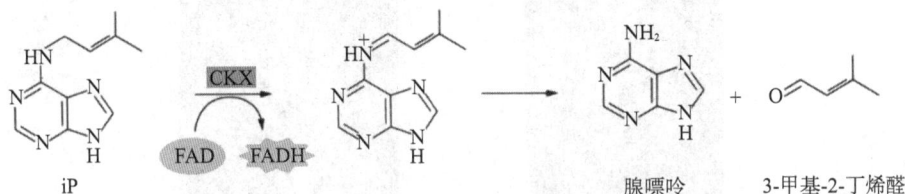

图3-21　细胞分裂素氧化酶/脱氢酶催化iP降解为腺嘌呤和3-甲基-2-丁烯醛

　　CKs可作为长距离运输的信号，在许多植物的木质部汁液中含有CTKs。早期的同位素研究也表明，地上部的CKs可通过韧皮部运往根部。在木质部汁液中，主要的CTKs为玉米素核苷（tZR），而在韧皮部汁液中，主要为iP类CTKs。所以现在普遍认为tZR是向顶运输的主要信号，而iP类CTKs则是向基运输的信号。负责将iP-核糖酸转化为tZ-核糖酸的酶CYP735A主要在根中表达，也提示tZ主要在根中合成。细胞之间细胞分裂素的运输主要通过载体。细胞分裂素碱基的运输由嘌呤转运载体PUP（purine permease）介导，研究表明，拟南芥利用同样的载体系统转运细胞分裂素与腺嘌呤和咖啡因，tZ可完全抑制腺嘌呤的吸收。细胞分裂素核苷酸的运输则由核苷酸转运蛋白ENT（equilibrative nucleoside transporter）介导。另外，在拟南芥中，ABC（ATP-binding cassette）转运蛋白ABCG14主要负责将根部合成的tZ类CKs运输到木质部。

三、细胞分裂素的生理作用

（一）促进细胞分裂

　　细胞分裂素的主要生理功能是促进细胞的分裂。生长素、赤霉素和细胞分裂素都有促进细胞分裂的效应，但它们各自所起的作用不同。细胞分裂素主要是对细胞质的分裂起作用，生长素只促进核的分裂，而赤霉素促进细胞分裂主要是缩短了细胞周期中的G_1期（DNA合成准备期）和S期（DNA合成期）的时间。细胞分裂素主要在G_1/S和G_2/M两个转换点调控细胞周期的进程。

（二）促进芽的分化

　　在植物组织培养中，细胞分裂素和生长素的相互作用控制着愈伤组织根、芽的形成。当培养基中[CTK]/[IAA]的比值高时，愈伤组织形成芽；当[CTK]/[IAA]的比值低时，愈伤组织形成根；当二者的比值适中时，愈伤组织保持生长而不分化。

　　细胞分裂素信号在茎尖分生组织（shoot apicalmeristem，SAM）发育过程中起重要作用，外源细胞分裂素甚至可以诱导侧根原基变成SAM。植物体内细胞分裂素水平降低或信号转导缺陷可导致SAM变小。水稻天然变种Habataki中，花序分生组织中*OsCKX2*基因表达量降低导致CTKs在花序分生组织中积累，提高分生组织活性，增加每穗粒数，并增加产量，如图3-22所示。在SAM中，*WUSCHEL*（*WUS*）基因在SAM的组织中心表达，WUS位于CTKs信号的下游，直接介导CKs诱导的芽的发育。

(a)*Koshihikari*   (b)*Habataki*

图3-22　水稻*OsCKX*基因突变增加了每穗粒数

（三）调控花的发育

CTKs在花发育的几个阶段也起关键作用，例如CTKs信号缺陷的突变体，从愈伤组织再生心皮受损。在花发育后期，CTKs调控雌蕊的发育。拟南芥CTKs信号缺陷的突变体胚珠数目变少，隔膜融合存在缺陷，输导组织变少。相反，体内CTKs含量升高导致中间组织过度增殖。细胞分裂素在雌蕊发育中的作用也在其他物种中得到了证明，例如在雌雄异株植物猕猴桃中，*SHY GIRL*基因编码C型RR，是CKs信号的负调节因子。*SHY GIRL*基因的表达在不影响花粉和花药发育的情况下导致雌性死亡，从而产生雌雄异株花。

（四）调控根的发育

细胞分裂素和生长素相互作用调控根分生组织的大小。CTKs通过抑制过渡区（transition zone, TZ）生长素的活性来调控分生区的大小，CTKs可诱导*SHY2*（*SHORT HYPOCOTYL 2*）基因的表达，而SHY2可抑制*PIN*基因的表达，干扰生长素的运输和分布，使分生区减小，促进细胞分化。相反，生长素可诱导SHY2的降解，维持生长素的信号转导，抑制*IPT5*基因的表达，抑制CTKs的合成，诱导细胞分裂，并调控分生区的大小，如图3-23所示。

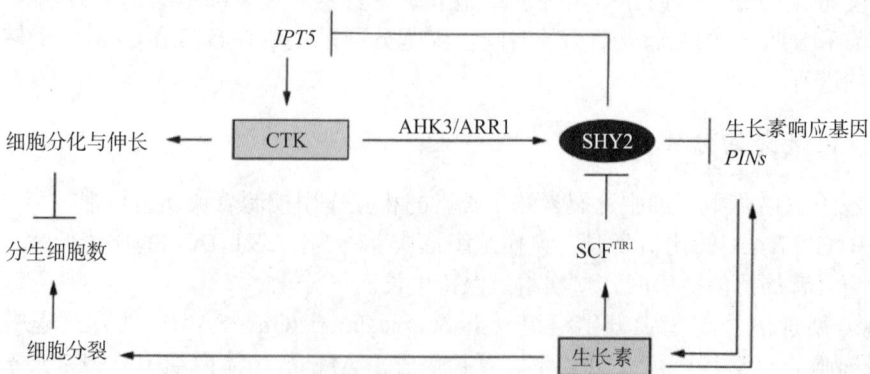

图3-23　细胞分裂素和生长素相互作用调控根分生组织的大小

细胞分裂素可调控根的构型，抑制侧根的起始和初生根的伸长生长。另外，还可通过调控营养元素的吸收和转运相关基因的表达来影响根的功能。

（五）促进细胞扩大

细胞分裂素可促进一些双子叶植物如菜豆、萝卜的子叶或叶片扩大，这种扩大主要是因为促进了细胞的横向增粗。由于生长素只促进细胞的纵向伸长，而赤霉素对子叶的扩大没有显著效应，所以CKs对子叶扩大的效应可作为CTKs的一种生物测定方法。

（六）促进侧芽发育

CTKs与生长素相互作用调控植物的顶端优势。顶芽产生的生长素，促进生长素输出载体 *PIN1* 基因和CTKs的降解基因 *CKX* 的表达，抑制CTKs合成基因 *IPT* 的表达，抑制CTKs的合成，促进CTKs的氧化降解。去掉顶芽后，茎中的生长素含量降低，解除对 *IPT* 基因表达的抑制，下调 *PIN1* 和 *CKX* 基因的表达，促进CTKs的合成，茎中合成的CTKs运输到休眠的侧芽中，促进侧芽的生长。

当侧芽长出后，侧芽合成生长素，抑制 *IPT* 的表达，促进 *PIN1* 和 *CKX* 基因的表达。如图3-24所示。

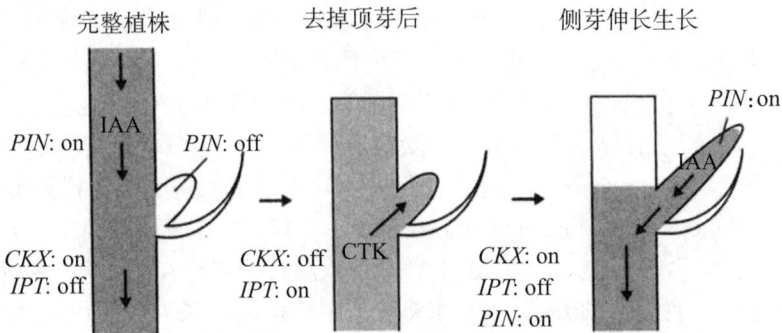

图3-24　细胞分裂素与生长素相互作用调控植物的顶端优势

（七）延缓叶片衰老

若在离体叶片上局部涂激动素，则在叶片其余部位变黄衰老时，涂抹激动素的部位仍保持鲜绿。这不仅说明了激动素有延缓叶片衰老的作用，而且说明了激动素在一般组织中是不易移动的。

细胞分裂素延缓衰老是由于细胞分裂素能够延缓叶绿素和蛋白质的降解速度，稳定多聚核糖体，抑制DNA酶、RNA酶及蛋白酶的活性，保持膜的完整性等。细胞分裂素可抑制与衰老有关的一些水解酶（如纤维素酶、果胶酶、核糖核酸酶等）的mRNA的合成，所以，细胞分裂素可能在转录水平上起防止衰老的作用。

此外，细胞分裂素还可调动多种养分向处理部位移动，因此有人认为细胞分裂素延缓衰老的另一原因是促进了物质的积累。

由于细胞分裂素有保绿及延缓衰老等作用，故可用来处理水果和鲜花等以保鲜、保绿，

防止落果。如用400 mg·L⁻¹的6-BA水溶液处理柑橘幼果，可显著防止第一次生理落果，对照的坐果率为21%，而处理的可达91%，且果梗加粗，果实浓绿，果实也比对照显著增大。

四、细胞分裂素的信号转导和作用机理

（一）细胞分裂素的信号转导

1. 细胞分裂素受体

现已从拟南芥中鉴定出 CRE1（cytokinin receptor 1，CRE1/WOL/AHK4）、AHK2（Arabidopsishistidine kinase 2）和 AHK3（Arabi-dopsishistidine kinase 3）三个 CTKs 受体，这几个受体在功能上既存在冗余又具有特异性。

2. 细胞分裂素信号转导模式

植物细胞感受 CTKs 的信号系统与细菌双元组分调节系统（two-component regulatory systems）相似。细菌双元组分调节系统包括一个受体蛋白和一个应答调控蛋白（response regulator protein）两个元件，当受体由于结合配体而激活后，受体的激酶活性使受体自主磷酸化，当受体激酶将磷酸由其组氨酸残基转移到应答调控蛋白的天冬氨酸残基时，应答调控蛋白得到激活。

CTKs 的受体是一种类似细菌组氨酸激酶的蛋白。在质膜和内质网膜上都存在 CTKs 的受体。在拟南芥中，大部分 CTKs 的受体位于内质网膜上。CTKs 通过转运蛋白 PUP 或 ENT 进入细胞质，与位于内质网膜的 CTKs 受体结合。位于质膜的受体则直接和 CTKs 结合。CTKs 和受体结合后激活受体的激酶活性，受体自磷酸化，并将磷酸基团由激酶区的组氨酸残基转移至信号接收区的天冬氨酸残基上，天冬氨酸上的磷酸基团被转移到拟南芥组氨酸磷酸转移蛋白（Arabidopsis histidine phospho-transfer，AHP）的组氨酸残基上，在拟南芥中有 5 个 AHP 蛋白（AHP1～AHP5）。假 HP 蛋白 AHP6 通过与 AHP1～AHP5 竞争来抑制 CTKs 的信号转导。磷酸化的 AHP 进入细胞核，并将磷酸基团转移给一系列应答调控蛋白。拟南芥应答调控蛋白（arabidopsisresponse regulators，ARRs）由多基因家族编码，根据其 C 端结构域可分为 A 型、B 型和 C 型 ARRs 三种类型。A 型和 C 型 ARRs 的 C 端较短；B 型 ARR 多一个输出域，可以结合 DNA，并激活 CTKs 诱导的一些基因表达，是 CTKs 信号转导的正调控因子。A 型 ARR 受 CTKs 的诱导，是 B 型 ARRs 的目标基因，并且负反馈调控 CTKs 的信号转导。虽然 A 型 ARR 是 CTKs 的信号转导的负调控因子，但有研究表明 ARR4 可上调光敏色素 B 的表达。C 型 ARR 可能也负调控 CTKs 的信号转导。同时，AHP 蛋白也介导细胞核内细胞分裂素响应因子（cytokin-in response factors，CRFs）的表达。激活的 B 型 ARRs 也可诱导 *CRFs* 的表达，如图 3-25 所示。

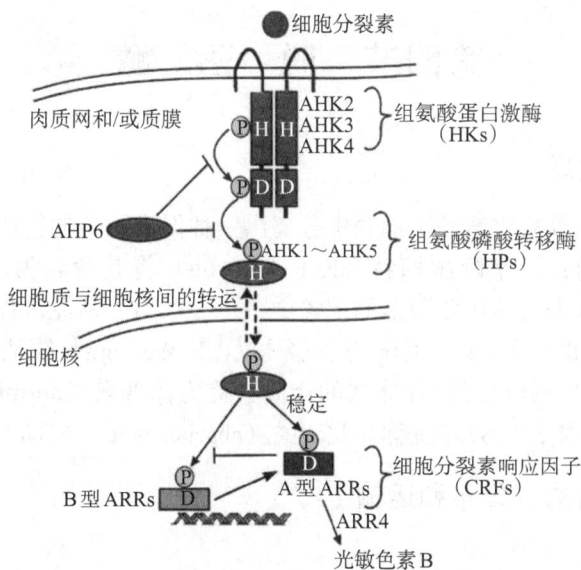

图3-25　拟南芥中CTKs的信号转导

（二）细胞分裂素的作用机理

细胞分裂素通过促进转录（如A-ARRs）或稳定mRNA（如扩张蛋白基因）而促进编码ARRs、硝酸还原酶、病程相关蛋白PR1、扩张蛋白、rRNAs、细胞色素P450s、过氧化物酶等多种基因的表达。

CTKs通过控制依赖细胞周期蛋白的蛋白激酶（CDKs）的活性而促进细胞分裂。生长素虽可促进CDKs，如*CDC2*（cell division cycle 2）的表达，但其诱导的CDK没有酶活性，高水平的CDK本身并不足以引起细胞的分裂。而细胞分裂素与一种类CDC25磷酸酯酶（CDC25-like phosphatase）的激活有关，该酶的作用是除去CDC2激酶上的一个抑制磷酸基团。细胞分裂素促进细胞分裂的更主要的机制可能是其对*CYCD3*［编码一种D型细胞周期蛋白（D-type cyclin）的基因］表达的促进。CYCD3可控制细胞有丝分裂时期的长短以及进入核内周期的时间。CTKs通过诱导*CYCD3*的表达调控细胞分裂。在拟南芥中，*CYCD3*的过量表达可使愈伤组织细胞在含有生长素但缺乏细胞分裂素的条件下进行细胞分裂，而野生型的叶片外植体只能在含有两种激素的培养基上产生愈伤组织，如图3-26所示。而*CYCD3*缺失的突变体内，CTKs的水平没有受到影响，但愈伤组织却不能发育出芽。

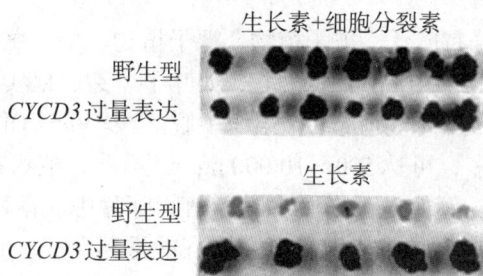

图3-26　过量表达*CYCD3*的转基因拟南芥愈伤组织能在缺乏CTKs时进行细胞分裂

第四节 脱 落 酸

一、脱落酸的发现

1961年，Liu W. C.等从成熟的干棉壳中分离出一种促进脱落的物质，认为它是一种"脱落素"，但未鉴定结构；后来阿狄柯特（F. T. Addicott）将其命名为脱落素Ⅰ（abscisin Ⅰ）。1963年，阿狄柯特等从未成熟将要脱落的棉铃中，也提取出一种促进棉铃脱落的物质，命名为脱落素Ⅱ（abscisin Ⅱ）。同年，英国的韦尔林（P. F. Wareing）等从秋天将进入冬眠的槭树和桦树叶片中分离出一种可以使芽休眠的物质，称为休眠素（dormin）。后来证明，脱落素Ⅱ和休眠素是同一物质，1967年统称为脱落酸（abscisic acid，ABA）。

二、脱落酸的结构、分布和运输

（一）结构

脱落酸是以异戊二烯为基本结构单位组成的含有15个碳原子的酸性倍半萜化合物，其结构如图3-27所示。化学名称为3-甲基-5（1'-羟基-4'-氧-2',6',6'-三甲基-2'-环己烯-1'基)-2,4-戊二烯酸，分子式为$C_{15}H_{20}O_4$。脱落酸有双键，因此有顺式和反式异构体，顺式才有活性，自然界存在的脱落酸几乎都是顺式构象。六元环中1'位置有1个不对称碳原子，所以有S和R两种对映异构体。S异构体是自然界存在的，人工合成的脱落酸是R型和S型的等量混合物。在种子成熟等长期反应中，两种对映异构体都有活性；但快速反应中，如气孔关闭时，只有S型有活性。

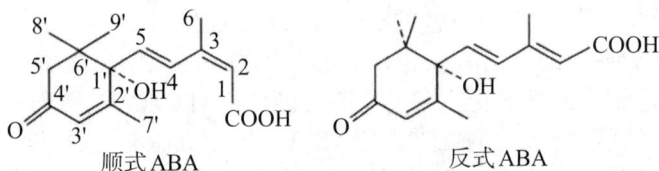

图3-27　顺式ABA和反式ABA的结构

（二）分布

脱落酸在维管植物中分布广泛，被子植物、裸子植物、低等蕨类植物中都存在，但苔藓类没有。高等植物各器官和组织中都有脱落酸，如叶子、芽、果实、种子、块茎等，但含量极微，一般是$10 \sim 50 \ ng \cdot g^{-1}$鲜重。通常幼嫩组织中脱落酸较少，而衰老、休眠或将要脱落的器官和组织中脱落酸含量多，可达$500 \sim 10\ 000 \ ng \cdot g^{-1}$鲜重。植物在干旱、渗透胁迫等逆境下脱落酸含量会迅速增加。例如，干旱脱水时，植物叶片中脱落酸可以在$4 \sim 8 \ h$内上升50倍。脱落酸的浓度调节是脱落酸在植物组织和器官中重新合成、运输、结合、水解等的综合结果。

（三）运输

脱落酸的运输无极性，木质部、韧皮部都可以运输，通常在韧皮部汁液中含量较为丰富。使用同位素示踪标记的脱落酸处理植物叶片后，发现脱落酸可以沿着茎向上或向下运输，没有极性；但在菜豆叶柄切段中，向基部运输的速率是向顶部运输的2~3倍，而后逐渐在根部积累；将茎部韧皮部环剥能够阻止这一进程，说明韧皮部在脱落酸的运输中起到了关键的作用。干旱胁迫的逆境下，根系内合成的脱落酸也可以依赖木质部运输到枝条和叶片中。脱落酸主要以游离形式运输，部分以结合态的形式运输。

三、脱落酸的合成及代谢

脱落酸能够在含有叶绿体或造粉体的几乎所有细胞中合成。植物的根、茎、叶、果实、种子中都能合成脱落酸，但幼嫩部位合成少，成熟、衰老的器官合成多，主要在老叶和根尖部位合成。逆境下根和叶片可以大量合成脱落酸。合成部位是质体和细胞质。

（一）脱落酸的生物合成

脱落酸的生物合成途径有以下两条。

1. C15直接途径——类帖途径

在某些真菌中可由甲羟戊酸（MVA）经中间产物法尼基焦磷酸（FPP）转化而形成脱落酸，此途径中许多步骤还不清楚。由于化学合成脱落酸价格极其昂贵，通常人们探索用适宜的真菌发酵生产脱落酸。

2. C40的间接途径——类胡萝卜素途径

此途径主要存在于高等植物中。脱落酸的碳骨架与一些类胡萝卜素的末端部分很相似，如紫黄质、新黄质、叶黄素等，推测脱落酸可能来自类胡萝卜素的裂解，并于1984年得到实验证实。其合成大致过程：在质体中3个异戊烯基焦磷酸（IPP）聚合成法尼基焦磷酸（C_{15}），经八氢番茄红素和β-胡萝卜素形成叶黄素循环库中的一种玉米黄素（C_{40}），然后在玉米黄质环氧酶（ZEP）的2步催化下转变为紫黄素，随后转变为9-顺式-新黄素和9-顺式-紫黄素，在9-顺式环氧类胡萝卜素双加氧酶（NCED）作用下形成黄氧素（C_{15}），然后从质体运出，在短链类脱氢酶/还原酶（SDR）（在拟南芥中由*ABA2*基因编码）作用下转变为脱落酸醛，进一步在脱落酸醛氧化酶（AAO）作用下氧化为脱落酸。许多植物，秋天叶子中富含类胡萝卜素，可能通过这条途径形成脱落酸，如图3-28所示。

（二）脱落酸的代谢

脱落酸的代谢主要有结合失活和氧化降解两种方式，如图3-29所示。

1. 结合失活

脱落酸也可以通过与其他分子结合而失活。最常见的是在糖基转移酶的作用下与糖结合，形成束缚态，没有活性，但是极性较大，是脱落酸的运输或贮存形式，可以在筛管和导管中运输，还可以贮存在液泡中；在适宜情况下又水解转变为游离态的脱落酸。如脱落酸与葡萄糖结合可以形成糖脂或糖苷，主要是糖脂。红花菜豆酸和二氢红花菜豆酸也可以形成结合态。

2. 氧化降解

脱落酸可以在C-7、C-8和C-9位进行羟基化修饰而失活，其中以C-8位羟基化最普遍。在细胞色素P450单加氧酶（在拟南芥中由 *CYP707A* 基因家族编码）的作用下ABA会羟化生成8-羟基脱落酸，然后迅速异构化为活性较低的红花菜豆酸（PA），还可以进一步还原为无活性的二氢红花菜豆酸（DPA）。

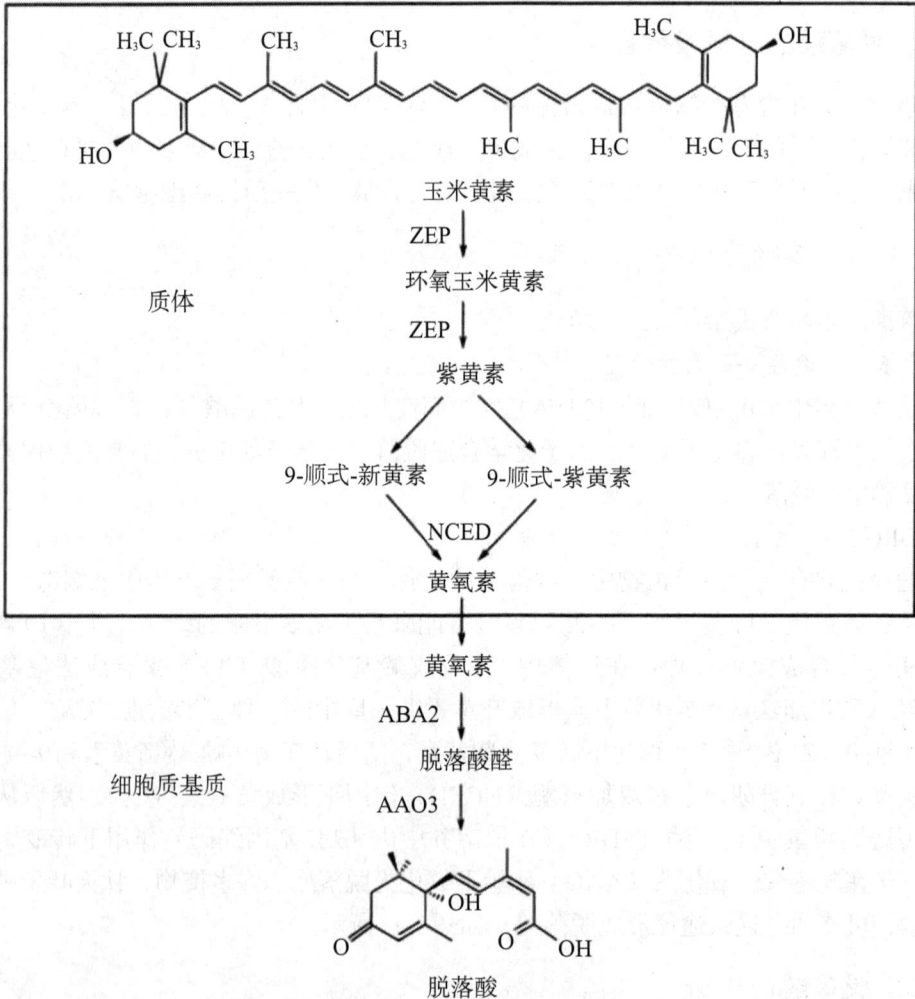

图 3-28　高等植物中脱落酸的生物合成途径

结合途径

ABA-*β*-*D*-葡糖基酯　　8-羟基ABA葡糖基酯　　红花菜豆酸葡糖基酯　　二氢红花菜豆酸葡糖基酯

氧化途径

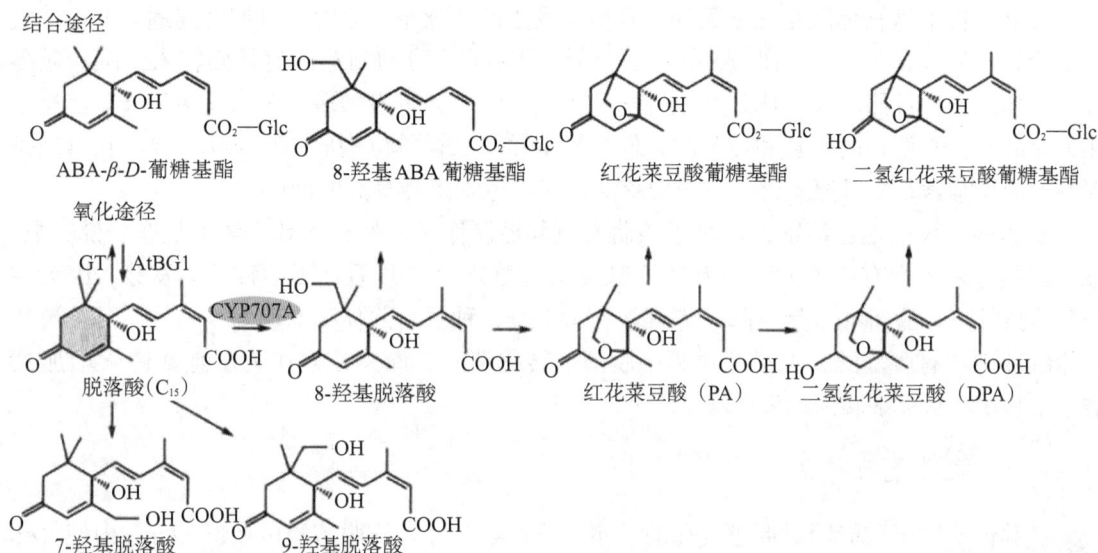

脱落酸（C_{15}）　　8-羟基脱落酸　　红花菜豆酸（PA）　　二氢红花菜豆酸（DPA）

7-羟基脱落酸　　9-羟基脱落酸

图3-29　脱落酸代谢途径

四、脱落酸的生理作用

（一）促进衰老、脱落

脱落酸最初引起人们注意是因其促进棉铃脱落。在生产中，常见到棉花蕾铃脱落的现象。研究表明，棉花在开花初期，受精的胚囊中已有一定量的脱落酸，受精第2天以后其量激增，到第5～10天幼果中含量达到一个高峰（此时部分幼铃脱落），以后含量很快降低，到第20～30天含量达最低水平，第40～50天时成熟的棉铃中脱落酸含量又大大增加（此时果皮衰老，开始裂开）。脱落的幼铃比未脱落的幼铃内脱落酸含量高2～4倍。在番茄果实成熟过程中也有同样的现象。

用脱落酸处理无叶无根茎尖体的棉花枝条的叶柄，能促进叶柄的脱落；而没有涂脱落酸的叶柄则不易脱落，说明脱落酸对脱落确有促进作用。但是在完整植株的试验中，喷施脱落酸却不能促进叶片脱落，这是因为在完整植株中，生长素及细胞分裂素都可以对抗脱落酸的作用。

目前，脱落酸是否对脱落起作用仍存在争议，有研究认为脱落酸可以促进乙烯产生，乙烯促进脱落，脱落酸对脱落的作用是间接的。在很多植物中脱落酸促进的是衰老而不是脱落本身。对离体燕麦叶片衰老的研究发现，脱落酸作用于衰老早期，是启动和诱导作用；乙烯作用于衰老晚期。

（二）促进休眠

脱落酸能促进多种木本植物休眠。将脱落酸涂到红醋栗或其他木本植物生长旺盛的小枝上，会出现接近休眠的症状，即节间缩短、营养叶变小像鳞片、形成休眠芽、老叶脱落等。

　　自然条件下这种休眠是在秋天的短日照下发生的。秋季到来时，日照时间逐渐变短，气候变冷，落叶树的叶中开始形成脱落酸并运输到芽里，可抑制芽的生长而转入休眠；越冬后，气候渐暖，日照渐长，休眠芽里脱落酸含量下降，赤霉素增多，树木萌芽生长。赤霉素和脱落酸调节着植物的生长和休眠。它们都是由异戊二烯单位构成的萜类化合物，长日照条件下形成赤霉素，短日照条件下形成脱落酸，光敏色素感受日照时间的长短。

　　脱落酸不仅能使芽休眠，对种子的萌发也起控制作用，使种子处于休眠状态。桃、梨、杏、红松等种子含有脱落酸，只有经低温层积处理1~3个月后，再播种才会发芽，因为冷湿贮藏条件下，脱落酸含量下降，赤霉素含量上升，种子解除休眠而萌发。另外，马铃薯块茎休眠芽中含有脱落酸，在贮藏过程中脱落酸转化消失，而赤霉素在萌发前第12天增加30倍，于是块茎从休眠转入萌发阶段。

　　（三）促进气孔关闭

　　试验证明脱落酸能明显促进气孔的关闭。给植物叶片外施脱落酸可在3~9 min内使气孔关闭；去掉脱落酸后5 min，气孔又张开。

　　当给玉米停止浇水后，土壤干旱，叶片水势下降，脱落酸含量上升，气孔开度减小；重新浇水后，上述反应会逆转。干旱胁迫下叶片脱落酸含量增加是三个方面综合作用的结果：①脱落酸在叶片合成增加；②脱落酸从根部运到叶片；③脱落酸在叶肉细胞中重新分布。

　　土壤干旱时根系合成的脱落酸通过木质部运到叶片的保卫细胞，引起气孔关闭，所以脱落酸是根源信号。在供水情况下，木质部汁液pH为6.3时，脱落酸呈未解离的ABAH状态，容易通过质膜被叶肉细胞吸收；缺水时，木质部汁液pH为7.2，呈弱碱性，ABA呈解离态ABA⁻，不容易通过质膜，因此在质外体扩散到保卫细胞，引起气孔关闭。研究表明，根系受到干旱后产生的信号也有多肽样激素，它运到叶片后可促进脱落酸合成。

　　缺水萎蔫的叶片中脱落酸含量比对照（不萎蔫）叶片脱落酸含量高10倍。四季豆、玉米、玫瑰等当叶片内脱落酸达到正常量2倍时，气孔即开始关闭。由于气孔的关闭，蒸腾速率会下降，这对植物缺水有保护作用，所以脱落酸是调节蒸腾的一种激素。

　　（四）提高抗逆性

　　脱落酸能诱导根的生长并刺激侧根的发生，抑制地上部的生长，从而增大根冠比，脱落酸和促进气孔关闭一起，有助于植物抵抗干旱。例如，生长在蛭石中的玉米野生型和脱落酸缺失突变体，在水分供应充足（高水势）时和缺水（低水势）时，测定其枝条生长和根系生长发现干旱胁迫对枝条和根的生长都有抑制。但计算根冠比显示在干旱胁迫时，野生型玉米（有脱落酸）根冠比增大，而突变体没有脱落酸，其根冠比很低。说明在干旱胁迫时有脱落酸可以促进根的生长。

　　一般来说，植物在逆境条件下，如低温、高温、水涝、盐渍等情况下，脱落酸会迅速形成，所以脱落酸又称为"应激激素"或"胁迫激素"。目前已证明脱落酸能提高植物对逆境的适应能力，外施脱落酸可提高植物的抗逆性。

（五）促进种子成熟

种子发育分为三个阶段：第一个阶段，细胞分裂和组织分化，受精卵进行胚形成和胚乳细胞增殖；第二个阶段，细胞分裂停止并积累贮藏物质；第三个阶段，正常种子的胚对脱水产生耐性，种子脱去90%的水分，代谢停止，进入静止期。后两个阶段产生了有活性的种子。

脱落酸在种子发育中的作用有三个：①在种子发育的中后期，内源脱落酸开始累积并在不久达到峰值，这与胚在发育期间蛋白质的积累一致，因而认为脱落酸对种子胚的发育及蛋白质的合成具有重要的调节作用，脱落酸促进种子的成熟和休眠；②脱落酸可提高种子对脱水的耐性；③脱落酸还能抑制胚在成熟前的早萌即穗上发芽。

另外，脱落酸可以抑制整个植株或离体器官的生长，如脱落酸能抵消生长素诱导的燕麦胚芽鞘弯曲或胚芽鞘切段伸长的作用。赤霉素诱导α-淀粉酶和其他水解酶（如蛋白酶、核糖核酸酶等）在大麦糊粉层细胞中的合成，也可被脱落酸所抑制。在组织培养中，脱落酸可抑制细胞分裂等。

五、脱落酸的作用机理

脱落酸在植物的短期生理过程（如气孔关闭）和长期生理过程（如种子发育）中都有作用。短期反应常常与离子跨膜流动的变化有关，也可能涉及基因表达的调节；长期反应必然涉及基因表达的改变。

（一）脱落酸受体蛋白及信号转导

人们用各种方法鉴定发现，植物的脱落酸受体存在于细胞表面和细胞内两个部位。目前拟南芥中鉴定出的脱落酸受体有三类：①PYR/PYL/PCAR 家族，定位于细胞质内；②CHLH，定位于叶绿体内，参与叶绿体合成和信号转导，协调核基因和质体基因表达；③GTG1 和 GTG2，它们是一对质膜蛋白，具有内在 G 蛋白活性，与 GTP 蛋白偶联受体同源。PYR/PYL/PCAR 是主要的脱落酸受体。

脱落酸的信号系统包括蛋白磷酸酶和蛋白激酶，已经鉴定了多种参与脱落酸反应的蛋白激酶，如蔗糖非发酵相关激酶2（sucrose non-fermenting related kinase2，SnRK2）、CDPK 和 MAPK 等。脱落酸的信号通路有多条，下面仅介绍 PYR/PYL/PCAR-PP2C-SnRK2 信号通路：当无脱落酸时，以二聚体形式存在的受体蛋白不能与2C 型蛋白磷酸酶（PP2C）相互作用，作为信号通路负调控因子的 PP2C 去磷酸化 SnRK2，使其失活，关闭信号；当有脱落酸时，它与受体 PYR/PYL/PCAR 结合并改变其构象，使其与 PP2C 结合，阻止其对 SnRK2 的去磷酸化。一方面，磷酸化的 SnRK2（活化态）可以进入细胞核磷酸化修饰转录因子 ABI3、ABI4、ABI5、AREB、ABF 等，由此激活相应的基因表达，引起脱落酸诱导的生理反应；另一方面，活化的 SnRK2 可以激活质膜上的外向钾离子通道 KAT1 和外向阴离子通道 SLAC1，最终诱导气孔关闭，如图3-30所示。脱落酸还可通过激活其他蛋白激酶及信号通路促进气孔关闭。

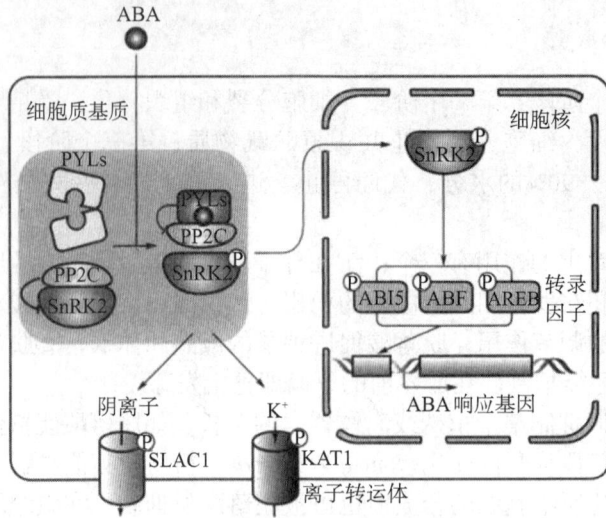

图 3-30　脱落酸信号转导

（二）脱落酸对基因表达的调控

对拟南芥和水稻的研究表明，基因组中 5%～10% 的基因受脱落酸和各种胁迫（如干旱、盐和冷）调节。许多逆境如干旱、高渗、低温等可以诱导植物组织内脱落酸水平的升高，同时诱导与逆境相关的特异蛋白质的积累。例如，NCED 的合成受干旱胁迫快速诱导，表明它催化的反应是脱落酸合成中的关键调节步骤。植物在正常的生长条件下，用外源脱落酸处理，也能诱导产生逆境蛋白 mRNA 的累积。目前已知 150 余种植物基因可受外源脱落酸的诱导，其中大部分在种子发育晚期或受环境胁迫的营养组织中表达。例如，在种子发育的中期到晚期，随着内源脱落酸水平的上升，某些 mRNA 大量积累。以棉花、油菜、水稻和小麦为材料的研究表明，在胚发育早期将其剥离，用外源脱落酸处理，一些在胚发育中晚期积累的 mRNA 则提前出现，这些 mRNA 的翻译产物包括植物凝集素、酶抑制剂、脂质体蛋白质和贮藏蛋白等。脱落酸也抑制大麦 α-淀粉酶基因的表达。

第五节　乙　　烯

一、乙烯的发现与分布

乙烯（ethylene，ETH）是煤、石油等能源物质燃烧不完全时形成的一种挥发性气体。早在中国古代，人们就已发现采下的果实放在燃烧香烛的房间里能促进成熟，并悟出催熟的关键是"气"的道理。国外有关乙烯的研究报道始于 1864 年，德国学者 Girardin 发现煤气街灯的漏气能促进周围树木叶片的脱落。1901 年，俄国植物学家 Neljubow 证实照明气中的活性物质是乙烯，并发现照明气中的乙烯还能引起黑暗中生长的豌豆幼苗产生"三重反应"。1910 年，Cousins 发现成熟的苹果对青的未熟香蕉有催熟作用。1934 年，英国的 Gane 首先证明乙烯是植物的天然产物。1935 年，美国的 Crocker 等认为乙烯是一种果实催熟激素。但直到1959年气相色谱技术的应用，才大大地推进了乙烯的研究。1965年，Burg根据大量的研究成果，发现乙烯具有植物激素的基本特性，于是提出乙烯是一种植物激素的概念，并得到了公认。

乙烯是已知的最简单的烯烃，其分子式为C_2H_4，结构简式为$CH_2=CH_2$，相对分子质量为28，常温下为无色气体，比空气轻。目前已知，乙烯广泛分布于植物的根、茎、叶、花、果实和种子中，但其生成速率甚微，一般为$0.1\sim10$ $nL\cdot g^{-1}FW\cdot h^{-1}$。虽然高等植物的各部分都能产生乙烯，但不同组织、不同器官和不同发育时期，乙烯的含量均有所不同。在正常的生长环境中，乙烯含量较高的部位通常是老化的组织或器官、正在成熟中的组织或器官以及正在分裂生长中的幼嫩组织或器官。成熟的果实，乙烯的生成速率一般超过1.0 $nL\cdot g^{-1}FW\cdot h^{-1}$；而菜豆老叶乙烯的生成速率仅为幼叶（幼叶生成乙烯的速率为0.4 $nL\cdot g^{-1}FW\cdot h^{-1}$）的十分之一。在不良的生长环境（逆境）中，植物体各部分均会产生大量的乙烯。

二、乙烯的生物合成及其调节

（一）乙烯的生物合成过程

1964年，Lieberman和Mapson等发现甲硫氨酸（methionine，Met）是乙烯生物合成的前体物，他们应用^{14}C标记甲硫氨酸的C-3,4，发现新形成的乙烯被标记在^{14}C上，这说明乙烯分子是来自甲硫氨酸的第3与第4位碳原子。1979年，Adams和杨祥发在研究苹果组织甲硫氨酸代谢时发现，甲硫氨酸先转变为S-腺苷甲硫氨酸（S-adenosyl methionine，SAM），然后SAM再形成乙烯的直接前体：1-氨基环丙烷-1-羧酸（1aminocyclopropane-1-carboxylic acid，ACC）。在无氧条件下，供^{14}C标记的甲硫氨酸时，检测不到乙烯的产生，只有标记的ACC积累；而当供给氧气时，ACC能被组织迅速氧化形成乙烯，由此确定了植物体内乙烯生物合成的基本途径是Met→SAM→ACC→ETH。

催化Met形成SAM的酶是S-腺苷蛋氨酸合成酶（S-adenosyl methionine synthetase）；催化SAM转变为ACC的酶是ACC合成酶（ACC synthase，ACS）；催化ACC转变为乙烯的酶是ACC氧化酶（ACC oxidase，ACO）。ACC合成酶和ACC氧化酶是乙烯生物合成途径中的两个关键酶。

植物组织中甲硫氨酸的水平很低，但正在成熟的番茄和苹果果实中，ACC含量和乙烯的生产速率上升数百倍，说明体内Met的供应是充分的。研究表明，维持乙烯生物合成所必需的Met在植物体内是通过甲硫氨酸循环（也称杨氏循环）不断产生的。即第一步是甲硫氨酸腺苷转移酶催化甲硫氨酸加上一个腺苷生成SAM；第二步是SAM转化为ACC和5'-甲硫基腺苷（5'-methylthioadenosine，MTA），由ACC合成酶催化，这一步是乙烯合成的限速步骤之一；然后MTA进一步分解生成5'-甲硫基核糖（5'-methylthioribose，MTR）；MTR进一步转变为2-酮基-4-甲硫基丁酸（KMB）；甲硫氨酸循环的最后一步是KMB通过专一的转氨酶形成Met，Met与ATP反应形成SAM。通过这一循环，Met中丁酸部分4个碳原子最终来自ATP的核糖分子，而原来Met中的甲硫基（CH_3S—）被保存下来，并不断地在甲硫氨酸循环中再生和利用。

ACC除能产生乙烯外，还可形成N-丙二酰-ACC（N-malonyl-ACC，MACC），这是一个不可逆反应，MACC是无生物活性的终端产物，在细胞质合成后运到液泡中贮存。因此，MACC有调节乙烯生物合成的作用。另外，MACC还成为一个反映曾受过胁迫的指标，如受水分胁迫和接触SO_2的小麦叶片，在胁迫解除后液泡中仍积累有MACC。

乙烯生物合成有关的甲硫氨酸循环和乙烯合成的调节示意图如图3-31所示。

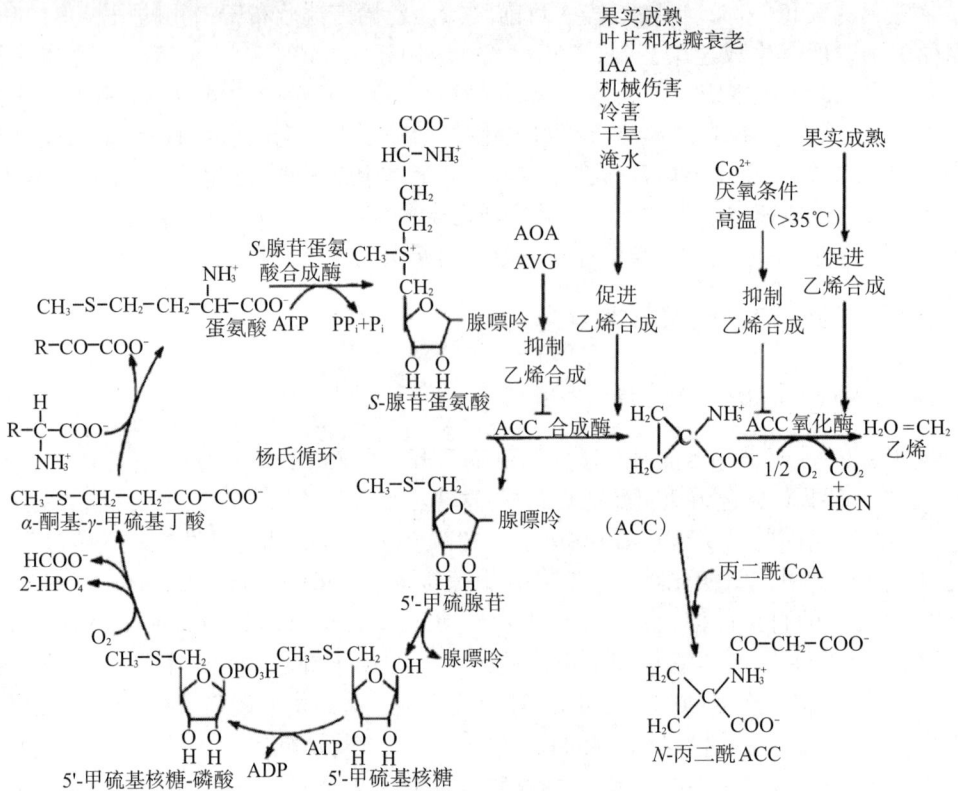

图3-31　乙烯生物合成途径及杨氏循环

（二）乙烯生物合成的调控

植物组织内乙烯合成的调控影响植物的生长、成熟和老化，所以这是一个具有经济效益的重要研究领域。乙烯的合成主要通过关键酶来进行调控。人们利用这些关键酶的抑制剂或激活剂调控ETH的合成。

1. ACC合成酶

乙烯合成的关键步骤是SAM→ACC。催化此反应的酶是ACC合成酶，它是植物体内乙烯生物合成途径中的限速酶，该酶活性受生育期、环境和激素的影响。在植物正常生长发育的某个时期，如种子萌发、果实成熟、叶片和花器官衰老等阶段，ACC合成酶的活性会加强，从而产生更多的乙烯。当植物组织遭遇机械伤害（切割、擦伤等）、水分胁迫（干旱、水涝）、温度胁迫（高温、寒害）、化学胁迫（如除草剂、有毒化合物、SO_2等）和病虫害等逆境时，乙烯合成通常也增加，此时所形成的乙烯通常称为"胁迫乙烯"（stress ETH），原因是逆境能诱导ACC合成酶的合成或活化ACC合成酶。生长素能在转录水平上诱导ACC合

成酶的合成，如用重组DNA技术测定西葫芦果实编码ACC合成酶的mRNA水平，可发现IAA处理使果实中ACC合成酶的mRNA量增加，因此可显著提高ACC水平及乙烯产量。外源乙烯能促进或抑制内源乙烯的合成，即乙烯的形成存在自我催化和自我抑制现象。果实成熟过程中乙烯大量形成就是乙烯自我催化的结果，如骤变型果实苹果等在骤变开始后，乙烯能诱导ACC的合成，从而使果实释放大量的乙烯。但是，与乙烯的自我催化相比较，乙烯的自我抑制作用似乎更具有普遍性。因为自我催化作用仅出现在成熟衰老组织中，而乙烯的自我抑制作用表现在抑制营养组织和非骤变型果实的乙烯生物合成中。如用乙烯处理呼吸骤变前的番茄、甜瓜果实和非骤变型的葡萄柚果皮，均能抑制ACC的合成。由此可见果实生长成熟过程中乙烯对ACC合成的作用从抑制转为促进是骤变型果实的特征，非骤变型果实和营养组织都缺乏这种转变能力。

　　ACC合成酶存在于细胞质中，专一地以SAM为底物，以磷酸吡哆醛为辅基。所以，磷酸吡哆醛的抑制剂，如氨基氧乙酸（aminooxyacetic acid，AOA）和氨基乙氧基乙烯基甘氨酸（aminoethoxy vinyl glycine acid，AVG）是ACC合成酶的竞争性抑制剂，能显著抑制ACC合成酶的活性。细胞内ACC合成酶的半衰期较短，很容易失活，在植物组织中含量低，提纯困难。利用分子生物学技术，发现ACC合成酶是一种由多基因家族编码的酶，如此酶在番茄中至少有9个编码基因，在拟南芥中有5个编码基因，在水稻中有3个编码基因，这些编码基因的表达受不同的环境、发育和生理因素的调控。

　　2. ACC氧化酶

　　在液泡膜内表面的ACC氧化酶是一种以抗坏血酸和氧为辅基，以Fe^{2+}和CO_2为辅助因子的酶。有氧存在时，ACC氧化酶把ACC氧化为乙烯。ACC氧化酶也以多基因家族的形式出现，如番茄中至少有3个ACC氧化酶基因。ACC氧化酶基因的表达、ACC氧化酶的积累和活性都是可以调节的。Co^{2+}、氧化磷酸化解偶联剂（如2,4-DNP和CCCP）、自由基清除剂（没食子酸丙酯等）、多胺、α-氨基丁酸，以及一切能改变膜性质的理化处理（如去污剂）都可通过抑制ACC氧化酶的活性，从而抑制植物组织中乙烯的合成。但外源供给少量乙烯于甜瓜和番茄等果实，经过一段时间，可以诱导ACC氧化酶活性大增，产生大量乙烯（自我催化）。

　　3. ACC丙二酰基转移酶

　　ACC丙二酰基转移酶（ACC N-malonyl transferase）的作用就是促使ACC起丙二酰化反应，形成MACC。因而ACC丙二酰基转移酶活性增强能使ACC合成乙烯量减少，起到抑制乙烯合成的作用。乙烯除了抑制ACC合成酶外，还能促进ACC丙二酰基转移酶的活性，从而抑制乙烯的生成（自我抑制）。所以ACC丙二酰基转移酶的活性对乙烯生成起着重要的调节作用。

　　目前，人们通过抑制关键酶的基因来降低植物内源乙烯产生，以达到延长果实储存期。如将ACC合成酶和ACC氧化酶的反义RNA导入番茄植株中，大大降低了乙烯的产量（被抑制高达99.5%），这些转基因植株的果实不出现呼吸高峰，果实不会变软（但也不会有香味），从而获得耐储存的番茄品种。同时，转基因植株的叶片衰老也被延缓。上述ACC合成酶和ACC氧化酶反义抑制的表现型都可以被乙烯所逆转。

三、乙烯的代谢与运输

在植物组织中，乙烯可分解为CO_2和乙烯氧化物（ethylene oxide）等气体代谢物，也可形成可溶性代谢物，如乙烯乙二醇（ethylene glycol）和乙烯葡萄糖复合体等。乙烯分解代谢的作用是除去乙烯或使乙烯钝化，使植物体内的乙烯含量处于适合植物体生长发育所需要的水平。

植物体内形成的气态乙烯很容易通过细胞间隙扩散而运向其他部位，但扩散距离有限。乙烯的长距离运输与ACC有关，ACC能溶于水溶液中，通过木质部运输。

四、乙烯的生理作用及其应用

植物对乙烯非常敏感，空气中低至$1\ pL \cdot L^{-1}$的乙烯就能显著地影响植物的生长和发育。从种子萌发、叶片衰老和脱落直到果实成熟等生长发育的过程无不为乙烯所调节。对生长器官，它一般抑制伸长；而对成熟器官，它促进成熟、衰老和脱落。其中促进果实成熟和器官衰老是目前已经确认的乙烯最重要的生理作用。

乙烯虽有较广谱的生物学效应，但它是气体，在生产上应用很不方便。1968年人工合成出了乙烯的释放剂——乙烯利（ethrel）（商品名称），化学名称为2-氯乙基膦酸（2-chloro-ethyl phosphonic acid）。乙烯利在常温和pH小于3的水溶液中比较稳定，但在pH高于4.1时易分解释放出乙烯，随着溶液温度和pH的增加，乙烯释放的速度也加快。在碱性沸水中，只需40 min乙烯利就会全部分解，释放出乙烯、氯化物和磷酸盐，其反应如图3-32所示。植物体内的pH一般都高于4.1，乙烯利溶液在进入细胞后，就能被分解，释放出乙烯，这为乙烯的实际应用提供了可操作性。

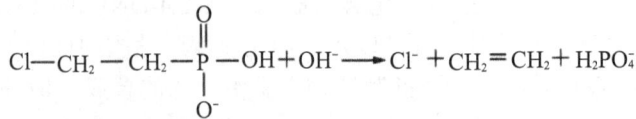

$$Cl-CH_2-CH_2-\overset{\overset{\displaystyle O}{\|}}{\underset{\underset{\displaystyle O^-}{|}}{P}}-OH+OH^- \longrightarrow Cl^-+CH_2\!=\!CH_2+H_2PO_4^-$$

图3-32　乙烯利释放乙烯的反应

（一）乙烯与营养生长

乙烯的生理功能之一是促进细胞扩大，因而表现出抑制根茎伸长，而使根茎变粗的作用。如将黄化豌豆幼苗放在微量乙烯气体中，其上胚轴就表现出"三重反应"（triple response）：抑制茎的伸长生长；促进横向加粗；茎的负向地性消失，发生横向生长，如图3-33所示。乙烯之所以促进茎横向增粗，是因为乙烯可以改变细胞中微纤丝与微管的排列方向。"三重反应"是乙烯典型的生物学效应，由于在不同的乙烯浓度下所表现的反应强度有明显的差异，所以可作为乙烯生物鉴定的方法。

乙烯促使茎横向生长是它引起偏上生长所致。所谓偏上生长，是指器官的上部生长速度快于下部的现象。乙烯对茎与叶柄都有偏上生长的作用，从而造成茎横生和叶下垂的现象。偏上生长也是乙烯的特效作用，这是一种异常的生长反应，并且是可逆的反应，若除去乙烯，植物又可恢复正常生长。

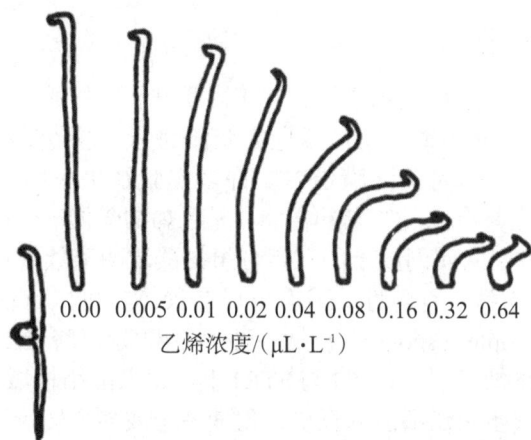

图3-33 不同溶度的乙烯对豌豆幼苗的"三重反应"

（二）促进果实成熟

促进果实成熟是最早发现的乙烯的生理作用。幼嫩果实组织中乙烯含量很低，当果实成熟时，乙烯的形成迅速增加。乙烯能增强细胞膜，特别是液泡膜的透性，使大量水解酶外渗，呼吸代谢加强，引起果实果肉内有机物的强烈转化，从而达到可食状态。但若用AVG、AOA等乙烯合成的抑制剂或用CO_2、Ag^+等乙烯生理作用的抑制剂，则会延缓果实的成熟。这两方面的作用都已在生产上得到广泛的应用。

（三）促进器官脱落

乙烯对植物器官（如叶片、果实等）的脱落有极显著的促进作用。这主要是因为乙烯能加速离区细胞RNA和蛋白质的合成，也就是加速纤维素酶、果胶酶和其他一些水解酶的合成，并促使这些酶由原生质体释放到细胞壁中，引起细胞壁分解。如棉花采收期，喷洒乙烯利使棉叶脱落，提高棉花的采收效率。在苹果、梨、柑橘、樱桃等生产上，用乙烯利适时处理可达到疏花疏果的作用。

（四）其他生理作用

乙烯能促进菠萝等凤梨科植物开花，如用乙烯利处理菠萝后，抽蕾率可达90%，并且开花提早、花期一致。在雌雄异花的植物中，乙烯可促进雌花的分化，如乙烯利处理能促进黄瓜等葫芦科植物雌花的发育，并增加雌花数。乙烯还可促进橡胶、漆树、松树等植物体内次生物质的分泌并提高产量，如橡胶树经乙烯利油剂涂抹，第2天产胶量就开始上升，总干胶产量可增加20%以上。此外，乙烯还可解除休眠，促进许多植物（如花生和马铃薯等）的萌发；乙烯还能加速叶和花的衰老；乙烯能刺激腋枝的增殖（如番木瓜和山龙眼等）；较高浓度的乙烯还能促进根形成组织对内源生长素的敏感性，从而导致不定根形成等。

五、乙烯的作用机理

在多种植物组织内，已发现乙烯受体存在于内质网膜上，并具有蛋白质特性，它的受体是一种含Cu的金属蛋白。对拟南芥乙烯反应突变体的分子遗传学的研究发现，乙烯受体是由多基因（如*ETR1*）编码的内质网膜蛋白。许多实验结果表明，*ETR1*基因编码的ETR1（ethylene receptor 1）蛋白具有感受乙烯的功能，是乙烯的受体（也称乙烯传感蛋白）。

乙烯受体ETR1是位于内质网膜上的双组分组氨酸激酶家族成员，其信号感受域具有三个跨膜区。乙烯受体单体不具有活性，只有形成二聚体才可以行使功能，且具有组成性活性。CTR1（constitutive triple response 1）是一种丝氨酸/苏氨酸蛋白激酶，位于蛋白激酶级联反应的第一位。当乙烯缺乏时，CTR1与ETR1上的组氨酸结构域相互结合，导致CTR1发生磷酸化作用，进而引起蛋白激酶级联反应，促使一个或多个转录因子发生磷酸化作用，引起乙烯调控基因转录。而当乙烯存在时，乙烯与受体（ETR1）结合，抑制ETR1与CTR1的结合，从而关闭蛋白激酶级联反应，阻止转录因子磷酸化，关闭基因转录，如图3-34所示。

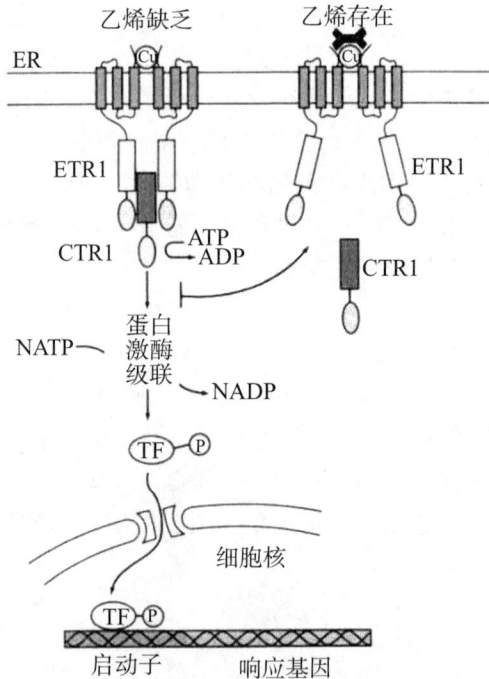

图3-34　乙烯信号转导途径

由于乙烯能提高过氧化物酶、纤维素酶和果胶酶等许多酶的含量和活性，因此，乙烯具有促进核酸和蛋白质合成的作用。如黄化大豆幼苗经乙烯处理后，能促进染色质的转录作用，使RNA水平大增；乙烯还能促进鳄梨和番茄等果实成熟过程中纤维素酶和多聚半乳糖醛酸酶mRNA的积累，结果时这两种酶的活性加强，水解纤维素和果胶，使果实变软并成熟。

第六节 油菜素甾醇

一、油菜素甾醇的发现

1970年，美国的米切尔（J. W. Mitchell）研究小组在油菜花粉中发现一种提取物，该提取物对菜豆幼苗具有强烈促进生长的作用，他们将该提取物称为油菜素（brassin）。1979年，Grove利用蜜蜂收获40 kg油菜花粉，得到4 mg该物质的纯化结晶。对其进行结构鉴定，得出这是一种类似于动物甾醇激素的甾醇类内酯，命名为油菜素内酯（brassinolide，简称"BL"或"BR$_1$"）。1982年，日本东京大学的Yokota等从板栗虫瘿中分离出与BL类似的油菜素甾酮（又称"栗甾酮"，castasterone，简称"CS"或"BR$_2$"）。之后陆续从各种植物中鉴定出大约60种结构与油菜素内酯类似的植物甾醇，统称为油菜素甾醇（brassinosteroid，BR），根据其发现的先后顺序编号为BR$_1$、BR$_2$、BR$_3$等。近年来对BR合成、运输、信号转导等的研究，为确定油菜素甾醇是植物激素提供了确凿的证据，证明了BR是植物正常发育所必需的。1998年，在第十六届国际植物生长物质会议上，油菜素甾醇最终被认为是第六种植物激素。

二、油菜素甾醇的结构

油菜素甾醇的结构与动物体内的许多甾类激素非常相似，由含4个环的类固醇骨架和烷烃侧链构成，其与昆虫蜕皮激素的结构如图3-35所示。油菜素甾醇代表的是一大类以甾体化合物为骨架的有生理活性的天然物质，包括油菜素内酯、扁豆甾内酯、栗甾酮等，它们的结构变化主要取决于A、B环及侧链取代基。A环上的2个羟基和侧链C-22、C-23上的羟基及B环7位的内酯和6位酮基是活性必需的。在不同植物中，栗甾酮分布最广泛，其次是油菜素内酯、BR$_7$（香蒲甾醇，typhas-terol，TY）、BR$_8$（茶甾酮，teasterone，TS）等；但生物活性最强的是油菜素内酯。根据油菜素甾醇的特征，人工合成了许多类似物，如表油菜素内酯（24-epiBL）、高油菜素内酯（28-homoBL）等。

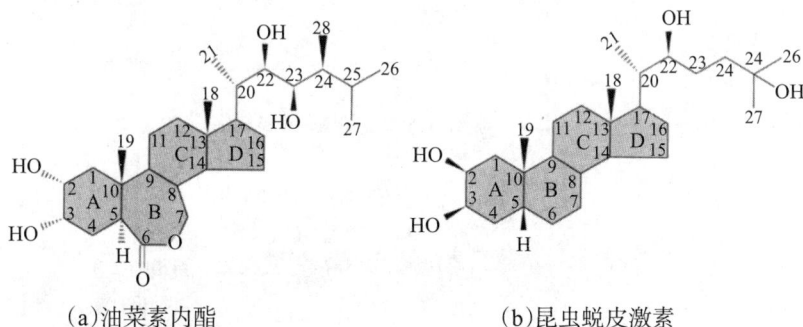

(a)油菜素内酯 (b)昆虫蜕皮激素

图3-35 油菜素内酯和昆虫蜕皮激素的结构

三、分布与运输

油菜素甾醇普遍存在于各种植物中，被子植物、裸子植物、苔藓、藻类及蕨类等都有。

在高等植物的根、茎、枝、叶、花各器官中都存在油菜素甾醇。其中，花粉中含量最多，未成熟种子中也不少。一般花和种子中BR含量为$1\sim1\,000\,\text{ng}\cdot\text{kg}^{-1}$，枝条中BR含量为$1\sim100\,\text{ng}\cdot\text{kg}^{-1}$，果实和叶片中BR含量为$110\,\text{ng}\cdot\text{kg}^{-1}$。

施于根部的外源油菜素内酯可以通过木质部向上运输，但施用于叶片的运输较少。内源BR在其合成部位或附近发挥功能，每个器官合成和感受自己的活性油菜素甾醇。

四、生物合成与代谢

油菜素甾醇与脱落酸和赤霉素都属于萜类化合物，它们的早期合成途径有相似之处。BR合成是由甲羟戊酸形成异戊烯基焦磷酸作为底物，生成法尼基焦磷酸（15C），然后两个法尼基焦磷酸再聚合成三萜化合物角鲨烯（30C），角鲨烯经过一系列环闭合反应形成五元环的环状类固醇（环阿屯醇）。植物体内的所有固醇，如谷甾醇、油菜甾醇（campesterol，CR）都是由环阿屯醇经过氧化或修饰形成的，它们都可以形成油菜素甾醇。

这里将从油菜素甾醇的最早前体油菜甾醇开始，简述油菜素甾醇合成途径。油菜甾醇经过多步反应还原形成油菜甾烷醇（campestanol，CN）后，在甾醇体和侧链上发生羟化和氧化反应，同时伴随着C-6位置的酮基化，从而形成各种BR。C-6位的酮基化有两条途径：早期C6氧化途径是先发生C-6位氧化，再发生C-2、C-3、C-22、C-23的修饰；后期C6氧化途径是先进行其他位置修饰，再发生C-6位氧化，如图6-36所示。经过两条途径的任一条，油菜甾烷醇都可以形成栗甾酮，栗甾酮继而氧化为油菜素内酯（BL）。早期C6氧化途径和后期C6氧化途径在许多位置有交叉。早期C6氧化途径广泛存在于植物中，但番茄和烟草中后期

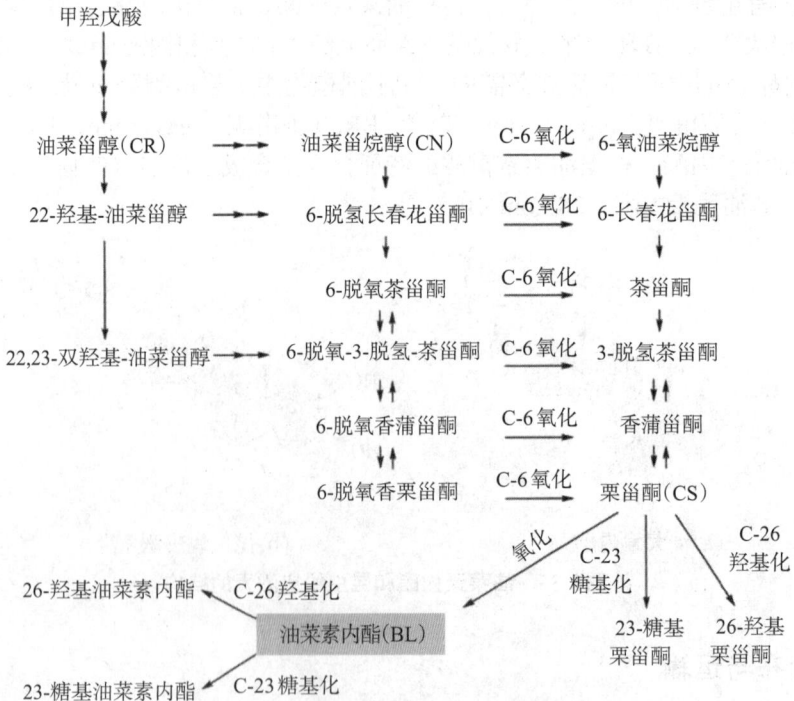

图3-36 油菜素甾醇的生物合成和代谢

C6氧化途径为主要途径，而在拟南芥、豌豆和水稻中这两条途径共同存在。近年又发现油菜甾醇也可以不形成油菜甾烷醇，而直接在C-22和C-23羟基化，再经过多步反应，如脱氢、氧化等形成栗甾酮，然后转化为油菜素内酯，称为早期C-22和C-23羟基途径，也称为不依赖于油菜甾烷醇的途径。因此油菜素甾醇的生物合成途径是复杂的，这可能对植物适应不同环境有利。有研究表明，早期C6氧化途径可能主要是在黑暗中启动，而后期途径主要在光下起作用。

油菜素甾醇的代谢主要有两条途径：在C-26位羟基化或C-23位糖基化，都能使油菜素甾醇失活。植物可以通过反馈调控油菜素甾醇的合成速率，也可以通过代谢使油菜素甾醇失活，从而调节油菜素甾醇的含量，达到调控生长发育和适应环境的需要。

五、油菜素甾醇的生理作用

（一）促进细胞伸长和分裂

油菜素甾醇可以促进植物细胞的伸长和分裂。油菜素甾醇缺失突变体的叶片细胞比野生型小且少，而通过表达油菜素甾醇合成相关基因、提高油菜素甾醇水平，能够明显促进植株伸长。外用10 ng的油菜素内酯处理菜豆幼苗的第二节间，就可以引起该节间显著伸长弯曲、节间膨大等作用。油菜素甾醇促进细胞延伸生长比生长素的作用慢，油菜素甾醇处理滞后时间为45 min，而生长素处理的滞后时间为15 min。事实上，油菜素甾醇和生长素以相互依赖的方式协同促进生长。适宜浓度的油菜素甾醇可以活化H^+-ATP酶，使细胞壁酸化。油菜素甾醇也可以诱导木葡聚糖内糖基转移酶的表达，这一点与赤霉素相似。细胞伸长的每一步可能都受油菜素甾醇的调控：细胞壁松弛、渗透吸水、壁物质的合成、保持壁的厚度、促进微管形成等。

另外，油菜素甾醇也促进细胞分裂，24-表油菜素内酯可以增加细胞周期蛋白CYCD3的表达，也可以在拟南芥组织培养时替代玉米素。油菜素甾醇可能以与细胞分裂素相似的方式调节细胞周期。

（二）促进或抑制根的生长

油菜素甾醇低浓度时（≤0.1 nmol·L^{-1}）促进根生长，高浓度时抑制根生长，原因可能是刺激了乙烯的生成。油菜素甾醇对根伸长的作用与生长素和赤霉素无关。但低浓度油菜素甾醇也能诱导侧根的形成，此时与生长素有协同作用。而且油菜素甾醇还促进向地性反应，这与生长素外运蛋白PIN2在根伸长区的表达有关。生产中可用低浓度油菜素甾醇促进挪威云杉和苹果树扦插生根。

（三）促进木质部分化和导管发育

油菜素甾醇调控维管束分化的作用是抑制韧皮部分化和促进木质部分化，进而在导管发育中起着重要作用。过量表达油菜素甾醇受体蛋白的拟南芥比野生型有更多的木质部。油菜素唑是油菜素内酯生物合成抑制剂，它能阻止百日草培养细胞木质部导管分化，此现

象可被外加油菜素内酯恢复。油菜素甾醇的作用是在木质部形成的后期促进木质化和细胞程序性死亡。

（四）油菜素甾醇是花粉管生长所必需的

花粉中富含油菜素甾醇，因此容易理解油菜素甾醇对生殖生长的重要性。$1\ nmol\cdot L^{-1}$ 的油菜素甾醇可促进欧洲甜樱桃、山茶和烟草花粉管的生长。在拟南芥油菜素甾醇缺失突变体 cpd 中，花粉萌发后花粉管不能伸长而导致雄性不育，但添加外源油菜素甾醇后可以恢复花粉管伸长完成受精。玉米缺失油菜素甾醇的突变体雄花会雌性化，是油菜素甾醇参与生殖发育的另一个案例。

（五）促进种子萌发

已知赤霉素和脱落酸对种子萌发分别起正调控和负调控的作用。油菜素甾醇通过与其他激素相互作用而促进种子萌发，其作用不依赖于赤霉素。实验证明，油菜素甾醇能促进烟草、沙棘、紫穗槐、三叶草等种子的萌发。用油菜素内酯浸泡水稻种子可以提高种子活力、促进早出苗、促进有效分蘖。

（六）调控植物的光形态建成

缺乏油菜素甾醇的突变体，比如 det2 和 cpd，在光下表现出生长和发育的异常，包括矮化、顶端优势减弱。油菜素甾醇缺失的拟南芥突变体 det2 在黑暗中表现出去黄化的生长。所以油菜素甾醇参与了光形态建成的调控。

（七）提高胁迫条件下作物的产量

油菜素甾醇可提高植物对多种逆境胁迫（如干旱、冷害、热害、盐胁迫、病菌等）的抗性，提高胁迫条件下作物的产量。例如，油菜素内酯能够促进马铃薯块茎的生长、提高马铃薯对传染病的抗性。BL 浸泡水稻种子或幼苗期喷施都可以提高水稻的抗寒性和产量。

六、油菜素甾醇的作用机理及信号转导

油菜素甾醇可以改变大约 200 种基因的表达。油菜素甾醇在转录水平调控许多酶和蛋白质的表达，包括细胞壁松弛、细胞分裂、糖类代谢、乙烯合成等。油菜素甾醇也能提高转录后 mRNA 的稳定性，还能调控蛋白质翻译后的修饰，例如，增加 ACC 合成酶的稳定性等。

油菜素甾醇的受体有 BRI1 和 BAK1 两个，它们都是位于细胞膜的类受体蛋白激酶。BR 信号转导示意图如图 3-37 所示，P 表示蛋白质磷酸化状态，五角星表示活化状态。油菜素甾醇信号转导途径下游有负调控因子 BIN2，BIN2 是一种丝氨酸/苏氨酸激酶。

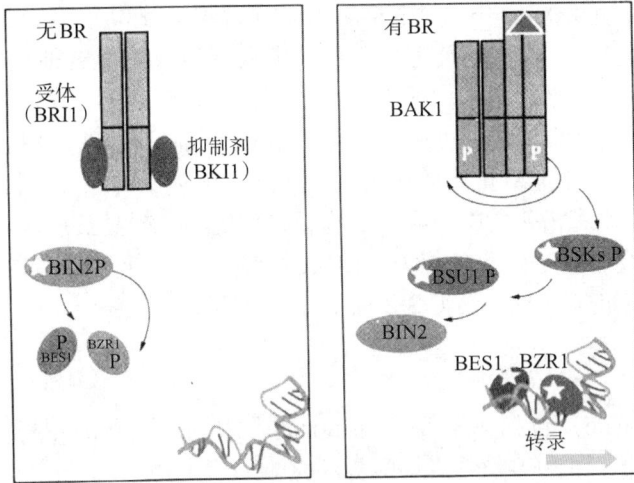

图3-37 BR信号转导简图

在无油菜素甾醇时，受体BRI1的同源二聚体与抑制蛋白BKI1结合，处于失活状态；BIN2使下游的转录因子BES1和BZR1磷酸化失活，磷酸化的BES1和BZR1与14-3-3蛋白结合留在细胞质中，被蛋白酶体降解，因而不能与DNA结合调控基因表达。有油菜素甾醇时，油菜素甾醇与受体BRI1结合并诱导其磷酸化，促进2个受体形成BRI1-BAK1异源二聚体，它们相互磷酸化并激活，抑制剂BKI1解离，激活的受体复合体使激酶BSK磷酸化而激活，进而磷酸化细胞质中的磷酸酶BSU1使其激活，然后BSU1使激酶BIN2去磷酸化失活而被蛋白酶体降解，因此下游转录因子BES1和BZR1脱磷酸化而活化，与细胞核中DNA结合调控基因表达，发挥油菜素甾醇的生理反应。

第七节 其他天然的植物生长物质

除了上述谈到的6种植物激素种类以外，随着研究的深入，人们发现植物体内还存在其他天然生长物质，如水杨酸、茉莉素、独脚金内酯、多胺和多肽等，它们对植物的生长发育有调节作用。

一、水杨酸

水杨酸（salicylic acid，SA）是从柳树皮中分离出的有效成分，它的化学成分是邻羟基苯甲酸，结构如图3-38所示，是桂皮酸的衍生物。一般认为，SA的生物合成主要通过莽草酸途径，经反式桂皮酸，转变为香豆素或苯甲酸，最终形成SA。

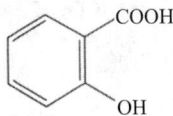

图3-38 水杨酸结构

天南星科海芋属（*Arum*）开花时温度上升，比环境温度高很多，其原因是佛焰花序开花前，雄花基部产生SA，诱导抗氰途径活跃，导致剧烈放热。这种现象的生物学意义是：严寒时，花序产热，局部维持高温，适于开花结实；高温有利于花序产生的有臭味的胺类和吲哚类物质蒸发，吸引昆虫传粉。可见，植物产热是对低温环境的一种适应。

SA在植物抗病过程中起着重要的作用。一些抗病植物受病原微生物侵染后，会诱发SA的形成，进一步诱导致病相关蛋白合成，抵抗病原微生物，提高抗病能力。试验证明，外施SA于烟草，浓度越高，产生的致病相关蛋白质就越多，对花叶病毒病的抗性就越强。SA还有其他生理作用，例如抑制ACC转变为乙烯，诱导浮萍开花等。

二、茉莉素

茉莉素（Jasmonate）包括茉莉酸（jasmonate，JA）、茉莉酸甲酯（methyl jasmonate，MJ）、茉莉酸异亮氨酸、12-氧-植物二烯酸等环戊酮的衍生物。

茉莉酸首先是从真菌培养液分离出来的，而茉莉酸甲酯是茉莉花属（*Jasminum*）香精油中的组分。JA和MJ普遍存在于高等植物中。茉莉酸的化学名称是3-氧-2-(2'-戊烯基)-环戊烯乙酸。无论是JA还是MJ，它们的异构体都具有生物活性，其中以(+)-JA的活性最高。人工合成(±)-MJ可通过水解产生（±)-JA。

JA的生物合成途径是以膜脂的不饱和脂肪酸α-亚麻酸为起点，在叶绿体中经脂氧合成酶作用发生加氧化，再经氧化物合成酶和环化酶作用，转变为12-氧代-植二烯酸，再转运到过氧化物酶体中，经过还原以及3次β-氧化，最后形成JA，如图3-39所示。JA运到细胞质基质中，进一步可形成MJ和其他氨基酸衍生物。

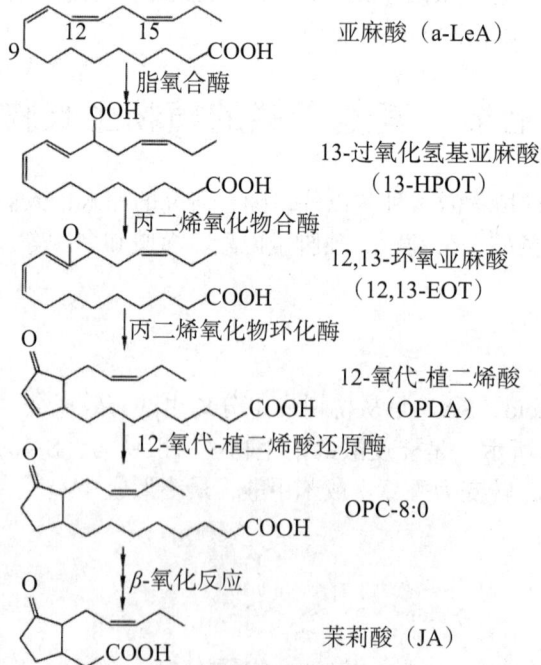

图3-39　亚麻酸转变为茉莉酸的途径

JA在抵御昆虫侵害的反应中充当系统信号分子，诱导特殊蛋白质的合成。据报道，JA诱导产生的蛋白质有十多种，其中大多数蛋白质是植物抵御病虫害、物理或化学伤害而诱发形成的，具有防御功能。例如，JA可诱导番茄和马铃薯叶片分别形成蛋白酶抑制物Ⅰ（proteinase inhibitors Ⅰ）和蛋白酶抑制物Ⅱ。番茄和马铃薯叶片受机械伤害或病虫害，会产生上述特殊蛋白质，这些蛋白质分布于伤口附近或较远的部分，保护尚未受伤的组织，以免继续受害。JA的生理作用有促进的，也有抑制的。

（1）促进作用。促进乙烯合成、叶片衰老脱落、气孔关闭、呼吸作用、蛋白质合成、块茎形成、抗逆性、对病虫和机械伤害的防御能力。

（2）抑制作用。抑制种子萌发、营养生长、花芽形成、叶绿素形成、光合作用。

三、独脚金内酯

独脚金内酯（strigolactone，SL）是一类由一个三环的内酯通过一个烯醇醚骨架与一个甲基丁烯羟酸内酯环连接的倍半萜类化合物，其结构如图3-40所示。独脚金内酯在2008年被鉴定为一种可移动的且抑制高等植物分枝发生的新型植物激素。人工合成的类似物有GR24、GR26和GR27，其中GR24的活性最高。

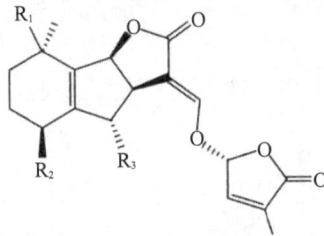

图3-40　独脚金内酯的结构

天然的SL是类胡萝卜素的裂解产物，已知有多种酶参与这一过程。在质体中，异构酶D27使全反式-β-胡萝卜素转化成9-反式-β-胡萝卜素，经类胡萝卜素裂解氧化酶（CCD7）催化9-反式-β-胡萝卜素变成9-顺式-β-胡萝卜素，接着由类胡萝卜素裂解氧化酶（如CCD8）催化生成9-顺式-10'-脱辅基-β-类胡萝卜醛（R-构型-己内酯），继而转运到细胞质基质中，经过细胞色素P450的催化，形成第一个有活性的SL（5-脱氧独脚金醇），其他的独脚金内酯都是5-脱氧独脚金内醇的衍生物。该过程如图3-41所示。

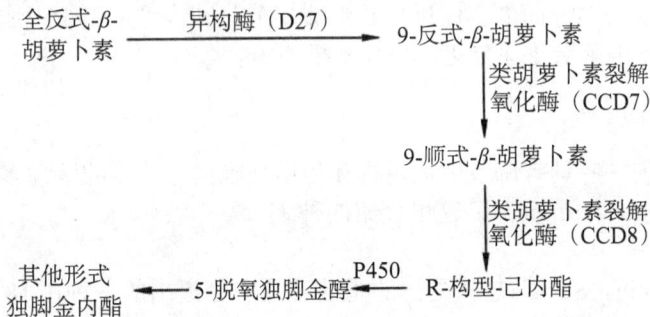

图3-41　独脚金内酯生物合成

独脚金内酯诱导和促进寄生植物种子萌发，对真菌中的丛枝菌根菌丝分枝有明显促进作用，从而促进了寄生植物与丛枝菌根的共生。此外，SL在植物根部合成，向上运输到茎，抑制植物的分枝和侧芽生长。在营养条件受到限制的情况下，植物根部合成的SL促进了侧根及根毛的生长，从而增加了根部对有限的无机营养物质的吸收。SL还参与调控根系生长、根毛伸长、不定根固定、次生生长和光形态建成等。

四、多胺

多胺（polyamine）是一类脂肪族含氮碱。多胺广泛地分布在高等植物中，例如，单子叶植物中的小麦、大麦、水稻等，双子叶植物中的豌豆、苋菜、烟草等。不同器官的多胺含量不同，一般来说，细胞分裂旺盛的地方，多胺含量较多。

植物体内多胺的生物合成途径如图3-42所示。值得注意的是，亚精胺和精胺的合成与SAM有关，因此多胺和乙烯的生物合成相互竞争SAM。

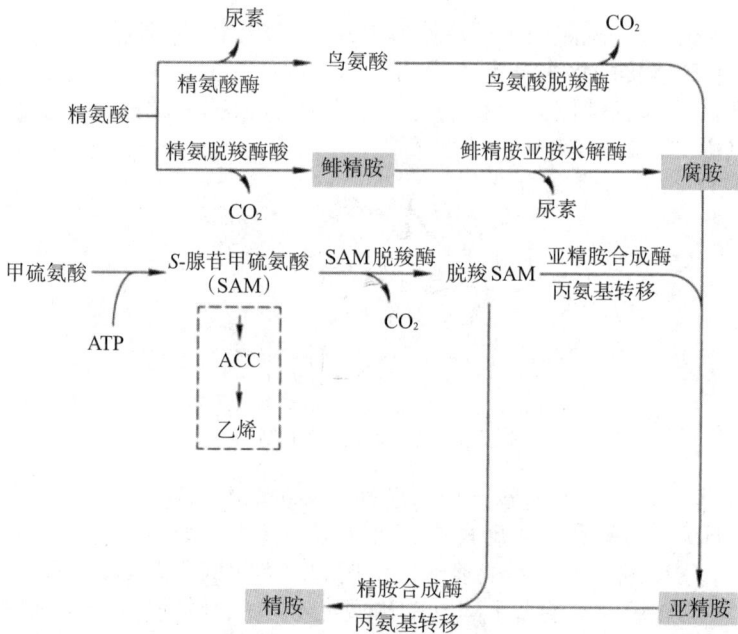

图3-42　植物体内多胺的生物合成

多胺的生理功能是多方面的：促进生长形成层分化和维管束组织形成，延迟衰老，使细胞适应逆境条件，促进苹果花芽分化，提高坐果率等。

五、多肽

在植物体内发现一些具有调节生理过程和传递细胞信号功能的活性多肽，称为植物多肽激素（plant polypeptide hormone），这里介绍四种。

1. 系统素

系统素（systemin, SYS）是从受伤的番茄叶片中分离出的一种由18个氨基酸组成的多肽，是植物感受创伤的信号分子，在植物防卫反应中起十分重要的作用。研究得知，当创伤和病原菌侵染时，就诱导蛋白酶基因表达，分解细胞蛋白，使植物细胞死亡。而系统素在植物受伤时会被释放出来，与受体结合，活化蛋白酶抑制剂基因，抑制害虫和病原微生物的蛋白酶活性，限制植物蛋白的降解，从而阻止害虫取食和病原菌繁殖。

2. 植硫肽

从石刁柏叶肉细胞培养液中分离出的具有5个氨基酸组成的活性多肽，称为植硫肽（phytosulfokine）。它在石刁柏叶、水稻、胡萝卜单细胞培养中，诱导细胞分裂和增殖。它也促进蓝猪耳茎段培养中的不定芽和不定根等器官的分化。

3. SCR/SP11

油菜有自交不亲和（self-imcompatibility，SI）现象，因为它的绒毡层产生富含半胱氨酸的胞外多肽——SCR/SP11并分泌到花粉粒周围。这个多肽含74～77个氨基酸。当花粉粒落到柱头时，SCR/SP11就与柱头上的受体相互作用，引发自交不亲和反应。

4. CLE

CLAVATE3（CLV3）是在拟南芥突变体中发现的CLE家族成员之一，是含12～14个氨基酸的多肽。CLV3蛋白被分泌到胞外，经过一系列中间过程，增加植物茎端生长点中的干细胞数目，增加心皮数目，导致其果荚呈棒球棍，故命名为clavate（棒状）。玉米的分泌型多肽ESR也含有一段与CLV3同源的保守序列，它们都属于CLE家族成员，普遍存在于高等植物，在干细胞维持与调控形态发生方面发挥作用。

六、植物激素之间的相互作用

植物激素在植物生长发育和环境应答中发挥着重要的作用。通常，可以将已发现的植物激素大致分为促进生长发育和抑制生长发育两大类。事实上，对同一个生理反应或细胞反应，经常是多种激素都有调节作用，例如在种子萌发、细胞生长、细胞周期调节等过程中，几乎所有的激素都参与了调控，这就存在着激素的相互作用。目前，对激素作用机制的研究揭示，各类激素是在其信号转导途径中形成调控网络而最终实现对生理作用和形态建成的调节的。

思考题

1. 什么是植物激素？
2. 各种植物激素有哪些主要的生理作用？分别列举三项。
3. 植物激素调控植物生长发育的作用机制是什么？
4. IAA在植物体内的合成途径有哪些？
5. IAA在植物体内的运输方式有哪些？其特有的运输方式的作用机理是什么？
6. 如何调控细胞中激素的水平？
7. 简述赤霉素诱导大麦糊粉层中α-淀粉酶合成的信号转导途径及其作用机制。
8. GAs拮抗物有哪些？这些GAs拮抗物的生理效应如何？举两三例它们在生产上的应用。
9. ABA为什么能促进气孔关闭？
10. 细胞分裂素为何可以延迟叶片衰老？
11. 胚发生早期，种子内的ABA含量非常低，中期时ABA含量达到最高，这有什么生理意义？
12. 乙烯生物合成过程受哪些因素的调控？
13. 利用乙烯的三重反应作为模式系统，可筛选到乙烯的哪几类突变体？
14. ABA和GA在生物合成、代谢过程中有哪些相互联系？
15. 植物生长发育过程中激素间的相互作用表现在哪些方面？列举三例。

第四章　植物的生殖生理

第一节　幼　年　期

幼年期（juvenility phase）是植物早期生长的阶段。在此期间，任何处理都不能诱导开花。换言之，植物必须达到一定年龄或叶数，进入成年生殖期（adult reproductive phase）才具备成花诱导的能力。幼年期的时间长短因植物种类而异，大部分木本植物的幼年期为几年至三四十年；草本植物比较短，只需要几天或几星期；有的植物根本没有幼年期，因为种子已具备花原基。例如，花生种子的休眠芽中，已出现花序原基，随着植株生长，花芽也分化完成。

一、幼年期的特征

幼年期和成年生殖期除了能否开花不同，二者的形态和生理特征也不相同。常春藤幼年期和成年生殖期的特征比较见表4-1。至于生理特征，则是幼年期生长快，呼吸强，核酸代谢和蛋白质合成都快。当转入成年生殖期后，组织成熟，代谢和生理活动较弱，光合速率和呼吸速率都下降。幼年期茎的切段易发根，而成年生殖期的切段不易发根，这可能与幼年期切条内含较多生长素有关。

表4-1　常春藤的幼年期和成年生殖期的特征比较

特征	幼年期	成年生殖期
叶形	三或五裂掌状叶	完整的卵圆形叶
叶序	互生叶序	旋生（spiral）叶序
花色素苷	嫩叶及茎有花色素苷	没有花色素苷
毛	茎被短柔毛	茎无毛
生长习性	攀缘及斜向生长	直生
顶芽	枝条无限生长，无顶芽	枝条有限生长，具鳞叶的顶芽
气生根	有	无
发根能力	强	差
开花	不开花	开花

由于植株从幼年期转变为成年生殖期是由茎基向顶端发展，所以植株不同部位的成熟度不一样。树木的基部通常是幼年期，顶端是成年生殖期，中部则是中间型。若从常春藤茎基取材扦插，则繁殖出的植株呈幼年期特征；若从顶端取材，则长出的植株呈成年期特征；若从中部取材，则长出的植株是成年期和幼年期混合特征。冬季，落叶植物顶端叶片脱落而基

部叶片不脱落，这就是幼年期的特征。以基部为接穗嫁接，则一两年后仍不开花；而以顶端为接穗嫁接，一两年则开花。由此可见，植株一旦成熟就非常稳定，除非经过有性生殖，重新进入幼年期，否则不易转变回到幼年期。

二、幼年期向成年生殖期转变

植株从幼年期向成年生殖期转变是科研工作者研究的重点。目前研究表明，在陆生植物中，小分子RNA mi R156是控制植物从幼年期向成年生殖期转变的保守因子，mi R156的靶基因 *SPLs*（*SQUAMOSA PROMOTER BINDING PROTEIN-LIKES*）能够促进植物向成年生殖期转变。在拟南芥、玉米、番茄和杨树等许多植物中，mi R156的表达在幼年期向成年生殖期转变的过程中逐渐降低，*SPLs* 基因表达量逐渐增加，当达到一定阈值后则导致时期的转换。因此，过量表达 mi R156 或者抑制 *SPLs* 基因表达都能延缓植物进入成年生殖期；反之，抑制 mi R156 或者增加 *SPLs* 基因的表达能够促进植物提早成熟。

三、提早成熟

由于植株处于幼年期不能开花，所以要设法加速生长，迅速通过幼年期。有人将桦树在连续长日照下生长，可使幼年期由5～10年缩短为不到1年，这可能是长日照促进植物生长的缘故。树的大小决定幼年期长短。例如，以直径大小不同的果树幼年期植株为接穗，嫁接在相同砧木上时，接穗直径达到最大时则可开花。

内源赤霉素在转变为成年生殖期过程中起作用。在许多植物中，如常春藤、甘薯、柑橘、李等，外施赤霉素可延长幼年期；但是，给杉科、柏科和松科中的一些植物外施赤霉素，反而提早开花。研究指出，靠近地面的根对维持幼年期很重要。例如，常春藤幼年期节上的气生不定根含有高浓度的赤霉素，如果将气生根除去，则茎顶端的赤霉素含量下降，幼年期就向成年生殖期转变。

第二节　春　化　作　用

一、春化作用的概念及植物春化类型

Anon（1839）给冬性品种的麦类低温处理后，发现即使春播也能抽穗结实。Klippart（1857）将冬小麦种子浸水冷冻数月后，在春天播种而正常抽穗结实，并于1858年提出"春化"的概念。Gassner（1918）对这一现象进行了比较系统的研究，他使冬黑麦和春黑麦分别在1～2 ℃、5～6 ℃、12 ℃和24 ℃的温度下萌发，然后种植在室外。结果发现萌动期间的温度对春黑麦的开花并无影响，所有在同一天播种的不同温度下萌发的春黑麦，几乎在同一时期开花，但是冬黑麦则只有在1～2 ℃下萌发的植株才开花。因此，Gassner认为冬黑麦必须在萌动期或萌发以后经过一段时间的低温才能开花。在一些高寒地区，由于气温太低不能在冬季播种小麦，Lysenko（1928）将处于吸胀状态的冬小麦种子进行低温处理后，于次年春天播种，当年夏末便能开花结实，冬小麦似乎春化了。于是Lysenko便提出了"春化作用"这一名词，明确低温诱导促进植物开花的作用称为春化作用（vernalization）。

植物开花对低温的要求大致有两种类型。一类植物对低温的要求是绝对的，二年生和多年生草本植物多属此类。它们在第一个生长季长成莲座状的营养植株，并以这种状态越冬，经过低温的诱导，于第二年夏初抽薹开花。如果不经过一定天数的低温，就会一直保持营养生长状态，绝对不开花。另一类植物对低温的要求是相对的，如冬小麦等许多一年生冬性植物。低温处理可促进植物开花，未经低温处理的植株虽然营养生长期延长，但最终也能开花，它们对春化作用的反应表现出量的需要，随着低温处理时间加长，到抽穗需要的天数逐渐减少，未经低温处理的，达到抽穗的天数最长，但最终也能开花。

各种植物所要求的春化温度和天数不同。例如，根据原产地的不同，可将小麦分为冬性、半冬性和春性三种类型，我国华北地区的秋播小麦多为冬性品种，黄河流域一带多为半冬性品种，而华南一带一般播种春性品种。一般来说，冬性越强，要求的春化温度越低，所需春化的天数也越长。

在植物经历低温春化过程中终止低温春化处理，并置于较高温度（25～40 ℃）下，先前的春化诱导效应会被削弱或消失，该现象被称为脱春化作用（devernalization）。将经历脱春化的植物再重新返回到低温春化条件下，可以继续进行春化，这种脱春化的植物重新恢复低温春化的现象称为再春化作用（revernalization）。

二、植物感受春化低温的部位

不同植物感受低温的部位不同，有的植物感受低温的部位是茎尖端的生长点。如栽培于温室中的芹菜，由于得不到成花诱导所需的低温而不能开花结实，但若用橡胶管把芹菜茎顶端缠绕起来，管内不断通过冷水流，使茎尖生长点获得局部低温处理，就能通过春化而在长日照下开花结实；反之，将整株芹菜置于低温条件下，而在缠绕芹菜顶端的橡胶管内不断通过温水流（水温25 ℃左右），使茎尖生长点获得局部高温处理，植株即使在长日照条件下也不能开花结实。

另外，研究发现冬性禾谷类作物如冬小麦，在母体中发育的幼胚亦能有效地感受低温，芹菜茎尖端生长点周围的幼叶也能被春化，宿根缎花（*Lunaria* rediviva）正在展开的幼叶也能感受低温完成春化，而成熟组织则不能感受低温春化。种种试验说明植物在春化作用中感受低温的部位是呼吸旺盛的分生组织和能进行细胞分裂的组织。

三、植物感受春化低温的时期

春化作用的时期因植物种类而异，一般植物从种子萌发到植物营养生长的苗期都可感受低温而通过春化。冬性一年生植物冬小麦、冬黑麦等，可以在种子萌动状态进行春化，也可在苗期进行，其中以三叶期春化效果最佳。而另一些二年生和多年生植物，不能在种子萌动状态下进行春化，而且它们的幼苗在对低温敏感之前需要达到一定的大小（花熟状态）。例如，甘蓝幼苗茎的直径达0.6 cm以上，叶宽达5 cm以上时，才能感受低温的刺激而通过春化；月见草要有6～7片叶时，才能进行低温春化。

植物不同发育时期进行春化的效果是不同的。例如，拟南芥在种子和幼苗阶段都可接受低温春化，但敏感程度不同。在种子萌动的早期对春化处理很敏感，紧接着有一个敏感性下降的时期，然后随着年龄的增加，敏感性再度增强。

四、春化效应的传递

植物感受低温春化的部位是呼吸旺盛的分生组织和能进行细胞分裂的组织，但植物如何传递感受春化后的信息，在不同植物嫁接试验中却得到了完全相反的结果。

春化效应可以嫁接传递的最经典的证据是天仙子嫁接试验。将已春化的二年生天仙子植株上带有一片叶的枝条嫁接到未春化的天仙子砧木上，可诱导未经春化的天仙子砧木开花。在二年生甜菜、甘蓝、胡萝卜和二年生宿根缕花上也获得了相似的结果。

然而，多数学者认为春化作用是在进行细胞分裂的部位进行的，春化的效应局限于分生组织，能通过细胞分裂将春化效应传递给子细胞，而不能通过输导组织将春化效应外运，诱导未春化部分开花。最有力的支持证据是菊花嫁接试验，已春化菊花的春化效应不能通过嫁接传递给未春化菊花。将一株未春化的萝卜植株的顶端嫁接到已春化植株上，未春化的接穗也不开花。

根据春化效应不能通过嫁接进行传递的部分事实，可认为春化作用是活化了某个或某些基因或细胞器，因而只能通过"细胞世系"传递。依春化效应可以累积、去除以及在某些植物中传递的事实，可认为春化作用的化学本质是诱导产生了某种"成花刺激物质"。如何理解这些矛盾的事实呢？有人设想春化作用是分几个阶段进行的复杂过程，首先是分生组织受低温诱导，进入某种"春化状态"，而后在适当条件下合成成花刺激物质。

五、春化作用过程的生理生化变化

首先，春化作用是植物在对一般生物化学反应不适宜的低温条件下进行的，因此，经历春化的植物代谢过程复杂，其代谢途径和方式发生改变。冬小麦春化初期以氧化磷酸化为主，春化中期脱氢酶活性占优势，春化后期则进入核酸、蛋白质代谢和春化基因产物形成敏感期，达到一定的累积低温（完成春化）后，启动春化基因。

其次，植物在经历春化过程中，体内各种小分子物质大幅度增加，如维生素C、可溶性糖和脯氨酸等，这可能是春化过程中由以糖的氧化过程为主转为以核酸代谢和以蛋白质代谢为主的原因，但外源引入这些物质并未促进花芽分化。因此，低温促进这些物质在幼苗内的积累并不是导致春化和花芽分化的原因。

再次，春化作用也诱导植物体内蛋白质和核酸含量的显著提高。这可能是春化过程的中后期以核酸和蛋白质代谢为主的结果。

最后，春化作用还诱导植物体内产生特定的mRNA，合成一些新的春化特异性蛋白。

迄今为止，尚未阐明正在进行春化作用的细胞内的具体生化过程。

六、春化作用的生理与分子机制

（一）春化作用过程中的激素作用

植物激素在春化作用中起着不可或缺的作用。其中，GAs在植物由营养生长转向生殖生长中处于主导地位，植物对于低温春化的需求可以部分或全部被GAs所替代，GAs可在已通过春化的冬小麦发育过程中起加速作用。但是，GAs并不能诱导所有需春化的植物开花。另

外，植物对GAs的反应也不同于春化作用，经春化处理的植物花芽的形成与茎的伸长几乎同步，而GAs对开花的反应是先诱导茎伸长，之后才诱导花芽形成。

CTK可能对于成花启动不起决定作用，而是对成花反应起促进或抑制作用。菜薹抽薹过程中茎端生长点CTK含量先升后降，说明CTK可能有利于物质向茎端生长点作用部位的调运，使代谢活动加强，从而促进花芽的分化。

IAA参与成花启动和花分化发育，通常在花芽分化初期要求IAA处于较低水平。ZT/IAA和GA₃/IAA的比值在花芽分化初期皆呈先升后降再升趋势，花芽分化是各种激素相互协调共同作用的结果。

关于ABA是否参与成花诱导，目前认识尚不一致。有报道提出，ABA的存在会抑制毒麦茎尖花序的产生。但也有报道提出，冬性越强的大白菜品种，抽薹时花茎中的GA₃、IAA含量越低，而ABA的含量则增加。

近年有研究报道，在高等植物体内普遍存在一种微量生理活性物质——玉米赤霉烯酮（zearalenone）。在春化过程中，植物体内会出现玉米赤霉烯酮含量的高峰。此外，外施玉米赤霉烯酮有部分代替低温的效果，但其在植物春化中的调控作用还有待进一步研究。

（二）春化作用的分子机制

春化作用可以诱导一些特异基因的活化、转录和翻译，从而导致一系列生理生化代谢过程的改变，最终进入花芽分化、开花结实。在模式植物拟南芥中，春化作用主要是通过表观遗传抑制开花通路一个关键的开花抑制因子（flowering repressor）——*FLOWERING LOCUS C*（*FLC*）的转录表达，促进开花。在冬性一年生的拟南芥中，通常由于显性基因*FRIGI-DA*（*FRI*）的存在，所以*FLC*基因高表达，维持营养生长，延缓植株开花。只有经过冬天长时间的低温处理，*FLC*的表达才会受到抑制，同时这种抑制在植物恢复温暖的生长条件后还可以稳定地维持，促进植物开花。长时间低温处理诱导春化相关基因*VERNALIZATION 3*（*VRN3*）的表达，VRN3蛋白是PHD-finger功能域蛋白，与VRN2等形成春化特异性POLY-COMB RE-PRESSIVE COMPLEX 2（PHD-PRC2）复合物，结合在*FLC*的第一个外显子和第一个内含子的连接区域，在靠近*FLC*转录起始位点的2个或3个核小体引入抑制性表观遗传修饰组蛋白H3第27位赖氨酸三甲基化（H3K27me3）。当植物恢复温暖时，H3K27me3在整个*FLC*基因位点上扩散，维持*FLC*转录抑制，最终促进成花素基因*FLOWERING LOCUST*（*FT*）的表达，诱导植物开花。因此，春化过程可以看作是低温诱导条件下开花基因不断解阻遏而得到表达的过程。

第三节　光周期与花诱导

一、光周期现象的发现

一天中白天和黑夜的相对长度称作光周期。植物要求有一定的白天和黑夜的相对长度，才能开花结实的现象，称为"光周期现象"（photoperiodism）。关于植物的光周期现象，最早是1920年美国两位科学家加纳和阿拉德发现，美洲烟草在美国华盛顿附近的夏季长日照下，营养生长旺盛，株高可达4～5 m，但不开花；而在冬季的温室里则开花。他们试验了一些影响开花的可能因素，如温度、光照、营养条件等，发现关键的因素是日照长度。在夏季人为缩短日照长度，这种烟草可在夏季开花；在冬季温室内用人工光照延长日照长度使其超过14 h，这种烟草保持营养状态不开花，说明这种烟草只有在短日照条件下才开花。此后，又观察到不同植物的开花对日照长度有不同的反应。

二、光周期反应类型

依据植物开花所需日照长度，最初把它们分为长日照植物、短日照植物、日中性植物三类。过去曾以12 h为界，区分长日照和短日照植物，后来发现长日照植物与短日照植物之间的区分不在于它们对日长要求的绝对值，而在于它们对日长要求有一个最低或最高极限。对光周期敏感的植物开花需要一定的临界日长（critical day-length），所谓临界日长是指在昼夜周期中诱导长日照植物开花所必需的最短日照长度或诱导短日照植物开花所必需的最长日照长度。大于临界日照时数，短日照植物不能开花；小于此日照时数，长日照植物不能开花。不同植物的临界日长是不同的，甚至同一植物的不同品种，对日照长度的要求也可能不同。后来人们就用临界日长来划分长、短日照植物。

（一）长日照植物

日照长度超过临界日长的光周期才能开花，若延长日照长度开花提前，这类植物称为长日照植物（long-day plant，LDP）。如冬小麦、冬大麦、燕麦、菠菜、萝卜、甜菜、天仙子、油菜、甘蓝、杜鹃、桂花、山茶、白菜、芹菜、拟南芥等。

（二）短日照植物

日照长度短于临界日长的光周期才能开花，若缩短日照长度开花提前，这类植物称为短日照植物（short-day plant，SDP）。如棉花、美洲烟草、高粱、菊花、玉米、苍耳、蜡梅、日本牵牛、大豆、大麻等。

（三）日中性植物

对于日照长短要求不严格，在任何日照条件均可开花的植物称为日中性植物（day-neutral plant，DNP）。如荞麦、花生、番茄、四季豆、黄瓜、月季、菜豆、辣椒、君子兰、向日葵、蒲公英等。

进一步观察发现，在少数植物中，花诱导和花的形成可区分为两个明显的过程，这两个过程要求不同的日照长度。例如大叶落地生根、夜香树、芦荟等，它们的花诱导需要长日照，而花器官的形成要求短日照，所以只有预先受到足够日数的夏季长日照后，才在秋季短日照下开花。若一直处在长日照或一直处在短日照，都不开花，这类植物可称为长-短日照植物（L-SDP）。与此相反，另一些植物，如风铃草、瓦松、白三叶草、鸭茅等，要在预先受到一定的短日照后，才在长日照下开花，这类植物称为短-长日照植物（S-LDP）。此外，还有一类植物，只在一定的日照长度下开花，延长或缩短日照都抑制开花，这类植物称为中日性植物，如甘蔗，只在12 h左右的日照长度下开花，最适日照长度为12.5 h。

以上所讲的长日照植物在日照短于临界日长时不能开花，短日照植物在日照长于临界日长时也不能开花，这样的植物称为绝对长日照植物或绝对短日照植物。但有少数植物对日照长度要求不那么严格，它们在不适宜的日照长度下，即长日照植物在短日照下，短日照植物在长日照下，最终也能开花，但适宜的日照长度可以促进开花，这样的植物称为相对长日照植物或相对短日照植物。

三、光周期中暗期和光期的重要性

（一）暗期的重要性

在自然条件下，昼夜总是在24 h的周期内交替出现的，因此和临界日长相对应的还有临界夜长（critical night）或临界暗期（critical dark period）。临界夜长是指在昼夜周期中短日照植物能够开花的最小暗期长度，或长日照植物能够开花的最大暗期长度。那么植物开花究竟取决于日长还是夜长呢？

大豆的临界日长是13～14 h。1940年，哈姆纳用人工光源控制光期和暗期，对短日照植物大豆进行试验，将光期固定为16 h或4 h，改变暗期长度。结果不管光期是16 h还是4 h，只有暗期长度超过10 h时，大豆才能开花；若暗期长度低于10 h就不开花。这说明大豆的临界夜长是10 h，对短日照植物而言，只要暗期超过临界夜长，不管光期是16 h还是4 h都能开花。因此暗期长度对控制短日照植物开花比光期长度更为重要。

长日照植物天仙子，其临界日长为11.5 h。实验表明在12 h日长和12 h夜长时天仙子都不开花，但给予6 h日长和6 h夜长处理则开花。这说明长日照植物并不是需要一个长光期，而可能是需要一个短的暗期。

暗期对植物开花的重要性还可以通过暗期中断试验来证明，如图4-1所示。①为短光期长暗期的处理，结果短日照植物能开花，长日照植物不开花；②为长光期短暗期的处理，结果短日照植物不开花，长日照植物能开花；③用和试验①类似的短光期长暗期处理，但暗期中间用一个很短时间足够强度的闪光来中断暗期，结果短日照植物开花受阻而长日照植物可以开花；④用和试验②类似的光周期处理，但用短暂黑暗中断光期，结果对开花没有影响；⑤为短光期短暗期处理，结果短日照植物不开花，长日照植物能开花；⑥为长暗期长光期处理，结果短日照植物能开花，但长日照植物不开花。

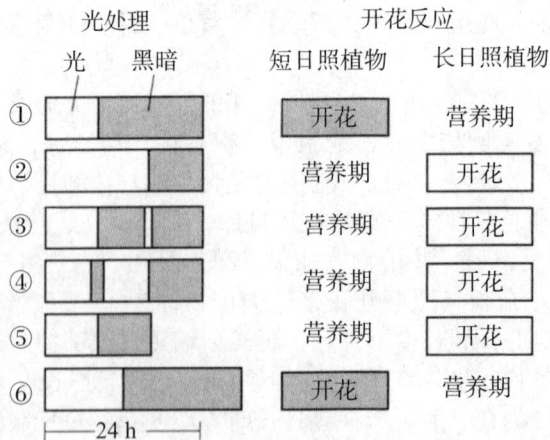

图4-1 暗期持续时间对开花的影响

这些结果说明，短日照植物需要一定长度的不间断的连续暗期才能开花，闪光中断暗期则不能诱导开花；长日照植物需要短暗期，长暗期可抑制其开花，用闪光间断长暗期可以开花，而长光期被中断并不影响开花。这进一步证明暗期对植物开花更重要，所以应当将短日照植物称为长夜植物，长日照植物称为短夜植物。

（二）光期的重要性

既然短日照植物实际上是长夜植物，那如果在24 h周期中给它23 h甚至更长的黑暗，能否开花呢？试验证明：暗期决定能否进行花原基分化，而光期决定花原基的数量，光期的光合作用主要为花发育提供营养物质；光照时间太短或光照太弱都不能开花。

四、光周期反应与植物的起源与分布的关系

植物开花对日照长短的不同反应取决于其原产地生长季节的光周期变化，所以需要了解不同纬度地球表面一年中光周期的变化情况。我国地处北半球，日照最长是夏至（6月22日左右），日照最短是冬至（12月22日左右），春分（3月21日左右）和秋分（9月23日左右）的日长和夜长各为12 h（如图4-2所示）；从春分经夏至到秋分这段时间，日照长于12 h，夜晚短于12 h，纬度越高日照时间越长；从秋分经过冬至到来年春分这段时间，日照短于12 h，夜晚长于12 h，而且纬度越高日照越短。所以，高纬度地区一年中既有长日照，也有短日照；夏季长日照，冬季短日照。而低纬度地区，即热带和亚热带，终年日照长短都在12 h左右，没有长日照。

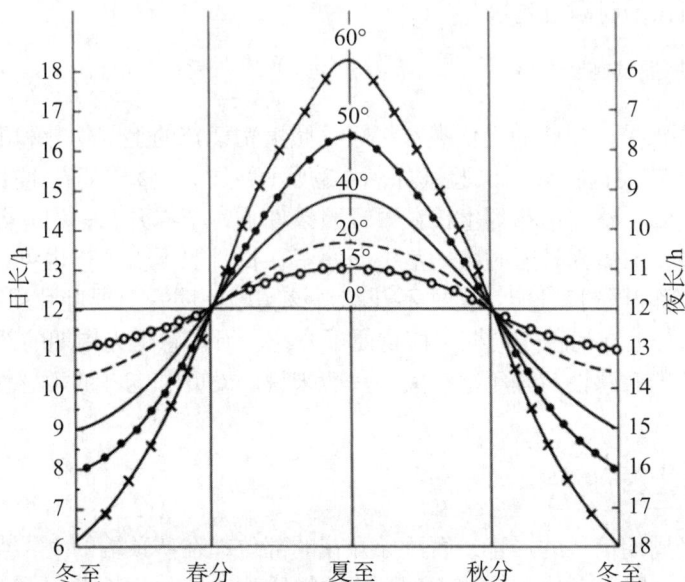

图4-2　北半球不同纬度地区昼夜长度的季节性变化

因此，我国南方（如海南）只有短日照植物；在中等纬度地区，气温适宜，长日照和短日照植物都有，长日照植物在春末夏初开花，而短日照植物在秋季开花；在高纬度地区（如我国东北），由于短日照时气温已很低，所以只能生存一些要求日照较长的植物。原产于热

带、亚热带的植物多属于短日照植物，原产于寒带或寒温带的植物多属于长日照植物。当然，栽培植物由于人们的不断驯化，对日照长短的适应范围逐渐增大。例如，番茄原本是短日照植物，经过长期驯化，其中许多品种对日照的反应不敏感，可以在全国各地种植。

五、光周期诱导

植物并不是一生都需要适宜的光周期才能开花结实，而是只要在花原基形成以前的一段时间内得到足够日数的适宜光周期，以后可以在任何日照长度下开花。因此，光周期的作用是一个诱导过程，其效应可保持在体内。这种能产生诱导效果的适宜的光周期处理称为光周期诱导。

（一）光周期诱导的天数

光周期诱导所需天数随植物而异，如短日照植物苍耳和日本牵牛花，只需1天适宜的光周期，之后放在不适宜的光周期下，2～3天便可看到花原基开始分化。有些长日照植物也只需1天长日照诱导，如油菜、菠菜和毒麦。多数植物需要几天长日照诱导，如天仙子需2～3天；有些植物需要的长日照诱导日数较多，如甜菜需15～20天、矢车菊需13天。

（二）感受光周期诱导的年龄

通常植物生长到一定年龄后才有可能接受光周期的诱导。不同植物开始对光周期表现敏感的年龄不同，大豆是在子叶伸展时期，水稻在七叶期前后，红麻在六叶期。以后年龄越大，光周期诱导所需的时间也越短。

（三）感受光周期的部位

植物什么部位感受光周期的变化呢？将短日照植物菊花的上部幼叶和下部老叶去掉，只留中部成熟叶片和茎尖进行如下试验（如图4-3所示）：（1）整株菊花都生长在长日照条件下，植株不开花；（2）整株菊花都生长在短日照条件下，植株开花；（3）若将菊花的叶片每天定时用黑罩套起，缩短其日照时数，茎尖即使留在长日照下，植株也可以开花；（4）给以茎尖适当的短日照而叶子长日照，植株不开花。该实验证明，只要叶片得到适当的光周期，不论植物的其余部分处在何种光周期，植物便可开花。所以感受光周期的部位是叶片。

叶片对光周期的敏感性与其年龄有关。一般来说，幼叶和老叶的敏感性较弱，成熟的叶片敏感性最强。

（四）开花效应的传导

叶片是感受光周期信号的器官，而诱导开花的部位却在茎顶端的生长点。叶和茎尖之间隔着叶柄和一段茎，因此必然有某种刺激开花的物质从叶运到生长点。关于这一点，可以用嫁接试验证明，如图4-4所示。1930年，苏联的柴拉轩（Mikhail Chailakhyan）将5株苍耳串联式嫁接在一起，只有一株苍耳的某个叶片给予适宜的光周期（短日照），其余植株及叶片都处在不适宜的光周期（长日照），结果5株苍耳都可以开花。这说明有刺激开花的物质通过嫁接传递，柴拉轩把这种物质称为成花素或开花素（florigen）。

种间或属间嫁接证明，无论是同一种日照类型还是不同日照类型嫁接，均可发生开花刺激物的运输：如长日照植物天仙子和短日照植物烟草嫁接后，在长日照和短日照下两者都开花。长日照时开花刺激物由天仙子产生传输给烟草，而在短日照时开花刺激物由烟草产生传输给天仙子，这说明两种光周期反应产生的开花刺激物本质上是相同的。日中性植物的叶片同样可以产生可转运的开花刺激物。用环割或麻醉处理叶柄和茎，都可以延迟或抑制开花，证明开花刺激物运输的途径是韧皮部。

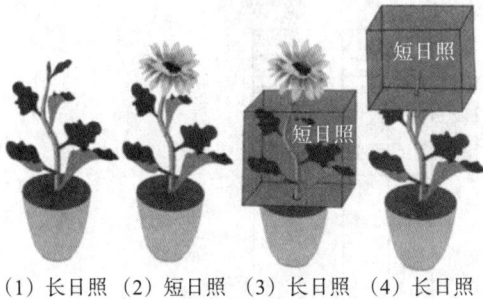

(1) 长日照 (2) 短日照 (3) 长日照 (4) 长日照

图4-3 叶在光周期反应中的作用

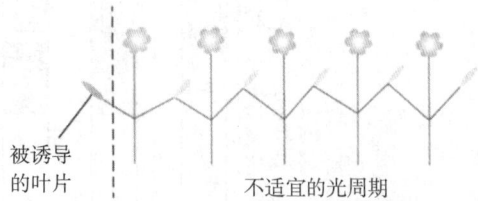

图4-4 苍耳中开花刺激物的传导

（五）与开花有关的信号物质

早期的试验证明，赤霉素可代替长日照，诱导某些植物（天仙子、金光菊）在短日照条件下开花；赤霉素又可代替低温，诱导某些低温长日照植物（胡萝卜、甘蓝）不经春化即可开花。同时，实验表明以上这些植物在经过低温和长日照的诱导后，内源赤霉素含量会增加。因此人们便很容易想到赤霉素和诱导植物开花有关。但是，实验证明赤霉素不是成花素。

很多年来，人们付出了巨大的努力试图分离成花素，但都失败了。后来知道mRNA和蛋白质大分子可以通过胞间连丝在细胞间运输，也可以在韧皮部进行长距离运输。因此猜测成花素可能是经过了适宜光周期诱导的植物从叶子通过韧皮部向顶端分生组织运输的RNA或蛋白质分子。近年来，通过分子遗传学手段研究发现，在拟南芥中 *FT* 基因翻译出的FT蛋白可以从叶片向顶端分生组织移动。目前的研究认为：响应多种信号如光周期、光质和温度，FT mRNA在叶脉的伴胞中表达，FT蛋白在 *FT INTERACTING PROTEIN 1*（*FTIP1*）帮助下通过胞间连丝和内质网进入筛管，然后通过韧皮部从叶子运输到分生组织，因此FT蛋白就是成花素。水稻中等同于FT的蛋白称为HEADING-DATE3AC（Hd3a）。成花素在顶端分生组织与14-3-3蛋白结合，然后转入细胞核与bZIP型转录因子FD蛋白结合，触发其他基因表达，进而诱发开花。

六、光敏色素在开花中的作用

（一）光周期反应对光量和光质的要求

经试验证明，光周期诱导所要求的光照强度以及打断暗期的闪光的光强度都很微弱，远远低于光合作用所需要的光照强度。一般光周期诱导所需的光强度在50～100 lx，但不同植物以及不同的品种其反应可能不同。水稻对夜间补充光强8～10 lx就有反应。

用不同波长的光来中断暗期，研究光质对花原基形成的影响，如图4-5所示。结果表明，在闪光中断暗期的试验中，无论是抑制短日照植物开花，还是诱导长日照植物开花，都是红光最有效。如果在红光照射后立即用远红光照射，红光的作用会被远红光抵消，这个反应可以反复逆转多次。这个实验说明光敏色素参与了光周期的花诱导过程。

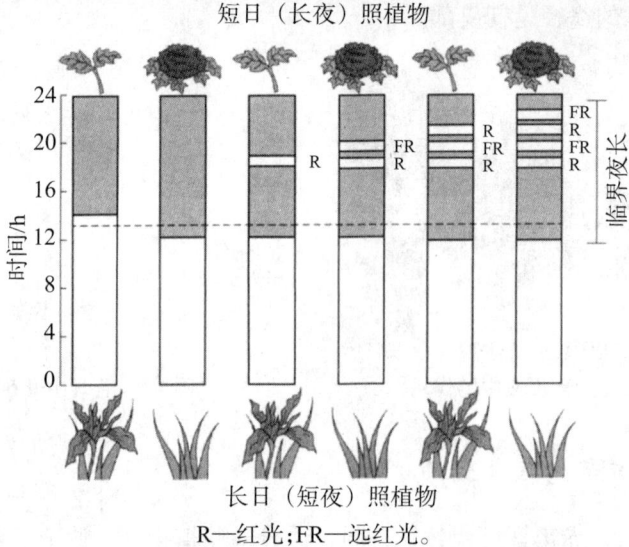

图4-5　光敏色素通过红光和远红光来控制开花

另外，试验还发现持续蓝光或远红光处理可以促进长日照植物拟南芥开花，而红光抑制其开花，所以长日照植物光周期反应的光受体除了光敏色素还有隐花色素。而短日照植物光周期反应的光受体主要是光敏色素。

（二）光敏色素的作用

光敏色素有多种，生理作用很复杂。phyA具有光不稳定性，介导了连续远红光促进开花的反应和低光量的广谱光反应；其他几种光敏色素具有光稳定性，介导了红光抑制开花的反应，其中phyB作用最大。

根据生物钟假说（clock hypothesis），光周期的守时性主要依赖于生物钟的内源振荡器，该振荡器控制植物对光的敏感期和不敏感期，无论在长暗期还是长光期中，对光的敏感性依然有大约24 h的振荡。后来生物钟假说进一步演变为协变模型（coincidence model），认为生物钟控制的内在光敏感期与每天的白昼一致时会促进长日照植物开花而抑制短日照植物开花。

拟南芥开花的关键组分为生物钟基因 *CONSTANS*（*CO*）。CO蛋白是锌指结构蛋白，作为转录调控因子，长日照条件下它在叶片中表达，刺激关键的开花信号 *FT* 的表达，从而促进开花。在短日照植物水稻中，*HEADING-DATE1*（*Hd1*）和 *HEADING-DATE3A*（*Hd3a*）基因编码与拟南芥CO和FT同源的蛋白质。FT和Hd3a都促进开花；但在水稻中，*Hd1* 抑制 *Hd3a* 的表达。*CO* 的表达受生物钟的调控，在黎明后12 h活性最高，如图4-6所示。水稻的

Hd1蛋白和拟南芥的CO蛋白表现出类似的昼夜mRNA累积模式。另外光照和光受体通过转录后的机理调节CO蛋白的丰度：光照增强CO蛋白的稳定性，暗中CO蛋白降解；上午的phyB信号增强CO蛋白的降解，但傍晚的phyA和隐花色素信号对抗此降解，允许CO蛋白累积。

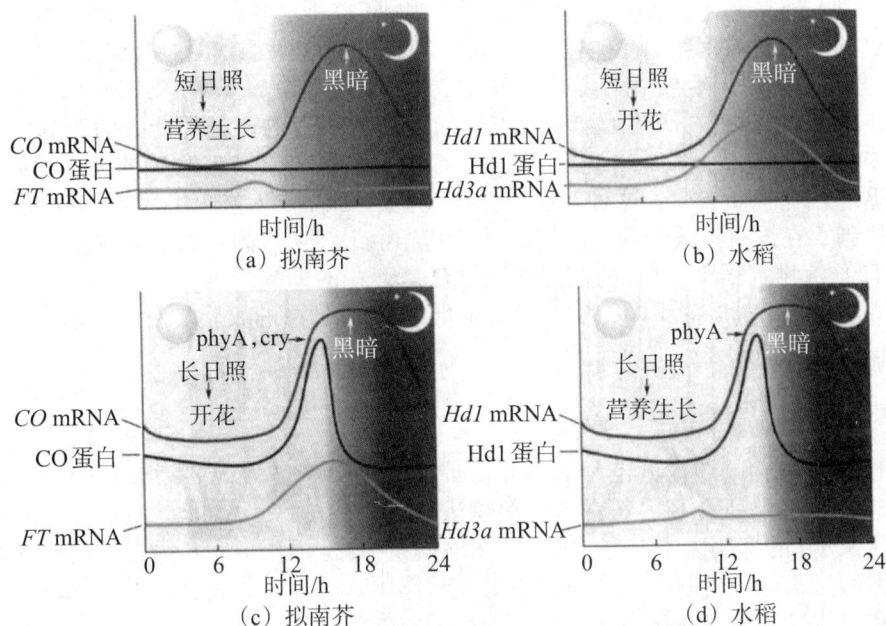

图4-6　拟南芥和水稻协变模型的分子基础

长日照植物拟南芥在短日照条件下，生物钟控制的CO mRNA的高合成期在晚上，与使CO蛋白稳定的光照期（白昼）重叠少，CO蛋白不能累积，*FT*基因表达少，因此不能开花；在长日照条件下（被光敏色素A和隐花色素感知），生物钟控制的CO mRNA高合成期出现在白昼（黄昏），与能使CO蛋白稳定的光照期重叠，CO蛋白累积，激活下游*FT*基因表达促进开花。短日照植物水稻在长日照条件下（被光敏色素A感知），Hd1 mRNA的高合成期与光照重叠，Hd1蛋白累积，因此抑制下游*Hd3a*基因表达，不能开花；在短日照下*Hd1* mRNA表达与白昼之间缺乏一致性，Hd1蛋白少，下游*Hd3a*基因表达，其蛋白运输到顶端分生组织促进开花。

所以协变模型的重要特征是CO mRNA的合成要与白昼重叠（一致），这样光能够允许CO蛋白累积到一定水平以促进开花。长日照植物和短日照植物对光周期的反应不同，部分原因是光周期感应系统中CO/Hd1的相反效应。当然，光周期反应是非常复杂的，其他影响植物对日照长短做出反应的机制还有待进一步研究。

七、开花转变涉及的途径

影响花诱导的因素除了春化作用和光周期外，激素（如赤霉素、乙烯）、植物的发育年龄和糖水平等也会影响开花的时间。这些内外因子都可以影响基因的表达。成花过程中的三个阶段分别由开花时间决定基因、分生组织决定基因和花器官决定基因调控。还有一些其他的基因参与，其中转录因子很重要。

（一）光周期途径

叶片感受光周期信号，光敏色素和隐花色素是光受体（注意 phyA 和 phyB 的作用不同）。在长日照条件下，光受体和生物钟相互作用使CO蛋白累积，激活*FT*基因，合成FT蛋白并运输到顶端生长点，FT蛋白质与转录因子*FLOWERING D*（*FD*）形成复合物。FT和FD的复合物触发花序分生组织中的 *SUPPRESSOR OF OVEREXPRESSION OF CONSTANS1*（*SOC1*）和花分生组织中*APETALA1*（*AP1*）的表达，二者的产物都能激活花分生组织决定基因*LEAFY*（*LFY*），从而促进开花。而LFY又可以直接激活*AP1*和*FD*的表达，形成了两个正反馈的循环。在拟南芥中，这种正反馈循环使花的发端不可逆。然而有些植物缺乏这种正反馈调节机制，在没有持续光周期的情况下，其分生组织逆转为叶而不形成花。

在短日照植物水稻中，*CO*的同源基因*Hd1*是开花的抑制因子。短日照条件下Hd1蛋白不能产生，叶片中*Hd3a*基因得以表达。Hd3a蛋白是FT蛋白的家族蛋白，它运到顶端分生组织通过与拟南芥类似的途径促进开花。

（二）自主途径和春化途径

自主途径是植物响应内源信号（如年龄或固定的叶片数）而启动成花诱导。在拟南芥中，与此途径相关的所有基因都在分生组织表达。自主途径通过抑制*FLC*基因的表达起作用，*FLC*是*SOC1*的抑制因子。春化途径是植物响应低温而开花。春化作用也抑制*FLC*的表达，但也许通过不同的机制（表观遗传改变）起作用。因为*FLC*是共同的目标基因，因此把自主途径和春化途径放在一起。

（三）赤霉素途径

前面已经提及赤霉素可以代替低温促进部分需要春化的植物（如胡萝卜、天仙子）开花，赤霉素还可以代替长日照促进拟南芥等在短日照条件下开花，赤霉素也促进某些木本植物开花。赤霉素途径对早花和非诱导短日照条件下的开花是必需的。赤霉素途径涉及GA-MYB，它作为中间成分，可以提高*LFY*的表达；赤霉素也可能通过独立的途径与*SOC1*相互作用。

（四）糖类途径

蔗糖可能通过促进*SOC1*的表达而促进开花。

上述途径最终都交汇在一起调控*SOC1*、*LFY*和*AP1*在分生组织的表达量。*SOC1*、*LFY*和*AP1*基因的表达又激活下游花器官发育需要的基因，如*APETALA3*（*AP3*）、*CPISTILLATA*（*PI*）和*AGAMOUSC*（*AG*）等。多条开花途径的存在使得被子植物的生殖发育具有极大的灵活性和对环境的适应性。

第四节　花器官形成及性别分化生理

植物达到花熟状态后，经适宜环境条件（春化作用和光周期）的诱导，茎尖生长点的分生组织在形态上发生显著变化，由叶原基转而形成花原基，即从营养生长锥变成生殖生长锥，然后经花芽分化过程而逐步形成花器官。

一、花器官形成的形态和生理变化

大多数植物发生成花反应最明显的标志是茎尖分生组织在形态上发生显著的变化。如小麦、水稻、玉米和高粱等禾本科植物和棉花、苹果等双子叶植物的花分化过程，都是从茎生长锥的伸长开始的。但胡萝卜等伞形科植物在花芽分化开始时，生长锥不是伸长而是变为扁平状。无论上述哪种情况，都使生长锥的表面积增大。生长锥表面和内部的细胞分裂速率不均匀，使生长锥的表面出现皱褶，在原来分化形成叶原基的地方形成花原基，再由花原基逐步分化产生花器官各部分的原基，进而形成花或花序。如小麦在春化作用结束之后，当进入光周期诱导时，生长锥开始伸长，其表面的一层或数层细胞分裂加速，形成的细胞小、细胞质浓稠，而内部的一些细胞分裂较慢并逐渐停止，细胞变大，原生质变稀薄，有的细胞出现液泡，这样由外向内逐渐分化形成若干轮突起，在原来形成叶原基的部位逐步分化出花器官的各个部分。短日照植物苍耳在经过合适的光周期诱导后，生长锥由营养生长状态转变为生殖生长状态的形态变化：首先是生长锥的膨大，然后自生长锥基部周围形成球状突起并逐步向上部推移。Salisbury将此过程分为8个阶段，并称为成花阶段，如图4-7所示。

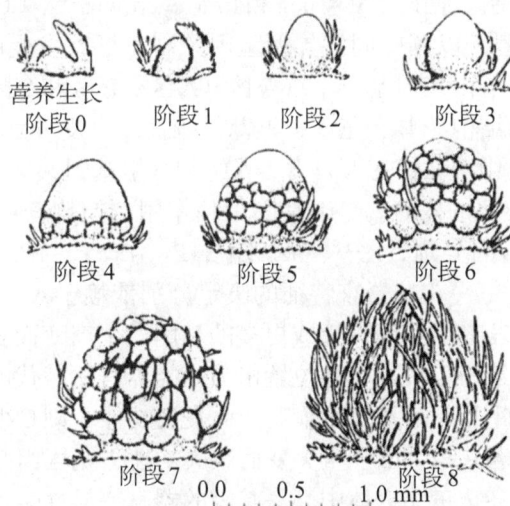

图4-7　苍耳经短日照诱导后生长锥的变化过程

在生长锥分化成花芽的过程中，其内部也发生了一系列的生理生化变化。花芽开始分化时，生长锥中可溶性糖含量增加，细胞的代谢水平明显升高。例如水稻幼穗分化时，葡萄糖、果糖和蔗糖的含量均增加，其中蔗糖含量在花器官分化后一直持续上升。在花芽分化前，生长锥中的多糖（如淀粉等）积累增多，开始分化时逐渐减少，但分化后的幼穗里的多糖又再次增加。

短日照植物苍耳经光周期诱导后，茎顶中心区和边缘细胞中RNA合成加速，有丝分裂明显加快，蛋白质含量也增多。利用RNA合成的抑制剂5-氟尿嘧啶（5-FU）处理在诱导暗期初始8 h的苍耳芽部，可抑制其开花。可见核酸的合成对花芽的分化具有关键性的作用。实验证实，与花芽分化有关的特异mRNA的转录发生在茎尖分生组织区域。

在花器官分化时，氨基酸和蛋白质的含量均增加。氨基酸不仅含量增加，而且种类也增多。日本牵牛在花芽分化时，其分生组织中的内质网和核糖体增多，这可能是为了适应分化时蛋白质合成的需要。这也表明某些基因的有序表达参与了花器官的分化和形成。

二、花器官发育的基因控制和ABC模型

在雌雄同花植物的花发育早期，茎尖花分生组织分为4个同心圆的花轮，不同的花轮发育成不同的花器官，第一轮为花萼，第二轮为花瓣，第三轮为雄蕊，第四轮为雌蕊或心皮。近年来，以拟南芥和金鱼草的突变体为试验材料，根据对花器官发育的特异性基因研究发现，这些基因改变花器官特征而不改变花的发端，这类基因称为同源异型基因（homeotic gene）。同源异型基因的突变可导致花的某一重要器官位置被花的另一类器官所替代，如花瓣的部位被雄蕊替代等，这类个体叫同源异型突变体（homeotic mutant）。

拟南芥的两性花由外到内的四轮排列为花萼、花瓣、雄蕊和心皮，分别用1、2、3和4表示，如图4-8所示。参与控制花结构的基因按功能分三类：A组基因控制第1、2轮花器官的发育；B组基因控制第2、3轮花器官的发育；C组基因控制第3、4轮花器官的发育。其中A组和C组基因可相互抑制。据此，E. Coen和E. Meyerowitz等（1991）提出了花器官形态发生基因控制的ABC模型，以阐明同源异型基因控制花形态发生的机理。根据这个模型，正常花的四轮结构的形成是由花原基三个重叠区（A区、B区和C区）里的三组基因共同作用而完成的，即花的四轮结构花萼、花瓣、雄蕊、雌蕊或心皮分别由A、AB、BC和C组基因决定。由A组基因单独作用调控花萼发育，A组和B组基因共同作用调控花瓣的发育，B组和C组基因共同调控雄蕊的发育，C组基因单独作用调控雌蕊或心皮的发育。在拟南芥中，对应于A、B、C组基因分别有AP1、APETALA 2（AP2）、AP3、PI和AG五种同源异型基因控制花器官的形成。每一轮花器官特征的决定分别依赖于A、B、C三组基因中的一组或两组基因的正常表达，若其中任何一组或更多的基因发生突变而丧失功能，则花的形态即出现异常，结果使花出现某一重要器官的位置由另一类器官所替代的突变现象。由于A组和C组基因可相互抑制，因此若A组基因发生突变而丧失功能，则C组基因的功能即扩大到整个花的分生组织；相反，若C组基因发生突变而丧失功能，则A组基因的功能扩大到整个花的分生组织。许多单、双甚至三突变体中某一基因的器官特异性表达，均在不同程度上支持了这个模型。ABC模型在一定程度上揭示了花器官形成的分子基础。

1995年，Angenent等在矮牵牛中分离出FLORAL BINDING PROTEIN 7（FBP7）和FBP11基因，经研究确认这两种基因是调控胚珠发育的基因。人们将其列为D组基因，这是ABC模型的延伸。后来又有人发现，SEPALLATA1（SEP1）、SEPALLATA2（SEP2）和SEPALLATA3（SEP3）基因对于花瓣、雄蕊、雌蕊和胚珠的形成不可或缺，人们将其命名为E组基因，进而提出了ABCDE模型，如图4-9所示。该模型中，花萼由A组基因决定（有无互作成分尚不清楚）；A、B和E三组基因共同决定花瓣；B、C和E三组基因共同决定雄蕊；C和E两组基因共同决定雌蕊；D和E两组基因共同决定胚珠。

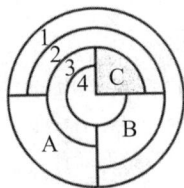

(a)同源异型基因作用的四个　　(b)花形期的花分
花轮和三个区　　　　　　　　生组织

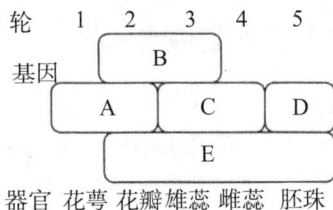

图4-8　拟南芥花分生组织同源异型基因的ABC模型　　图4-9　花分生组织同源异型基因的ABCDE模型

三、影响花器官形成的外界条件

（一）光照

光对花器官的形成影响最大。一般植物在完成光周期诱导之后，光照时间越长，光照强度越大，有机物合成越多，对成花越有利；反之，则花芽分化受阻。例如，生产中栽培密度过大时，因相互遮阴严重、群体受光不足而造成花芽分化减少，引起减产。农业生产上对果树进行整形修剪、棉花整枝打杈等，主要是为了改善光照条件，以利于花芽的分化。不同植物开花所需要的最低光强不同，如阴地植物开花要求的最低光强低于阳地植物。雄蕊发育对光强比较敏感，如在小麦花粉母细胞形成前期遮光72 h，会使花粉全部败育。此外光周期还影响植物的育性，如石明松在1973年发现的湖北光敏感核不育水稻（HPGMR），在短日照（每天14 h以下光照）下花粉正常可育，在长日照（每天14 h以上光照）下花粉败育。这种水稻育性随光照长度的变化而发生改变的现象称为育性转换（fertility change），目前已在两系法杂交水稻生产中得到应用。

（二）温度

温度是影响花器官分化的另一重要因素。一般情况下，在一定范围内，植物花芽分化随温度升高而加快。温度主要通过影响光合作用、呼吸作用、有机物质的转化和运输等过程而间接影响花芽的分化。低温延缓花器官的分化，甚至使其中途停止。如水稻减数分裂期间，若遇到17 ℃以下的低温，就会使花粉母细胞损坏，进行异常分裂，同时绒毡层细胞肿胀肥大，不能为花粉输送足够的养料，形成不育花粉而造成严重减产。低于10 ℃时，苹果的花芽分化处于停滞状态。温度过高也不利于花器官的分化，因为在高温下花器官分化过快，得不到充足的营养，不能保证花的质量。

（三）水分

水分对花的形成十分重要，不同植物的花芽分化对水分的需求不同。雌雄蕊分化期和花粉母细胞减数分裂期对缺水特别敏感。如稻、麦等作物孕穗期若水分供应不足会使幼穗形成延迟，并导致颖花退化。而夏季适度干旱可提高果树的C/N值，有利于花芽的分化。

（四）矿质营养

土壤中氮肥过少不能形成花芽，氮肥过多造成枝叶旺长，消耗过多的养料，也使花芽的分化受阻；增施磷肥可增加花数，缺磷时则抑制花芽分化。因此，在施肥过程中应注意合理搭配施用氮、磷、钾肥，这样才能促进花芽分化，增加花的数目。此外，若能适当补充微量元素锰、硼、钼等，对花芽的分化则更为有利。

（五）植物生长物质

花芽分化受植物内源激素的调控。外施植物生长物质也同样影响花芽的分化和花器官的形成。细胞分裂素、脱落酸和乙烯可促进果树花芽的分化。赤霉素则可抑制多种果树的花芽分化。生长素的作用较复杂，低浓度的生长素对花芽的分化起促进作用，而高浓度则起抑制作用。

四、植物性别分化

（一）植物性别分化的特点及意义

植物的性别特征主要表现是花器官构造上的差异，所以在花芽的分化过程中，伴随着性别分化（sex differentiation）。高等植物的性别主要分为雌雄同株和雌雄异株两大类。在雌雄同株的植物中，又主要分为雌雄同株同花和雌雄同株异花。在同一朵花内既有雌蕊也有雄蕊（即两性花）的植物叫作雌雄同株同花植物（hermaphroditic plant），如小麦、水稻、番茄、大豆、油菜、棉花等；在同一植株上有两种花，即单性雄花和单性雌花的植物叫作雌雄同株异花植物（monoeciousplant），如玉米、西葫芦、黄瓜、西瓜、蓖麻、马尾松等；在单个植株上，要么只有雌性花，要么只有雄性花，即同一植株上只有单性花的植物叫作雌雄异株植物（dioecious plant），如大麻、银杏、杨柳、杜仲、千年桐、番木瓜、芦笋、菠菜等。此外，经过长期的人工选择，还得到了一些其他性别特征的植物，如雌花、两性花同株植物（gynomonoecious plant），即在同一植物体上既有雌花又有两性花，如金盏菊等；雄花、两性花同株植物（andromonoecious plant），即在同一植物体上既有雄花又有两性花，如槭树等；雌花、两性花异株植物（gynodioecious plant），即雌花和两性花分别在不同的植物体上，如小蓟等；雄花、两性花异株植物（androdioecious plant），即雄花和两性花分别在不同的植物体上，如柿树等。

高等动物在受精的刹那即决定了其性别，且性别表现明显，不易逆转。而植物的性别表现一方面取决于自身的决定机制，即对某些植物来说，其性别在受精时便由雌雄配子上含有的物质所决定。另一方面则与性别分化密切相关，也就是说在受精时没有性别决定的问题，雌雄花的出现完全取决于性别分化。植物的性别分化受环境的变化影响很大，从而使植物的性别存在易变性和多样性的特点。

必须注意的是，性别分化只是一种表型表现，并不改变植物的基因型。例如黄瓜、南瓜等植物，同一植株上的任何节位其基因型都是相同的，但一些节发育为雄花，一些节则发育成雌花，而此时的基因型并未因此而改变。

植物花器官性别的分化在实践中具有重要意义。在许多雌雄异株植物中，其雄株和雌株的经济价值不同。以收获果实、种子为栽培目的的作物（如番木瓜、银杏、千年桐以及留种用的大麻、菠菜等），除留够一定数量的雄株外，主要是需要保留大量的雌株；而以收获纤维为目的的植物（如大麻等），其雄株纤维长且拉力强、品质优，因此应多保留雄株。栽培雌雄同株异花的植物（如黄瓜、南瓜、西瓜等）时，则应大大增加雌花数，以便多结实提高产量。

（二）影响植物性别分化的环境因素

1. 光周期

适宜的光周期不但能诱导植物开花，而且影响雌雄花的比例。一般植物在合适的光周期诱导之后若继续处于合适的光周期条件下，则可促进其雌花的形成；若处于不合适的光周期条件下，则促进雄花的形成。即短日照促进短日照植物多开雌花，长日照植物多开雄花；而长日照则促进长日照植物多开雌花，短日照植物多开雄花。如长日照植物菠菜在经过长日照诱导后，给以短日照处理，在雌株上可以形成雄花；短日照植物玉米在光周期诱导后，继续处于短日照条件下，可在雄花序上形成一个发育良好的小雌穗。

2. 植物生长物质

植物生长物质对性别分化同样有显著作用。生长素和乙烯对很多瓜类植物雌花的分化起促进作用，赤霉素则促进其雄花的分化。试验表明，对雌雄异株的大麻施用赤霉素后，可使其雄株由50%增加到80%；抗生长素类物质三碘苯甲酸等抑制黄瓜雌花的分化，抗赤霉素类物质矮壮素等则抑制雄花的分化。生产中用烟熏等方法可促进植物开雌花，是因为烟中有乙烯和一氧化碳等气体，一氧化碳的作用是抑制吲哚乙酸氧化酶的活力，减少吲哚乙酸的破坏，保持较高的生长素水平，所以促进雌花的分化。但值得注意的是，植物生长物质对花性别的控制作用往往因植物的种类不同而结果不同，同一种植物生长物质在不同的植物上可能会出现完全相反的结果。例如，赤霉素对玉米可促进雌花的分化，而对黄瓜则可促进雄花的分化。

3. 其他因素

长期以来，人们对环境条件对植物性别分化的影响做了大量的观察和对比试验，发现营养条件、温度、光质、光照强度、水分供应、空气成分等因子对植物性别分化均有一定的影响。一般来说，丰富的氮素营养、充足的水分供应、较低的夜温与较大的昼夜温差、蓝光照、CO处理、播种前种子的冷处理等都有利于雌花的分化；而丰富的钾肥、土壤干旱、较高的夜温、红光照等因子则促进雄花的分化。

此外，机械损伤也影响植株的性别分化。如番木瓜的雄株伤根或折伤地上部分，新产生的全是雌株；黄瓜茎被折断后，长出的新枝条全开雌花，这可能与植物受伤后产生较多的乙烯有关。

20世纪90年代以来，以拟南芥和金鱼草为材料，对植物花发育的分子生物学研究取得了突破性的进展，并提供了进一步研究性别决定的新思路。植物花器官的每一部分的发端与控制花发育的同源异型基因有关，控制花器官属性的 B 类和 C 类基因突变会引起花性别的改变。目前，Miller 等（1995）已从玉米中分离到多个与拟南芥转录因子同源的 cDNA，并研究了它们在花器官中的表达模式。自 Delong 等（1993）从玉米中克隆到性别决定基因 *Ts2* 以来，一些学者在其他植物的分子机理研究方面也取得了较大进展。Grant 等（1994）通过突变体筛选，结合染色体显微解剖和DNA克隆技术分析了控制白剪秋罗性别表达的染色体区段，发现大量的重复序列。Janousek等（1996）则发现女娄菜抑制雄花中心皮的发育与DNA的甲基化有关。随着科学技术的发展和研究的不断深入，高等植物开花的生理机制和性别决定机制终将为人们所揭示。

第五节　授粉和受精生理

植物在开花之后，经过授粉、花粉在柱头上的萌发、花粉管进入胚囊和配子融合等一系列过程才能完成受精作用（fertilization）。所以被子植物的受精作用是一个较长而复杂的过程，包含一系列的代谢和形态变化。大多数农作物的产量就是其受精后发育成的种子或果实，因此受精与否及受精的质量直接影响着农作物的经济产量。如水稻的空秕粒、玉米的"秃顶"、棉花的落蕾、大豆和果树的落花等，多是由未完成受精而造成的。受精的好坏，还影响作物的品质。所以，了解和掌握花粉、柱头和受精的生理规律，采取有效措施才能保证受精作用的顺利进行，获得稳产、优质和高产。

一、花粉的生理生化特点

花粉是花粉粒的总称，花粉粒是由花粉母细胞经减数分裂而形成的，最初形成的花粉粒是一个单核细胞，称为"小孢子"，小孢子继续分裂为二，各为一团细胞质所包围，但没有细胞壁隔开，较大的一个叫营养细胞，较小的一个叫生殖细胞。生殖细胞被包围在营养细胞内，所以实际上，花粉是"细胞中细胞"。成熟的花粉细胞又叫雄配子体。被子植物成熟的花粉一般有两类：一类是上述的二核花粉，如木兰、百合等科的花粉，属于较原始的类型；另一类是三核花粉，即生殖细胞再分裂一次，产生两个精子。三核花粉多见于进化类型，如十字花科、菊科、禾本科等。经分析证明，花粉虽小，但化学组成极为复杂，含有糖类、油脂、蛋白质、各类矿质元素和维生素、激素等。

（一）花粉的生物化学组成

1. 花粉壁

成熟的花粉具有两层细胞壁。外壁较厚，主要由纤维素、孢粉素和蛋白质等构成，其中孢粉素是花粉特有的，含量较高，是纤维素的2～3倍。孢粉素为类胡萝卜素的氧化聚合物，其性质稳定，具有很强的抗酸碱、耐高温高压和抗微生物分解的能力，对保护花粉和保持花粉一定的形态起重要作用。孢粉素吸水性强，有利于花粉的吸水，但在开花时若遇雨水过多易导致花粉过度吸水而膨胀破裂，影响正常的授粉和受精。花粉的内壁较薄，主要由果胶物质、纤维素和蛋白质等组成。由此可知，无论花粉的外壁还是内壁均含有活性蛋白质，外壁的蛋白质为糖蛋白，具有种的特异性，与授粉后花粉和柱头的相互识别有关；内壁的蛋白质主要是酶蛋白，与花粉管萌发及进入花柱有关。

2. 糖和脂类

不同植物的花粉中，糖的含量及糖的种类不同。松科花粉中蔗糖占游离糖的93%以上，而被子植物的花粉中蔗糖占游离糖的20%～25%。正常的小麦花粉中含有葡萄糖、果糖和蔗糖，而不育花粉中只有葡萄糖和果糖，缺乏蔗糖。花粉中含有少量脂肪，松科花粉的总脂肪酸占花粉干重的0.79%～1.33%，矮牵牛花粉则高达4%。一般风媒花的花粉含淀粉较多，属淀粉型花粉；而虫媒花的花粉脂肪和糖较多，属脂肪型花粉。在淀粉型花粉中，淀粉的有无或多少可作为判断花粉发育程度的指标。例如，甘蔗、高粱、水稻等植物的花粉，凡呈球形遇碘变蓝色的，为正常的花粉；凡呈三角形遇碘不变蓝色的，为未发育的花粉。

3. 蛋白质和氨基酸

除花粉壁具有蛋白质以外，花粉内部也含有丰富的蛋白质、酶和游离的氨基酸。其中蛋白质含量为7%～30%。花粉中含有组成蛋白质的全部种类的氨基酸，其中游离精氨酸和丙氨酸相对较少，而游离的脯氨酸含量特别高。脯氨酸的含量与花粉的育性密切相关，如正常硬粒小麦花粉中含较多的脯氨酸，而不育的小麦花粉中则几乎不含脯氨酸。花粉中进行着活跃的代谢反应，因而含有丰富的酶类，在各类植物花粉中已先后被鉴定出来的酶有上百种。花粉中淀粉酶、蔗糖酶、果胶酶、脂肪酶、蛋白酶等水解酶的含量特别高，当pH偏酸性时，水解酶具有活性，而花粉本身的pH通常呈中性或偏碱性，故其水解酶不具活性。柱头的pH偏酸性，在授粉后花粉的水解酶被激活，从而加速花粉的代谢活动。总之，花粉中酶的特点是有利于花粉粒的萌发、花粉管的伸长及受精等过程的。

4. 矿质元素

花粉与其他植物组织一样，含有各种各样的矿质元素，其中主要元素有P、Ca、K、Mg、S等。花粉中还有许多微量元素，如Mn、Cu、Fe、Zn、Cl、Co、Na、Ni、Si等。

5. 植物激素

花粉中含有生长素、赤霉素、细胞分裂素和乙烯等内源激素，其中生长素的含量较高。十字花科等植物的花粉中还含有油菜素内酯。这些激素对花粉管的萌发、花粉管的伸长以及受精、结实等过程均起着重要的调节作用。在自然状态下，不授粉的柱头，其子房往往就不会生长，这与花粉中的激素作用于子房有关。

6. 维生素类

维生素作为酶的辅基，在花粉中广泛分布，花粉中含有丰富的维生素B、E、C等，其中维生素E对生殖过程有重要的作用。肌醇在玉米和禾本科植物中特别多，而抗坏血酸在松科和椰科植物中含量较多。由于花粉中含有各种维生素及营养物质，近年来花粉制品发展为前景可观的营养补品。

7. 色素

成熟的花粉具有颜色，尤其是虫媒花的花粉含有丰富的色素，主要包括类胡萝卜素和花色素苷等。色素分布于花粉外壁的表面。这些色素的存在一方面可吸引昆虫，有利于传粉；另一方面可防止紫外线对花粉的破坏作用。因此，高原植物花粉中的色素含量较高。另外，花粉中的色素可能还与某些植物的自花授粉不亲和性有关。例如，连翘的花粉中含槲皮苷（quercitrin）和芸香苷（rutin）两种色素，这两种色素均能抑制自身花粉的萌发，有效地防止自花授粉。

（二）花粉的生活力和贮存

花粉的生活力亦称"花粉的寿命"。在自然条件下，花粉成熟并从花药中散出以后，其生活力可保持一段时间，但不同植物花粉的生活力有很大差异。一般禾谷类作物花粉的生活力维持时间较短，如水稻花药开裂后，在田间条件下 5 min 后即有 50% 以上花粉失去生活力，10～15 min 几乎全部丧失生活力。小麦在花药开裂 5 h 时授粉结实率下降到 6.4%。玉米花粉的生命力较强，但也只能维持 1～2 天。果树花粉的生活力较强，如苹果、梨可维持70～210 天，向日葵花粉的寿命可长达 1 年。

植物花粉生活力的大小直接影响其受精效率和种子与果实的产量。在杂交育种和人工辅助授粉过程中，若亲本花期不遇或异地植物间进行人工授粉，则需要采集花粉贮藏备用。因此，如何贮存花粉，延长花粉寿命，在理论和实践中都具有重要的意义。

植物的花粉一般较小，贮藏的营养物质有限，而花粉的呼吸作用又比较强烈，花粉生活力的降低主要是高强度的呼吸导致花粉的养分消耗过度。因此，凡是能降低呼吸作用的条件，如干燥、低温、空气中 CO_2 的增多和 O_2 的减少等都有利于花粉的贮存。

1. 温度

适当的低温可使花粉降低呼吸速率，减少贮藏物质的消耗，从而延长其生活力。实验证明，一般花粉贮藏的最适温度是 1～5 ℃。例如，小麦花粉在 0 ℃时可贮存两昼夜，而在20 ℃时只能生活 15 min 左右；玉米花粉在 20 ℃时只能生活 25 h，在 5 ℃时可生活 56 h，在2 ℃时则可生活 120 h。某些果树（如苹果、梨）和蔬菜（如番茄）的花粉，在零下低温保存效果更好。例如，苹果花粉在 -15 ℃下贮存 9 个月时还有 95% 可以萌发。

2. 湿度

研究表明，一般相对湿度在 10%～40% 的范围内，花粉的代谢减弱，能较长时间保持其活力。相对湿度过高或过低，对保持花粉的活力都不利。如苹果花粉在 3 ℃、相对湿度为10%～25% 的条件下，保存 350 天时萌发率仍在 60% 以上；烟草花粉在 -5 ℃和 50% 相对湿度条件下贮藏 1 年，萌发率仍与新鲜花粉相差无几。但禾本科植物的花粉不耐干燥，要求 40%以上的相对湿度。

3. 空气中 CO_2 和 O_2 的含量

增加空气中 CO_2 的含量，降低 O_2 的含量，减少氧分压，可使花粉保持活力的时间延长。例如在干冰（固态的 CO_2）上贮存花粉，可明显延长花粉的寿命。近年来，也有采用超低温、真空及充 N_2 等技术贮存花粉，使花粉的寿命大为延长。如苜蓿花粉在 -21 ℃下真空保存，经 11 年后尚有一定的生活力。其他如豌豆、番茄、柑橘、桃和马铃薯等植物的花粉，也都有曾在低温真空下保存 1～3 年的历史。

4. 光线

光对花粉的贮存也有影响，一般将花粉贮存在遮阴或黑暗处较好。例如苹果花粉在黑暗处贮存萌发率是 33.4%，在散光下贮藏萌发率是 30.7%，而将花粉置于日光直射下则萌发率仅为 1.2%。

此外，近年来还发现，在某些有机溶剂中保存花粉效果很好。如梨、苹果、杏、桃、银杏、山茶花、百合等的花粉在丙酮、乙醚、苯、甲苯、三氯甲烷、乙醇等有机溶剂中保存，可保持其活力达数月之久。具体方法是：将花粉浸泡在有机溶剂中，在 0～5 ℃下保存，在人工授粉之前用漏斗滤去有机溶剂，把盛有花粉的滤纸在 45 ℃以下的温箱中放置 10～15 min，或在干燥器内抽气减压，使有机溶剂挥发。

无论采取上述何种方法保存花粉，在人工授粉之前都要对其进行生活力的检测，以确保受精的成功。一般常用检测花粉生活力的方法有人工培养法和氯化三苯四氮唑（TTC）显色法等。淀粉型花粉还可以其遇碘是否变蓝色来判断花粉的生活力。

二、柱头的生理特点

受精的第一步是花粉落在柱头上并萌发。花粉粒之所以能附着在柱头上，一方面是因为柱头上有许多乳突细胞，可以容纳花粉粒；另一方面是因为柱头表皮细胞分泌出黏性很大的油脂类物质、可溶性糖和硼酸等混合组成的黏液，可以粘着花粉粒并可促进花粉的萌发和花粉管的生长。柱头分泌物在角质层的外面形成一层膜，具有一定的渗透势，能调节花粉粒对水分的吸收。在植物开花时若雨水过多，柱头的黏液易被雨水冲洗，使花粉粒周围的水势升高，加上花粉粒的透水性很强，因此会引起花粉过量吸水而膨胀破裂，失去萌发力，影响受精。

雌蕊柱头的生活力与花粉管的萌发、生长以及受精的成败密切相关。柱头的生活力一般都能保持一定的时间，比花粉的生活力要长，具体时间的长短因植物种类不同而异。在一般情况下，水稻柱头的生活力可持续6～7天，但其受精能力却日渐下降，在开花当日进行授粉，其花粉的萌发率和结实率均最高。小麦柱头在麦穗从叶鞘抽出2/3时就开始有受精能力，麦穗完全抽出后第3天结实率最高，到第6天结实能力下降，但通常可维持到第9天。玉米雌穗基部的花柱长度达当时穗长的一半时，柱头开始有受精能力，在花丝抽齐后1～5天柱头的受精能力最强，6～7天后开始下降，到第9天急剧下降。一个雌穗上柱头丧失生活力的顺序和花丝在穗轴上发生的先后顺序是一致的，即穗中下部先丧失，顶端后丧失。

在杂交育种和农业生产实践中，要准确把握柱头的生活力，即什么时间开始有受精能力、什么时间受精能力最佳以及什么时间丧失受精能力，从而为杂交育种工作和农业生产提供科学的依据，以便提高作物产量和制种、育种工作的质量。

三、花粉和柱头的相互识别

（一）花粉和柱头的"识别反应"

在自然条件下柱头可能接受多种植物的花粉，但不是所有落到柱头上的花粉都能正常萌发。花粉落在雌蕊柱头上能否正常萌发并导致受精，取决于双方的亲和性，即取决于花粉和柱头之间的"认可"或"拒绝"的识别反应。这个识别反应取决于花粉外壁蛋白质和柱头乳突细胞表面的蛋白质薄膜之间的相互关系。当种内花粉落到柱头表面后，花粉很快释放出外壁识别蛋白，外壁识别蛋白扩散进入柱头表面，与柱头的表面感受器——蛋白质薄膜中所含的识别糖蛋白相互作用。若双方是亲和的，则花粉管尖端（内壁）产生能溶解柱头薄膜下角质层的酶——角质酶（cutinase），使花粉管穿过花柱而生长，直至受精。若花粉释放的外壁识别蛋白与柱头表面的识别蛋白是不亲和的，则柱头的乳突细胞立即产生胼胝质（callose，化学成分是β-1,3-葡聚糖），阻碍花粉管进入柱头，且花粉管尖端也被胼胝质所封闭，花粉管无法继续生长，受精失败。

在自然界中有许多植物都表现出自交不亲和性，而远缘杂交中出现不亲和性的现象更为普遍。因此，花粉和柱头的识别反应，可防止遗传差异过大或过小的个体间进行交配，保证物种的稳定与繁荣。这是植物在长期进化过程中所形成的保持物种相对稳定和增强对环境适

应能力的一种表现。

也有人认为，花粉和柱头的不亲和性，是花粉和柱头中抑制生长的物质含量高，阻碍了花粉的萌发和伸长生长；花粉和柱头亲和时，二者所含生长素不断增多，生长抑制物迅速下降，向着有利于花粉萌发伸长的激素平衡状态发展。

20世纪80年代以来，已从多种植物中分离出许多有关自交不亲和的基因，并认为在多数情况下，自交不亲和过程是由S基因控制的。当花粉落到与其有相同S基因的雌蕊上时，识别反应导致花粉要么不能萌发出花粉管，要么萌发后花粉管生长受阻不能到达胚珠。

生物化学分析表明，柱头乳突细胞表面以及花柱介质中存在的S基因所编码的蛋白质具有核酸酶的活性，因此也称S-核酸酶（S-RNase）。关于S-核酸酶所参与的花粉识别机制目前有两种假说，即受体假说和抑制剂假说。这两种假说都认为S-核酸酶通过与花粉S基因的产物相互作用，来实现自交不亲和反应。花粉S基因的产物可能是一种受体或胞内核酸酶抑制剂。按照受体假说：花粉S基因产生功能正常的受体时，受体特异性地摄入S-核酸酶，S-核酸酶将花粉管内的RNA降解，故抑制花粉管生长并有可能导致花粉死亡，使自交不亲和。这一受体可能分布于花粉管细胞膜上或胞内。若花粉S基因产生的受体的功能不正常，则可导致自交不亲和性的丧失。抑制剂假说认为：花粉S基因编码一种特异的胞内核酸酶抑制剂，这种抑制剂可抑制S-核酸酶的活性。因此，花粉管内的RNA不会被S-核酸酶降解，花粉管能够完成正常的生长，从而导致自交不亲和性的丧失。

（二）克服不亲和的途径

在育种制种工作中，远缘杂交或自交的不亲和性影响工作的开展，特别是给远缘杂交育种工作带来困难。人们在实践中创造出了多种克服花粉和雌蕊组织之间不亲和性的方法，从而达到远缘杂交育种的目的。

1. 花粉蒙导法

在授不亲和性花粉的同时，混合一些杀死的亲和性花粉。亲和性花粉的存在可使柱头不能很好地识别不亲和性的花粉，这些已丧失生活力的亲和性花粉起蒙导作用，蒙骗柱头，克服杂交的不亲和性，实现受精。因此，有人将这些已丧失生活力的亲和性花粉称为蒙导花粉。一般可用甲醇处理、反复冷冻解冻、黑暗中饥饿或以γ射线处理等方法杀死蒙导花粉，但一定要保持花粉识别蛋白的活力，否则无效。例如三角杨和银白杨进行种间杂交时，本是不亲和的，但在银白杨花粉中混入用γ-射线杀死的三角杨花粉后再给三角杨授粉，便能克服种间杂交的不亲和性，获得15%的结实率。用这种方法也曾在波斯菊等植物中得到种间或属间杂交种。

2. 蕾期授粉法

在蕾期雌蕊组织尚未成熟、不亲和因子尚未定型或不亲和因素尚处在比较弱的情况下进行剥蕾授粉，以克服不亲和性。利用这种授粉法，已在芸薹属、矮牵牛属和烟草属等植物中获得了自交系的种子。

3. 染色体加倍法

有些双子叶植物如甜樱桃、矮牵牛和梨属等植物，往往二倍体植株的自交不亲和。但是，若将二倍体植株进行人工加倍成四倍体，就会表现出自交的亲和性。

4. 物理化学处理法

采用变温、辐射、植物生长物质处理雌蕊组织等方法可打破不亲和性。例如，梨、樱桃、月见草、百合、三叶草、黑麦、番茄等自交不亲和的植物，可采取高温处理柱头的措施，即以32～60 ℃的热水浸烫柱头或将植株置于32～60 ℃高温下，通过识别蛋白的热变性，打破其不亲和性；用某些生长物质如生长素等处理花器官，可抑制植物的落花，这样生长慢的不亲和花粉管能在落花前到达子房而受精；用放线菌素D处理能抑制花柱中DNA的转录过程，阻止识别蛋白的合成，亦可部分抑制其不亲和性。此外，X射线处理法（2 000伦琴X射线处理牵牛花柱可克服50%不亲和性）、电助授粉法（90～100 V的电压刺激柱头）、CO_2处理法（3.6%～5.9%的CO_2处理雌蕊组织5 h）和盐水处理法（5%～8%的NaCl溶液处理雌蕊）等方法，都可在一定程度上克服自交不亲和性。

5. 离体培养法

利用胚珠、子房的离体培养以及进行试管授精或杂交幼胚培养等方法，可克服原来自交不亲和植物及种间或属间杂交的不亲和性。例如，在试管中授给胚珠花粉使之受精的试管授精法，已使烟草、矮牵牛等植物的胚珠再生出了植株。

此外，利用细胞杂交、原生质体融合或转基因技术等手段，也可克服种间、属间杂交的不亲和性，达到远缘杂交育种的目的。

四、花粉的萌发和花粉管的伸长

植物开花以后，成熟的花粉借助地心引力、风、昆虫、鸟类、其他动物以及人等各种媒介传播到雌蕊的柱头上，这一过程称为授粉。具有生活力的花粉在雌蕊柱头分泌物的刺激下，从柱头吸水，花粉内壁通过外壁的萌发孔向外突出，形成细长的花粉管，此过程称为花粉的萌发。从授粉至长出花粉管所需的时间因植物而异。水稻、高粱和甘蔗等几乎是在传粉后立即萌发，玉米也只需5 min左右，甜菜约需2 h，棉花需1～4 h，甘蓝需2～4 h。

花粉萌发时，呼吸速率剧增，蛋白质合成加快，花粉中磷酸化酶、淀粉酶、转化酶等的活性剧烈增强，这对花粉取得食物和花粉管生长有重要的作用。花粉管在生长过程中，一方面利用花粉粒本身贮藏的物质，另一方面从花柱组织中吸收营养物质，以供花粉管的生长和新壁的合成。

花粉萌发和花粉管的伸长有"群体效应"。在花粉落到柱头上和人工培养花粉时，花粉的密度越大萌发的比例就越高，花粉管的生长也就越快。这可能是因为花粉中产生促进生长的物质，花粉的密度越大时该物质就越多，花粉管的萌发和生长也就越好。因此，在生产中大量授粉比限量授粉更有利于受精。如对玉米进行人工辅助授粉以增加柱头上的花粉密度，能明显提高其结实率，增加产量。

花粉管沿着花柱生长，最后进入胚囊，发生受精作用。花粉管向着胚囊的定向生长可能是花粉管的向化性所引起的。雌蕊组织中分布的向化性物质浓度呈梯度变化，引起花粉管尖端向着向化性物质浓度递增的方向（胚珠）而定向延伸。一些学者认为，向化性物质是Ca^{2+}。如有人在金鱼草中观察到，Ca^{2+}的分布从柱头到胎座是递增的，这可能是引导花粉管生长的基本因素；Ca^{2+}还可能起着信号作用，因为花粉管在生长过程中，顶端分泌Ca^{2+}，这些Ca^{2+}有指引花粉管生长方向的作用。但在其他植物中未能证实Ca^{2+}的这种作用。硼对花粉

的萌发和伸长也有显著的促进作用，如玉米花粉在体外培养很难萌发，但在培养基中加入一定量的硼和钙（0.01%硼酸，0.03%硝酸钙），能使花粉管萌发率高且生长好。还有人认为，花粉管的定向生长可能与生长素的梯度分布有关，这说明花粉管的向化性生长可能是多种物质共同作用的结果。

五、受精前后雌蕊的生理生化变化

当花粉管进入胚囊后，花粉管的先端破裂，这可能是胚囊分泌酶的作用，或是受胚囊的刺激而产生自溶作用的结果。破裂后的花粉管在胚囊中释放出两个精子，一个含质体较多的精子和卵细胞结合，形成具有 $2n$ 的合子，随后发育成胚；另一个含线粒体较多的精子与中央细胞融合，形成具有 $3n$ 的胚乳核，随后发育成胚乳。两个精细胞分别与卵细胞和中央细胞相融合的现象，称为双受精。

不同植物从授粉到受精整个过程所需要的时间不同，多数植物在几个或几十个小时之间，如小麦为 $1 \sim 24$ h，棉花是 36 h，烟草约 40 h；有些植物例外，如橡胶草仅 10 min 左右，兰科植物约需几个月时间才能完成受精，而栎属则需 1 年以上。

授粉后，从花粉萌发到花粉管的生长直至受精作用的完成，花粉和花粉管与雌蕊的柱头和花柱之间不断进行着物质和信息的交换，互相产生深刻的影响，这个影响不仅仅局限于彼此直接接触的部位，而且广泛地影响着整个花柱、子房乃至整株植物。在花粉萌发和花粉管生长的过程中，花粉和花粉管不断向花柱组织吸取糖类等物质；同时也向柱头和花柱分泌各种酶，使雌蕊组织中的糖类和蛋白质的代谢加强，呼吸速率剧增。如棉花受精时雌蕊组织的呼吸速率增加 2 倍；兰科植物授粉几十小时后，合蕊柱的呼吸速率和过氧化氢酶的活力增加约 1 倍，花被的呼吸速率也迅速增加 2 倍多。百合花在受精后，子房呼吸速率出现两次明显升高，一次是在精子和卵细胞接触时，另一次是在胚乳游离核的旺盛分裂时期。雌蕊组织呼吸的升高为其受精后的生长发育提供了能量。

授粉和受精后，雌蕊组织吸收水分和矿物质的能力增强。如兰科植物授粉后，合蕊柱吸水增加 1/3，N、P 含量明显增多，而花被的 N、P 含量则下降，蒸腾作用急剧加强，造成花被枯萎。玉米在授粉后，大量的 ^{32}P 由植株其他部位流入雌蕊，使雌蕊中 P 的含量增加约 0.7 倍。

授粉和受精后的另一个显著变化是雌蕊组织的生长素含量大大增加。如烟草授粉后 20 h，花柱中的生长素含量增加 3 倍多。研究发现，雌蕊中生长素含量增加的主要原因不是花粉带去的生长素在雌蕊组织中扩散，而是花粉中含有合成生长素（由色氨酸转变成吲哚乙酸）的酶系，这些酶在花粉管生长的过程中分泌到雌蕊组织中，引起大量生长素合成。从柱头到子房中生长素的合成能力逐渐加强，使柱头到子房的生长素含量依次递增。此外，也有人发现授粉和受精后，雌蕊组织中细胞分裂素等一些促进生长的激素类物质含量增加。

受精后雌蕊中生长素等促进生长的物质含量增加，是引起子房代谢剧烈变化的重要原因之一。大量生长素等物质的存在使子房成为一个"引力"很强的代谢库，吸引营养物质从营养器官大量运输到生殖器官，使其迅速生长膨大。在生产中，用生长素类（2,4-D、NAA等）、赤霉素类（GA₃等）、细胞分裂素类（6-BAKT等）处理未受精的番茄、黄瓜等雌蕊，可促进子房膨大并得到无籽果实。而在自然界中，香蕉、柑橘和葡萄等植物的一些品种存在单性结实现象，就是由于其未受精的子房中含有高浓度的生长素等物质。我国北方冬季温室栽培的番茄，常因温度过高使花粉败育，造成严重落花。用$10\sim15\ mg\cdot L^{-1}$的2,4-D蘸花处理，就可使其坐果并形成无籽果实。再如，成熟的草莓在膨大的肉质花托上生长着许多瘦果，这些瘦果能供给花托膨大过程中所需的生长素，如果在草莓果实发育的早期将瘦果去掉，由于断绝了花托膨大所需的生长素来源，花托就不能膨大。但如果去掉瘦果后，在花托上涂抹生长素，花托又可正常膨大。

思考题

1. 举例说明植物的主要光周期反应类型。
2. 设计实验证明植物感受春化低温的部位和感受光周期的部位及开花刺激物的传导。
3. 简述光敏色素参与了植物成花诱导的理由，光敏色素与植物成花之间的关系如何？
4. 举例说明春化作用、光周期理论和C/N理论在生产实践中的应用。
5. 试述柴拉轩（Chailahyan）成花素假说的要点。
6. 简述花器官形态发生ABC模型的主要内容。
7. 试述花粉与柱头相互识别的物质基础、过程及意义。
8. 授粉和受精后，雌蕊组织发生了哪些生理生化变化？
9. 设计实验证明A植物的光周期反应类型。
10. 光在植物花器官诱导和形成过程中是如何起作用的？
11. 为什么说暗期长度比光照长度对某些植物成花更重要？

第五章 植物的逆境生理

逆境是指对植物生长和发育不利的各种环境因素的总称。逆境的种类是多种多样的，可分为生物因素逆境（病害等）和非生物因素逆境（低温、高温、干旱、盐碱和环境污染等）。植物自身对逆境的适应能力叫作植物的适应性。适应性包括避逆性和抗逆性。抗逆性是指植物对逆境的抵抗能力或耐受能力，简称抗性，包括御逆性和耐逆性。植物对逆境的适应性与植物的种类、发育阶段和逆境强度及作用方式等有关。逆境强度超过植物的适应能力就产生伤害。

提高植物对逆境的抗性，可在了解植物抗性机理的基础上通过抗性育种、抗逆锻炼、化学调控以及改善栽培措施来实现。

自然界中的植物并非总是生活在正常适宜的环境中。由于不同的地理位置和气候条件，以及多种不良的环境的出现，这些环境变化超出了植物正常生长、发育所能忍受的范围，使植物受到伤害甚至死亡。因此，加强植物逆境生理的研究，弄清植物在不良环境条件下的生命活动规律，对提高植物的抗逆性和生产力具有十分重要的意义，同时也为植物抗逆基因工程提供理论依据和新思路。

第一节 植物逆境生理通论

一、逆境与植物的抗逆性

逆境（environmental stress）指对植物生长和发育不利的各种环境因素的总称，又称"胁迫"。逆境的种类是多种多样的，根据环境的种类，逆境可分为生物逆境和理化因素逆境（又称"非生物逆境"），这些造成逆境的因子之间可以相互交叉，相互影响。植物在逆境下的生理反应称为逆境生理。

植物自身对逆境的适应能力叫作植物的适应性。植物对逆境的适应方式是多种多样的，分为避逆性和抗逆性。避逆性是指植物整个生长发育过程不与逆境相遇，而是在逆境到来之前已完成其生活史，如沙漠中短命植物只在雨季生长。抗逆性是指植物对逆境的抵抗能力或耐受能力，简称"抗性"，包括御逆性和耐逆性。御逆性是指植物具有一定的防御环境胁迫的能力，且在逆境条件下仍保持正常状态，如泌盐植物二色补血草通过盐腺把大量盐分排出体外，一些植物的叶表面覆盖茸毛、蜡质，强光下叶片卷缩等避免干旱的伤害。耐逆性是指植物通过生理生化变化来阻止、降低甚至修复由逆境造成的损伤，从而保证正常的生理活动，包括御胁变性和耐胁变性。御胁变性是指植物在逆境作用下能降低单位胁迫所引起的胁变，起着分散胁迫的作用，植物细胞膜稳定性强、蛋白质间的键合能力强及保护物质多等可以提高植物的抗性。耐胁变性又可分为胁变可逆性和胁变修复两种。胁变可逆性是指植物在逆境作用下产生一系列生理生化变化，当逆境解除后，各种生理生化功能迅速恢复正常。胁变修复是指植物在逆境作用下通过代谢过程修复被破坏的结构和功能。应该指出，同种植物对逆境的适应性的强弱取决于胁迫强度、胁迫时间、胁迫方式和植物自身的遗传潜力。

另外，这里还有两个概念需要解释：适应和驯化。适应和驯化都是指植物获得对某一逆境的耐性。但是，适应是指植物在形态结构和功能方面获得了可遗传的改变，从而增加了对逆境的抗性，如冰叶日中花（*Mesembryanthemum crystallinum* L.）经过一定时间的干旱或盐碱处理后，由C3途径变成CAM途径，并且在叶片和茎上产生囊泡等结构。驯化是指植物个体在生理生化方面获得不可遗传的改变。这种改变是通过对个体逐步增加逆境强度获得的，一旦逆境解除，植物个体获得的抗性也消失，如把烟草的愈伤组织逐步转接到NaCl浓度增加的培养基上，经过几十代继代培养后，可以在1%以上的NaCl培养基上生长，而由此愈伤组织获得植株的种子发育成的植株还是不抗盐。

植物对某一逆境的驯化过程叫作抗性锻炼，通过锻炼可以提高植物个体对某种逆境的抵抗能力。但植物抗性的强弱主要是遗传决定的。

二、植物在逆境下的形态与代谢变化

（一）形态结构变化

逆境条件下植物形态有明显的变化。如干旱会导致叶片和嫩茎萎蔫，气孔开度减小甚至关闭；淹水使叶片黄化、枯干，根系褐变甚至腐烂；高温下叶片变褐，出现死斑，树皮开裂；病原菌浸染叶片出现病斑。

逆境往往使细胞超微结构也发生改变。如逆境使细胞膜变性，细胞的区域化被打破，细胞膜选择透性降低甚至丧失；叶绿体、线粒体等细胞器膜结构遭到破坏等。

（二）代谢变化

1. 水分代谢

实验证明，多种环境胁迫作用于植物体时均能对植物造成水分胁迫，如干旱能导致直接的水分胁迫；低温和冰冻通过胞间结冰形成间接的水分胁迫；盐渍使土壤水势下降，植物难以吸水也间接造成水分胁迫；高温与辐射使植物与大气间水势差增大，叶片蒸腾强烈，间接形成水分胁迫。一旦出现水分胁迫，植物就会脱水，对膜系统的结构与功能产生不同程度的影响。

2. 光合作用

在各种逆境胁迫下，植物的光合作用都呈现出下降的趋势，同化产物供应减少，如干旱、寒害、高温、盐渍、涝害等均可使光合酶活性下降、气孔关闭，造成CO_2供应不足而使光合下降。

3. 呼吸作用

植物呼吸作用对不同逆境胁迫的反应不同，如冻害、热害、盐渍和涝害时，植物的呼吸速率明显下降；而冷害、旱害时，植物的呼吸速率先升后降；植物发生病害时，植物呼吸显著增强。同时，植物的呼吸代谢途径亦发生变化，如在干旱、病害、机械损伤时PPP所占比例会有所增大。

4. 物质代谢

许多资料表明，在各种逆境下，植物体内的物质分解大于物质合成，水解酶活性高于合成酶活性，大量大分子物质被降解，淀粉水解为葡萄糖；蛋白质水解加强，可溶性氮增加。

三、植物对逆境的生理适应

逆境条件下，植物的生理适应是多方向的。主要包括生物膜、渗透调节、植物激素和蛋白质的适应性变化。

（一）生物膜、活性氧平衡与抗逆性

生物膜的透性对逆境的反应是比较敏感的，当植物受到干旱、冰冻、低温、高温、盐渍、SO_2污染、病害等逆境胁迫时，质膜透性都增大，各种细胞器的内膜系统出现膨胀、收缩或破损。这主要是由于膜脂过氧化、膜蛋白变性及膜脂流动性改变，造成膜相变和膜结构破坏。因此，生物膜结构和功能的稳定性与植物的抗逆性密切相关。

在正常条件下，生物膜呈液晶相，当温度下降到相变温度时膜脂发生相变，即由液晶相转变为凝胶相。膜脂相变会导致原生质停止流动，膜结合酶活性降低，膜透性增大，电解质及某些小分子有机物大量渗漏，细胞物质交换平衡破坏，代谢紊乱，有毒物质积累。细胞受损实验证实，植物的抗逆性与膜脂的种类、碳链的长度和不饱和程度有关。膜脂中脂肪酸碳链越长，膜脂相变温度越高；碳链长度相同时不饱和脂肪酸越多，膜脂相变温度越低。

膜脂中饱和脂肪酸相对含量与植物的抗旱、抗热性有关。抗性品种细胞的饱和脂肪酸较多，不抗旱品种的脂肪酸比例（或组成）正好相反。此外，膜脂饱和脂肪酸含量与叶片抗脱水能力和根系吸水能力密切相关。

膜蛋白与植物抗逆性也有关系，如甘薯块根线粒体在0 ℃条件下，只需几天线粒体膜蛋白对磷脂的结合能力就会明显降低，继而磷脂（PC等）从膜上游离出来，随后膜解体，组织坏死。这就是以膜蛋白为核心的冷害膜伤害假说。

在正常情况下，细胞内活性氧的产生和清除处于动态平衡状态，活性氧水平很低，不会伤害细胞。当植物受到胁迫时，活性氧累积过多，这个平衡就被打破，细胞受到伤害。活性氧伤害细胞的机理在于活性氧导致膜脂过氧化，SOD和其他保护酶活性下降，同时还产生较多的膜脂过氧化产物，膜的完整性被破坏。活性氧积累过多，也会使膜脂产生脱脂化作用，磷脂游离，膜结构破坏。膜系统的破坏会引起一系列的生理生化紊乱，再加上活性氧对一些生物功能分子的直接破坏，这样植物就会受到伤害，如果胁迫强度增大或胁迫时间延长，植物就有可能死亡。

多种逆境如干旱、大气污染、低温胁迫等都有可能降低SOD等酶的活性，从而使活性氧平衡被打破。一些植物生长调节剂和人工合成的活性氧清除剂在胁迫下有提高保护酶活性、保护膜系统的作用。

（二）渗透调节与抗逆性

多种逆境都会对植物产生直接或间接的水分胁迫。水分胁迫时植物体内主动积累各种有

机和无机物质来提高细胞液浓度，降低渗透势，提高细胞保水力，从而适应水分胁迫环境，这种由于提高细胞液浓度，降低渗透势而表现出的调节作用称为渗透调节。渗透调节是在细胞水平上进行的，即由细胞通过合成和吸收积累对细胞无害的溶质来完成，其主要功能在于维持膨压，从而维持原有的生理过程，如气孔开放、细胞伸长、植株生长以及其他一些生理生化过程，是植物抵抗逆境的一种重要机制。

参与渗透调节物质的种类很多，大致可分为两大类：一是由外界进入细胞的无机离子，二是在细胞内合成的有机物质。逆境下细胞内常累积无机离子来降低渗透势，特别是盐生植物常依靠这种方式来调节渗透势，这些离子包括 K^+、Na^+、Ca^{2+}、Mg^{2+}、Cl^-、NO_3^-、SO_4^{2-}。无机离子累积数量和种类与植物种类和器官有关。例如非盐生植物渗透调节物质通常为 K^+，而 Na^+、Cl^- 等常是盐生植物的渗透调节物质。无机离子进入细胞后，主要累积在液泡中，因此无机离子主要是作为液泡的渗透调节物质。但高浓度的无机离子往往也会引起代谢紊乱。有机渗透调节物质必须具备以下一些特征：相对分子质量小；易溶于水；在生理 pH 范围内不带电荷；能为细胞膜所保持；在很高浓度时对细胞内酶的结构和活性无影响或影响最小；生成迅速，且能积累到足以引起渗透调节的量；逆境解除后能被植物转化利用等。

脯氨酸（proline）是最重要和有效的有机渗透调节物质之一。几乎所有的逆境，如干旱、低温、高温、冰冻、盐渍、低 pH、营养不良、病害、大气污染等都会造成植物体内脯氨酸的累积，尤其干旱胁迫时脯氨酸累积最多，可比原始含量高几十倍甚至几百倍。脯氨酸的累积是由脯氨酸合成酶的活化、生物降解的抑制以及参与合成蛋白的减少而产生的。脯氨酸存在于细胞质中，其在抗逆中的作用有：①作为渗透调节物质，保持原生质与环境的渗透平衡，防止失水；②与蛋白质结合，能增强蛋白质的水合作用，增加蛋白质的可溶性和减少可溶性蛋白质的沉淀，保护这些生物大分子结构和功能的稳定。

除脯氨酸外，其他游离氨基酸和酰胺也可在逆境下起渗透调节作用，如水分胁迫下小麦叶片中天冬酰胺、谷氨酸等含量增加，但这些氨基酸的积累通常没有脯氨酸显著。

甜菜碱（betaines）是另一类重要的细胞质渗透调节物质，它是一类季铵化合物，化学名称为 N-甲基代氨基酸，通式为 $R_4 \cdot N \cdot X$。植物中的甜菜碱主要有 12 种，其中甘氨酸甜菜碱（glycinebetaine）是最简单也是最早发现、研究最多的一种，丙氨酸甜菜碱（alaninebetaine）和脯氨酸甜菜碱（prolinebetaine）也是比较重要的甜菜碱。植物在干旱、盐渍条件下会发生甜菜碱的累积，抗性品种尤为显著。和脯氨酸一样，甜菜碱也主要分布于细胞质中，具有渗透调节和稳定生物大分子的作用。在正常植株中，甜菜碱含量比脯氨酸高 11 倍左右；在水分亏缺时甜菜碱积累比脯氨酸慢，解除水分胁迫时，甜菜碱的降解也比脯氨酸慢。

可溶性糖也是一类渗透调节物质，包括蔗糖、葡萄糖、果糖、半乳糖等。比如低温逆境下植物体内常常积累大量的可溶性糖。可溶性糖主要来源于淀粉等碳水化合物的分解，以及光合产物形成过程中直接转向低分子质量的物质蔗糖等。

此外，盐藻等单细胞生物以甘油作为渗透调节物质。

植物在逆境下的渗透调节是对逆境的一种适应性的反应，不同植物对逆境的反应不同，因而细胞内累积的渗透调节物质也不同，但都在渗透调节过程中起作用。

应该指出，渗透调节参与的溶质浓度的增加不同于通过细胞脱水和收缩所引起的溶质浓度的增加。也就是说，渗透调节是每个细胞溶质浓度的净增加，而不是由于细胞失水、体积变化而引起的溶质相对浓度的增加。虽然后者也可以达到降低渗透势的目的，但是只有前者才是真正意义上的渗透调节。在生产实践中，也可用外施渗透调节物的方法来提高植物的抗性。

（三）植物激素与抗逆性

逆境通过促使植物体内激素的含量和活性发生变化来影响植物生理过程。实验发现在逆境条件下，ABA 和乙烯含量增加，IAA、GA、CTK 含量降低，其中以 ABA 的变化最为显著。

ABA 是一种胁迫激素，它在激素调节植物对逆境的适应中显得最为重要。ABA 主要通过关闭气孔、保持组织内的水分平衡、增强根对水的透性等来增加植物的抗性。

在低温、高温、干旱和盐渍等多种胁迫下，植物体内 ABA 含量大幅度升高，这种现象的产生是由于逆境胁迫增加了叶绿体膜对 ABA 的通透性，并加快根系合成的 ABA 向叶片的运输及积累。在逆境条件下，许多植物增加的 ABA 含量与其抗性能力呈正相关。

近年来，研究干旱对植物的胁迫时提出了根冠通信理论，至今已对根源信号的产生、传递及其作用有了较为清晰的认识：植物气孔具有对变化的环境做出最优化反应的能力。当土壤逐渐变干时，处于干旱中的根系脱水，产生某种信号，这些信号随木质部水流移动到地上部分发挥作用，信号强度增加使生长速率与气孔导度降低，以防止细胞进一步失水，而这一信号物质主要为 ABA。外施适当浓度（$10^{-6} \sim 10^{-4}$ mol·L^{-1}）的 ABA 溶液可以提高作物的抗寒、抗旱和抗盐性，其原因可能是：ABA 可延缓 SOD、CAT 等酶活性的下降，提高膜脂不饱和度，促进渗透调节物质的增加及促进气孔关闭等。

植物在干旱、大气污染、机械刺激、化学胁迫、病害等逆境下，体内逆境乙烯呈几倍或几十倍地增加，当胁迫解除时则恢复正常水平，组织一旦死亡乙烯就停止产生。逆境乙烯的产生可使植物克服或减轻因环境胁迫所带来的伤害，促进器官衰老，引起枝叶脱落，减少蒸腾面积，有利于保持水分平衡；乙烯可提高与酚类代谢有关的酶类（如苯丙氨酸解氨酶、多酚氧化酶、几丁质酶）的活性，并影响植物呼吸代谢，从而直接或间接地参与植物对伤害的修复或对逆境的抵抗过程。

当叶片缺水时，内源赤霉素活性迅速下降，赤霉素含量的降低先于 ABA 含量的上升，这是由于赤霉素和 ABA 的合成前体相同。

叶片缺水时，叶内细胞分裂素含量减少，吲哚乙酸氧化酶活性随叶水势下降而直线上升，吲哚乙酸含量下降。

各种激素在逆境中的反应速度有差异。如植物在缓慢缺水时乙烯生成先于 ABA，植株失水迅速，ABA 的积累则快于乙烯。

许多实验表明，多种激素的相对含量对植物的抗逆性更为重要。如抗冷性较强的柑橘品种"国庆 1 号"和抗冷性较弱的"锦橙"在抗冷锻炼期间，前者体内 ABA 含量高于后者，而赤霉素含量低于后者。同一品种在抗冷锻炼期间，随着 ABA/赤霉素的比值升高，抗冷性逐渐增强，而在脱锻炼期间，随着 ABA/赤霉素的比值降低，抗冷性也逐渐减弱。

目前的研究结果表明，植物激素可能是抗逆性基因表达的启动因素，逆境条件改变了植物体内源激素的平衡状况，从而导致代谢途径发生变化，这些变化很可能是抗逆性基因活化表达的结果。

（四）逆境蛋白与抗逆性

随着分子生物学的发展，人们对植物抗逆性的研究不断深入。现已发现多种因素刺激（如高温、低温、干旱、病原菌、化学物质、缺氧、紫外线等）都会抑制原来正常蛋白质的合成，同时诱导形成新的蛋白质（或酶），这些在逆境条件下诱导产生的蛋白质可统称为逆境蛋白（stress proteins）。植物在逆境胁迫下合成逆境蛋白具有广泛性和普遍性。

1. 热激蛋白

在高于植物正常生长温度刺激下诱导合成的新蛋白称热激蛋白（heat shock proteins，HSPs），又称为"热休克蛋白"。一般认为高于植物生长最适温度 $11\sim15$ ℃时 HSP 即迅速合成。根据分子质量，HSP 命名为 HSP90、HSP70、HSP60 等。研究发现，HSP 家族中很大一部分属于侣伴蛋白（chaperone，Cpn），所以将 HSP 改写为 Cpn，命名为 Cpn60、Cpn70、Cpn90、Cpn110 和小分子 Cpn 蛋白（分子量为 $17\sim30$ kDa）。HSP 的产生在植物界具有普遍性，从低等的酵母到农业生产中常见的粮食作物（如大麦、小麦）、油料作物（如大豆、油菜）、蔬菜（如胡萝卜、番茄）以及棉花、烟草等都有。

侣伴蛋白是一类辅助蛋白分子，主要参与植物体内新生肽的运输、折叠、组装、定位，以及变性蛋白质的复性和降解。生物体受热激伤害后体内蛋白质变性剧增，热激蛋白可与这些变性蛋白质结合，维持它们的可溶状态或使其恢复原有的空间构象和生物活性。热激蛋白也可以与一些酶结合成复合体，使这些酶的热失活温度明显提高。高温驯化过的植物，在高温下的存活能力与热激蛋白的存在有关。所以热激蛋白与植物的抗热性有关。

植物对热激反应是很迅速的，热激处理 $3\sim5$ min 就能发现 HSP mRNA 含量增加，20 min 可检测到新合成的 HSP。处理 30 min 时大豆黄化苗 HSP 合成已占主导地位，正常蛋白合成则受阻抑。

2. 低温诱导蛋白

植物经一段时间的低温处理后会合成一些特异性的新蛋白质，称为低温诱导蛋白（low-temperatureinduced proteins），也称"冷响应蛋白"（cold responsive proteins）、"冷击蛋白"（cold shock proteins），如同工蛋白抗冻蛋白（antifreeze protein，AFP）、胚胎发育晚期丰富蛋白（lateembryogenesis abundant proteins，LEA）等，这些新蛋白质的出现与植物抗寒性的提高有关，例如同工蛋白，它能代替原来的酶蛋白（低温不能合成）行使功能；抗冻蛋白具有减少冻融过程对类囊体膜等生物膜的伤害、防止某些酶因冰冻而失活的功能。

低温诱导蛋白的出现还与温度的高低及植物的种类有关。水稻在 5 ℃、冬油菜在 0 ℃处理下均能形成新的蛋白。一种茄科植物的茎愈伤组织在 5 ℃处理的第一天就诱导三种蛋白合成，但若回到 20 ℃，则一天后便停止合成，并逐渐消失。

3. 渗调蛋白

无论干旱或盐渍都能诱导出一些逆境蛋白，其中研究较多且较为重要的是分子量为 26 kDa 的蛋白：该蛋白在盐适应细胞中的含量相当高，可达总蛋白质的 11%～12%。该蛋白质的合成和积累发生在细胞对盐或干旱胁迫进行逐级渗透调整的过程中，故将其定名为渗调蛋白或渗压素。它的产生有利于降低细胞的渗透势和防止细胞脱水，有利于提高植物对盐和干旱胁迫的抗性。

4.病原相关蛋白

病原相关蛋白（pathogenesis-related proteins，PR），也称"病程相关蛋白"，是植物被病原菌感染后形成的与抗病性有关的一类蛋白。自从在烟草中首次发现以来，至少在20多种植物中发现了病原相关蛋白的存在。

PRs在植物体内的积累与植物局部诱导抗性和系统诱导抗性有关。近年来的研究证实，PRs分子量往往较小，一般不超过40 kDa，常具有几丁酶和β-1,3-葡聚糖酶活性，能够抑制病原真菌孢子的萌发，降解病原菌细胞壁，抑制菌丝生长。β-1,3-葡聚糖酶分解细胞壁的产物还能诱导与其他防卫系统有关的酶系，从而提高植物抗病能力。

5.其他逆境蛋白

缺氧环境下植物体内会产生厌氧蛋白（anaerobic protein），紫外线照射会产生紫外线诱导蛋白（UV-induced protein），施用化学试剂会产生化学试剂诱导蛋白（chemical-induced protein），等等。

逆境蛋白可在植物不同生长阶段或不同器官中产生，可存在于不同的组织中。组织培养条件下的愈伤组织以及单个细胞在逆境诱导下也能产生逆境蛋白。

逆境蛋白在亚细胞的定位较为复杂。它可存在于胞间隙（如多种病原相关蛋白）、细胞壁、细胞膜、细胞核、细胞质及各种细胞器中。细胞质膜上的逆境蛋白种类很丰富，而植物的抗性往往与膜系统的结构和功能有关。

逆境蛋白是在特定的环境条件下产生的，通常使植物增强对相应逆境的适应性。如热预处理后植物的耐热性往往提高，低温诱导蛋白与植物抗寒性提高相联系，病原相关蛋白的合成增加了植物的抗病能力，植物耐盐性细胞的获得也与盐逆境蛋白的产生相一致。有些逆境蛋白与酶抑制蛋白有同源性。有的逆境蛋白与解毒作用有关。

逆境蛋白的产生是基因表达的结果，逆境条件使一些正常表达的基因被关闭，而一些与适应性有关的基因被启动。从这个意义上讲，逆境蛋白的产生也是植物对多变外界环境的主动适应和自卫。

但是，也有研究表明，逆境蛋白不一定就与逆境或抗性有直接联系。这表现在以下三个方面。①有的逆境蛋白（如HSPs）可在植物正常生长、发育的不同阶段出现，似与胁迫反应无关。②有的逆境蛋白产生的量与其抗性无正相关性。如在同一植株上不同叶片中病原相关蛋白量可相差达11倍，但这些叶片在抗病性上并没有显著差异。③许多情况下没有逆境蛋白的产生，但植物对逆境同样具有一定的抗性。

虽然关于逆境蛋白的调控可以在转录和翻译水平上进行，但是，关于各种刺激的接受、信号的传递、转换以及逆境蛋白在植物抗逆性中的作用等还有待深入研究。

（五）植物对逆境的交叉适应

生长在自然环境中的植物，常常会遭受不同逆境的胁迫，任何一种逆境都会影响或干扰植物的正常生理过程，而且各种逆境对植物的危害往往是相互关联的，如干旱往往伴随着高温，反过来高温也会引起干旱；又如盐分胁迫也会引起水分胁迫等。植物对各种逆境的适应也是相互联系的，如抗旱锻炼不仅能提高植物的抗旱性，而且也能提高植物的抗冷性。

植物与动物一样，也存在着交叉适应现象，即植物经历了某种逆境后，能提高对另一些逆境的抵抗能力，这种对不良环境间的相互适应作用称为交叉适应（cross adaptation）。如低温、高温等8种逆境刺激都可提高植物对水分胁迫的抗性；缺水、盐渍等预处理可提高植物对低温和缺氧的抗性；低温锻炼和轻度干旱可增加某些植物的抗冻性等。这些交叉适应现象表明植物对不同逆境的适应存在着某些共同的生理基础。例如，植物在逆境条件下ABA含量增加，ABA作为逆境的信号激素诱导植物发生某些适应性的生理代谢变化，增强植物的抗逆性，因此就可以抵抗其他逆境，即形成了交叉适应性。实验证实，外施ABA能提高植物对多种逆境的抗性。

逆境蛋白的产生也是交叉适应的表现，一种刺激（逆境）可使植物产生多种逆境蛋白。如一种茄属植物茎愈伤组织在低温诱导的第一天产生分子量为21.1、22和31.1 kDa的三种蛋白，第七天则产生分子量均为83 kDa而等电点不同的另外三种蛋白。多种刺激可使植物产生同样的逆境蛋白。如缺氧、水分胁迫、盐、脱落酸、亚砷酸盐和镉等都能诱导HSPs的合成；多种病原菌、乙烯、阿司匹林、几丁质等都能诱导病原相关蛋白的合成。

多种逆境条件下，植物都会积累脯氨酸等渗透调节物质，植物通过渗透调节作用可提高对逆境的抵抗能力。

生物膜在多种逆境条件下有相似的变化，而多种膜保护物质（包括酶和非酶的有机分子）在胁迫下可能发生类似的反应，使细胞内活性氧的产生和清除达到动态平衡。

第二节　植物的干旱胁迫生理

水分是植物生长乃至一切正常生命活动必需的重要环境条件之一。当植物耗水大于吸水时，就会发生水分亏缺（water deficit）。过度水分亏缺的现象，称为干旱（drought）。旱害（drought injury）则是指土壤水分缺乏或大气相对湿度过低对植物的危害。植物对干旱胁迫的适应和抵抗能力称为抗旱性（drought resistance）。我国西北、华北地区有大片的干旱或半干旱区，同时干热风在这些地区时有发生，南方各省虽然雨量充沛，但由于各月份雨量分布不均，山地土壤蓄水力差，也有干旱危害发生。

一、干旱的类型

（一）根据引起水分亏缺的原因划分

根据引起水分亏缺的原因，将干旱分为三种类型。

（1）大气干旱。大气干旱指在高温、强光、大气相对湿度过低（10%～20%）时，由于蒸腾强烈，植物的失水量大于根系吸水量而引起植物受害的现象。高温、强光还会造成植物的热害，干热风就是高温和干旱同时对农作物造成的危害。我国西北等地就常有大气干旱发生。

（2）土壤干旱。土壤干旱指土壤中缺乏植物能吸收的水分的情况，根系吸水困难，植物体内水分平衡遭到破坏，致使植物生长缓慢或停止的现象。在土壤干旱发生时，植物生长困难或完全停止，受害情况比大气干旱严重。我国西北、华北、东北等地区均常有土壤干旱发生。大气干旱如持续时间过长会引起土壤干旱，这两种干旱常同时发生。

（3）生理干旱。生理干旱指土壤水分并不缺乏，只是因为土壤温度过低、土壤溶液浓度过高（如盐碱土、施肥过多等）、积累有毒物质过多、土壤黏性过大等原因，妨碍植物根系吸水，造成植物体内水分亏缺，从而使植物受到危害的现象。

（二）根据水分胁迫的程度划分

根据水分胁迫的程度，将中生植物的干旱划分为3个等级。
（1）轻度干旱胁迫。水势略降低零点几兆帕，或相对含水量降低8%～10%。
（2）中度干旱胁迫。水势下降1.2～1.5 MPa，或相对含水量降低10%～20%。
（3）重度干旱胁迫。水势下降超过1.5 MPa，或相对含水量降低20%以上。

二、植物体内水分亏缺的度量

含水量是植物水分状况的重要度量指标，植物含水量不但直接影响植物的生长、气候状况、光功能，甚至作物产量，而且还对果蔬品质以及种子粮食的安全贮藏具有至关重要的作用。所以，植物组织含水量的测定和植物体内水分亏缺的度量在植物生理学研究中具有重要的理论和实践意义。

植物体内水分亏缺的度量指标主要有：①水势（rater potential，ψ_w）；②绝对含水量；③相对含水量（relative water content，RWC）；④水分饱和亏（water saturation deficit，WSD）。相对含水量和水分饱和亏可作为比较植物保水能力及推算水程度的指标。当植物组织含水量降低到产生不恢复的永久性伤害时的水分饱和亏，称为临界饱亏。

绝对含水量的表示方法有两种：一是以鲜重为基数表示（鲜重法），二是以干重为基数表示（干重法）。

鲜重法：
$$组织绝对含水量(占鲜重\%)=(W_f-W_d)/W_f\times100\%$$

干重法：
$$组织绝对含水量(占干重\%)=(W_f-W_d)/W_d\times100\%$$

式中，W_f为组织鲜重；W_d为组织干重。

植物组织相对含水量（RWC）是指组织含水量占饱和含水量的百分数，即
$$RWC=(W_f-W_d)/(W_t-W_d)\times100\%$$
式中，W_t为组织被水充分饱和后的重量。

在科学研究中，相对含水量较绝对含水量常用且更可靠。

水分饱和亏（WSD）是指植物组织实际相对含水量距饱和相对含水量（100%）差值的大小，常用下式表示：
$$WSD=1-RWC$$
实际测定时，可用下式计算：
$$WSD=(W_t-W_f)/(W_t-W_d)\times100\%$$

三、干旱伤害植物的机理

当干旱发生时，植物蒸腾失水超过了根系吸水，体内水分平衡被打破，细胞水势下降，膨压降低，出现叶片和茎幼嫩部分下垂，这种现象称为萎蔫（wilting）。根据导致植物发生

萎蔫的原因是否是土壤中缺少可利用水，分为暂时萎蔫和永久萎蔫。通常所说的旱害指的是永久萎蔫对植物所产生的伤害。干旱对植物的伤害主要表现在下列几个方面。

（一）生长受到抑制

当发生干旱胁迫时，分生组织细胞分裂减慢或停止，细胞伸长受到抑制，生长速率降低。干旱胁迫后，植株矮小，叶面积减小，产量显著降低。

（二）膜结构受损及细胞器的机械性损伤

当细胞失水达到一定程度时，膜的磷脂分子排列出现紊乱，往往亲脂端相互吸引形成孔隙，正常的膜脂双层结构和膜蛋白被破坏，因此膜的选择透性丧失，透性加大，膜蛋白也会与溶质一起渗漏。叶绿体片层、内质网膜等细胞器膜也因水分胁迫遭到破坏，形成叠状体，破坏细胞区室化。线粒体发生变形，内嵴数目减少。

（三）正常的生理代谢紊乱

1. 各部位间水分分配异常

水分不足时，不同器官不同组织间的水分，按水势高低重新分配，水势高的部位的水分流向水势低的部位。一般幼叶向老叶夺水，促使老叶死亡和脱落；胚胎组织把水分分配到成熟部位的细胞中去，使小穗数和小花数减少；严重缺水时幼叶从花蕾或果实中吸水，造成瘪粒、空粒和落花落果等现象，影响产量。

2. 光合作用减弱

干旱胁迫抑制光合作用，这种抑制效应既有气孔效应，又有非气孔效应。水分亏缺时，气孔开度减小甚至完全关闭，气孔阻力增大，影响 CO_2 的吸收，使光合作用下降，这种现象称为光合作用的气孔抑制。当水分胁迫严重时，叶绿体处于低水势环境，其片层结构受损，希尔反应减弱，光系统 II 活力下降，电子传递和光合磷酸化受抑制，导致光合速率下降，这种现象称为光合作用的非气孔抑制。按照 Farquhar 和 Sharkey（1983）的理论，只有当气孔导度和胞间 CO_2 浓度同时下降时，气孔限制值上升，才能认为这类光合作用受阻主要是由于气孔因素，即为气孔抑制。

3. 呼吸作用先升后降

当缺水时，呼吸作用在短时间内上升而后下降，这是因为细胞中酶的作用方向趋向于水解，即水解酶的活性加强，合成酶的活性降低，从而增加呼吸速率。但在水分亏缺较严重时，会导致氧化磷酸化解偶联，P/O 比下降，呼吸产生的能量多以热能形式散失掉，ATP 合成减少，从而影响多种代谢和生物合成过程的进行，呼吸作用又会逐渐降低至正常水平以下。

4. 核酸和蛋白质分解加剧，脯氨酸积累

在干旱条件下，植物细胞脱水，DNA 和 RNA 含量减少。其主要原因是干旱促使 RNA 酶活性增加，使 RNA 分解加剧，而 DNA 和 RNA 的合成代谢则减弱。另外，干旱时植物体内蛋白质分解加速，合成减少，这与蛋白质合成酶的钝化和能源（ATP）的减少有关。植物在干旱后，在灌溉和降雨时适当增施氮肥有利于蛋白质合成，补偿干旱所造成的不利影响。在干旱或盐渍等渗透胁迫时，植物体内蛋白质减少而游离的氨基酸增多，特别是脯氨酸，可增加

数十倍甚至上百倍。脯氨酸积累的原因可能有：脯氨酸合成加快，蛋白质分解加剧，脯氨酸氧化作用减弱。一般认为，脯氨酸可作为比较有效的细胞渗透剂（cytoplasmic osmoticum），在植物的抗旱性中起重要的渗透调节和稳定蛋白质特性的作用。需要指出的是，在干旱时也有些蛋白质的合成受到促进，如种子成熟时干燥胚中 LEA 蛋白明显增多，起到缺水时保留水分和稳定细胞膜的作用。

5. 激素的变化

干旱时植物体内细胞分裂素（CTKs）含量降低，ABA 和乙烯含量增加。ABA 能有效地促进干旱时气孔的关闭和降低蒸腾强度，而 CTKs 的作用相反。所以 ABA 能缓解植物体内水分亏缺，而 CTKs 却加剧植物体内的水分亏缺。乙烯含量的上升可加快植物部分器官的脱落。

（四）机械损伤

干旱对细胞的机械损伤是造成植株死亡的重要原因。在干旱脱水时，液泡发生收缩，对原生质产生一种内向的拉力，使原生质与其相连的细胞壁同时内向收缩，在细胞壁上形成很多褶皱，损伤原生质的结构。相反，失水尚存活的细胞如果再度吸水，尤其是骤然大量吸水，可引起细胞质、壁不协调膨胀，使粘在细胞壁上的原生质撕破，再度机械损伤，最终导致细胞死亡。

四、旱生植物的类型和植物抗旱的特征

（一）旱生植物的类型

根据植物对水分的需求，可把植物分为水生植物（hydrophyte）、中生植物（mesophyte）和旱生植物（xerophyte）三种生态类型。旱生植物对干旱的适应和抵抗能力、方式有所不同，大体有两种类型。

1. 避旱型植物

避旱型植物在土壤和植物本身发生严重的水分亏缺之前就已完成其生活史，或具有巧妙的机制以避开白天强光和高温导致的过腾失水。如生长于沙漠地区的某些植物（如滨琴植物）只能在雨季生长；景天酸代谢（CAM）植物仙人掌夜间气孔开放，固定 CO_2，白天气孔关闭，防止较大的蒸腾失水。

2. 耐旱型植物

耐旱型植物一般具有细胞体小、渗透势低和束缚水含量高、气孔和角质层阻大、根系发达等特点，可忍耐干旱逆境。植物的耐旱能力主要表现在其对细胞渗透势的调节和细胞膨压的维持上。在干旱时，细胞可通过增加可溶物质或肉质化（如茎）来改变其渗透势。膨压则通过渗透调节，增强细胞壁组织弹性以及使细胞体积小来维持，从而避免植物细胞和组织脱水。"复苏物"就是典型的例子，这类植物能够耐受极度脱水且能在环境适宜的情况下完全恢复正常的生态。一种锈状黑蕨能忍受 5 天相对湿度为 0 的干旱条件，胞质失水可达干重的 98%，而在重新湿润时又能恢复生命活力。苔藓、地衣、成熟的种子，耐旱能力也特别强。

（二）植物抗旱的特征

1. 形态结构特征

抗旱性强的植物根系发达而深扎，能有效地利用土壤水分。根冠比（R/T）可作为选择抗旱品种的形态指标。如高粱根冠比比玉米大，所以高粱较玉米抗旱性强。叶片细胞体积小，可减少细胞失水收缩和吸水膨胀时产生的机械伤害。气孔密度大，维管束发达，叶脉致密，表面茸毛多、角质化程度高或脂质层厚，不仅可以加强蒸腾作用和水分传导，更有利于根系吸水，避免因蒸腾水多于根系吸水造成的伤害。

2. 生理生化特征

抗旱性强的植物细胞液的渗透势较低（脯氨酸等渗透调节物质显著积累）；细胞质有很高的亲水能力，细胞保水能力强，可抗过度脱水。缺水时，酶的合成与分解相比，合成活动仍占优势，相对于抗旱性弱的植物，代谢受干旱的影响较小；ABA显著积累，增强了气孔调节功能，加快了气孔关闭和降低蒸腾。保水能力或抗脱水力强是植物抗旱性的最为关键的生理指标。

3. 生育期的特征

植物的抗旱性在不同的生育期有所不同。人们将植物对水分缺乏最敏感、易受害的时期称为水分临界期。以小麦为例，从蘖末期到抽穗期和从开始灌浆到乳熟末期是小麦的两个水分临界期。这两个时期缺水，将分别严重影响花和营养物质从母体各处运到籽粒，进而影响产量。抗旱品种则在水分临界期对水分不太敏感，或者干旱时合成代谢改变较小。

目前研究作物抗旱性和进行抗旱品种选育，一般以上述特征作为指标。例如，不同抗旱性作物根冠比（R/T）（以干重表示，根的单位是mg，地上的单位是g）是不同的，高粱是209，玉米是146，农2号水稻是117，IR20水稻是49。R/T值越大，越抗旱，否则越不抗旱。

五、提高植物抗旱性的途径

（一）选育抗旱品种

选育抗旱品种是提高植物抗旱性的基本措施。

（二）抗旱锻炼

人工地给植物以亚致死程度的干旱条件，使植物经受旱锻炼，代谢减弱，提高适应干旱的能力。如在农业生产上采用的"蹲苗""搁苗""饿苗"及"双芽法"等。玉米、棉花等在苗期适当控制水分，抑制生长，称为"蹲苗"；蔬菜移栽前先拔起，让其适度萎蔫一段时间后再栽，称为"搁苗"；甘薯切下藤苗后置放阴凉处1～3天，甚至更长时间再扦插，称为"饿苗"；"双芽法"是播种前的种锻炼，即先让谷物种子吸水，然后风干，如此重复2～3次，再播种。

（三）化学调控

化学调控是指利用化学试剂或植物生长调节剂，提高植物抗逆性的方法。用 $0.25\ mol \cdot L^{-1}$ 的 $CaCl_2$ 溶液浸种20 h，或用0.05%的 $ZnSO_4$ 溶液喷洒叶片，有提高抗旱与抗热的效果。

（四）抗蒸腾剂的使用

抗蒸腾剂（如苯汞乙酸、黄腐参等）可以通过控制气孔开度、降低蒸腾失水，也可通过提高冠层光能的反射，减少用于叶面蒸腾的量，提高植物抗旱性。前者如外源施用S-诱抗素口矮壮素（CCC），后者如叶面喷施高岭土。

（五）合理施肥

增施磷、钾肥，适当控制氮肥，可提高作物的抗性，达到"以肥调水"的目的。磷可促进有机磷化合物的合成，提高原生质胶体的水合度。钾能改善植物的糖代谢，增加细胞的渗透浓度，保持气孔保卫细胞的紧张度，促进气孔开放，有利于光合作用。而加营素过多，易造成植物地上部茎叶徒长，蒸腾失水增多；抗旱能力减弱。

第三节　植物的湿涝胁迫生理

一、湿害和涝害

水分过多对植物的不利影响称为涝害，但水分过多的数量概念比较含糊。一般有两层含义。一种含义是土壤水分超过了田间的最大持水量，土壤水分处于饱和状态，植物根系完全生长在沼泽化的泥浆中，这种涝害被称为湿害。湿害不是典型的涝害，但本质上与涝害大体相同，对植物生长或作物生产有很大影响。另一种含义是指水分不仅充满了土壤，而且地面积水，淹没了植物的全部或一部分，这才是典型的涝害。植物对水分过多的适应能力称为抗涝性。

在低洼、沼泽地带发生洪水或暴雨之后，常常有涝害发生。涝害会使作物生长不良，轻则减产，重则绝收。在我国和世界各地，涝害的发生具有相当大的普遍性，已成为给农业生产带来巨大损失的重要气候因素之一。

二、涝害对植物的影响

不论是湿害还是涝害，都是使植物生长在缺氧的环境中，因缺氧而产生一系列不利的影响。缺氧是涝害影响植物生长的主要原因。

（一）生长受抑

缺氧引起植物生长量降低，形态、结构发生异常。受涝的植株生长矮小，叶黄化，根尖变黑，叶柄偏上生长。根细胞在缺氧时，线粒体发育不良。当种子在淹水中萌发时，只有芽鞘伸长但不长根，只有在通气后根才出现。

（二）代谢紊乱

缺氧时，植物有氧呼吸受到抑制，而无氧呼吸加强，导致乙醇、丙酮酸、乳酸等物质积累，产生毒害。无氧呼吸还使根系缺乏能量，降低了根对矿质离子的正常吸收活性。物质分解大于合成。当涝害发生，特别是植株完全被淹没时，还会产生弱光胁迫，叶片光合作用明显降低，甚至完全停止。

（三）营养失调

缺氧使得土壤中的好气性细菌（如氨化细菌、硝化细菌等）的正常生长活动受到抑制，影响了矿质营养供应。同时，土壤中的厌气性细菌（如丁酸细菌）活跃，从而增大土壤溶液的酸度，降低其氧化还原势，土壤内形成大量有害的还原性物质（如 H_2S、Fe^{2+}、Mn^{2+} 等），使必需元素 Mn、Fe 等易被还原流失，引起植株营养缺乏。

（四）乙烯增加

在淹水条件下，植物体内乙烯含量明显增加。例如水涝时美国梧桐植物体内乙烯含量提高 10 倍左右。高浓度的乙烯可引起叶片卷曲，叶柄偏上生长，叶片脱落，花瓣褪色等。研究表明，水涝时促使植物根系大量合成乙烯的前体物质 ACC，上运到茎叶后接触空气即转变为乙烯。

三、植物对涝害的适应机理

植物对涝害的适应能力取决于其对缺氧的适应能力。

（一）具有发达的通气组织（形态适应）

水涝时很多植物可以通过胞间空隙和通气组织把地上部吸收的 O_2 输入根部和缺氧部位。植物是否能适应淹水胁迫在很大程度上取决于其体内是否有通气组织。据推算，水生植物的细胞间隙约占总体积的 70%，而陆生植物只占 20%。比如水生植物浮萍就具有发达的细胞间隙系统，通过它们可顺利地把氧气输送到根部，水稻的根和茎也具有发达的通气组织；而玉米、小麦等植株的根和茎则缺少这样的通气组织，所以它们对淹水胁迫的适应能力弱，但是它们的根部经缺 O_2 诱导也可形成通气组织。淹水缺氧之所以能诱导根部通气组织形成，主要是因为缺氧刺激乙烯的生物合成，乙烯的增加刺激纤维素酶活性加强，溶解皮层细胞的胞壁，最后形成通气组织。

（二）代谢调节（生理适应）

植物通过某种方式补偿体内氧的不足，如柳树（耐涝植物）根在无氧条件下可以用 NO_3^- 的 O_2 以补偿 O_2 的亏缺，也可以通过代谢上的变化，消除无氧呼吸所积累的有毒物质，如甜茅属植物缺氧虽然短期会刺激糖酵解途径，但随即以戊糖磷酸途径取代糖酵解过程，从而减少了有毒物质的积累。有些耐湿植物可通过提高乙醇脱氢酶（ADH）活性减少乙醇的积累。厌氧蛋白（ANPs）就是植物在淹水缺氧条件下新合成的一组新蛋白质或多肽，其中有些 ANPs 如乙醇脱氢酶含量和活性增加，这对于提高植物抵抗缺氧能力是有利的。

第四节　植物的低温胁迫生理

一、植物的冷胁迫生理

温度是影响植物生长、发育的重要环境因子，也影响植物的地理分布。植物生长、发育对温度的反应有三基点，即最低温度、最适温度和最高温度。低于最低温度，植物将会受到寒害，具体包括冷害和冻害。冷害是冰点（0 ℃）以上低温，对一些起源于热带和亚热带的喜温植物（如番茄、黄瓜、水稻等）造成的伤害；冻害是冰点（0 ℃）以下低温，对一些起源于温带的植物（如小麦）造成的伤害。

（一）冷害和抗冷性

一些起源于热带和亚热带的喜温植物，在遇到比正常温度低得多且又在冰点以上的低温时，就会出现明显的生理障碍，受到伤害甚至死亡，这称为冷害。植物对冰点以上低温的适应性称为抗冷性。在我国，冷害经常发生于早春、晚秋，对作物的危害主要是在种子萌发期、苗期与籽粒或果实形成期。例如，棉花、大豆种子在吸胀初期遭遇低温，可能会完全丧失发芽力；棉花、玉米等在春天播种后，遇零上低温，会出现死苗或僵苗不发；水稻开花前遭受冷空气侵袭，就会造成空瘪不实；荔枝的果实和甘薯的块根在过低温度下贮藏会引起腐烂，缩短贮藏时间。总之，冷害问题已成为许多地区限制农业生产、制约经济发展的主要因素之一。近年来，随着塑料大棚、地膜覆盖等技术在生产中的推广和应用，此问题在局部已基本得到解决，但限于成本较高，很难在较大范围内普及使用，因此研究植物冷害的机理和提高植物抗冷性的措施仍显得迫切和必要。

（二）冷害的机理

冷害的机理主要包括以下两方面。

1. 膜相和膜结构改变

在低温下，生物膜（如原生质膜、叶绿体膜等）的脂类会出现相分离和相变，从流动的液晶相转变为凝胶相。膜结构的改变首先是由于膜相的改变，膜收缩并出现破损，使膜透性加大，胞内物质大量外渗；其次是使结合在膜上的酶蛋白解离或酶亚基分离，酶活性下降或丧失。膜脂相变温度随其脂肪酸碳链的长度增加而增加，随不饱和脂肪酸如油酸（oleic acid）（$C_{18:1}$）、亚油酸（linoleic acid）（$C_{18:2}$）、亚麻酸（linolenic acid）（$C_{18:3}$）等所占比例的增加而降低。

膜脂相变温度与膜脂脂肪酸不饱和指数（index of unsaturated fatty acid，IUFA）呈负相关，即不饱和脂肪酸含量越高，越耐低温。如粳稻亚种细胞膜中含较多的亚油酸，其IUFA明显比籼稻亚种高，故粳稻亚种多为抗冷品种，籼稻亚种则多为冷敏感品种。此外，膜脂脂肪酸不饱和指数与膜流动性有关。杨福愉等证明水稻抗冷品种的膜流动性大于冷敏感品种。温带植物较热带植物更耐低温的原因之一，就是构成膜脂的不饱和脂肪酸含量和不饱和程度较高，可有效降低冷害时的膜脂相变温度，维持流动性，使植物表现抗冷性。去饱和酶

（desaturase）是植物体内存在的可降低膜脂脂肪酸饱和程度的酶，如甘油-3-磷酸酰基转移酶、ω-3-脂肪酸去饱和酶等，它们能够催化膜中脂肪酸的去饱和反应，提高不饱和脂肪酸含量，从而提高植物的抗冷性。

2. 生理代谢过程紊乱

（1）胞质环流减慢或停止。把对冷害敏感的植物（如番茄、玉米、西瓜、甜瓜等）的叶柄表皮毛在 10 ℃下放置 1～2 min，胞质环流就会变得缓慢甚至完全停止。而把对冷害不敏感的植物（如甘蓝、胡萝卜、甜菜、马铃薯等）置于 0 ℃时仍有胞质环流。胞质环流过程需要 ATP 提供能量和细胞膜维持完整性，胞质环流减慢或停止则说明了冷害使 ATP 代谢受到抑制，膜结构发生变化。

（2）水分和养分吸收下降。植物根系在低温下生长缓慢，活细胞原生质黏度增大，呼吸减弱，能量供应减少，导致根系吸水、吸肥能力显著下降，但蒸腾仍保持一定速率，吸水跟不上蒸腾，水分平衡失调。因此，在寒潮过后，植物的叶尖、叶片、枝条往往出现干枯甚至脱落。

（3）光合速率减弱。低温下植物叶绿体类囊体片层结构排列紊乱，被膜内陷或破裂，叶绿素生物合成受阻，含量明显下降，导致光合速率降低。

（4）呼吸速率大起大落。很多植物在低温初期，呼吸速率会比正常时还高，这是一种暂时的保护作用，因为呼吸增强，放出的热量就多，这对抵抗寒冷是有利的。但随着低温时间的延长，呼吸速率开始显著下降。低温初期呼吸速率的增加一方面可能是由于低温刺激了乙烯的产生，从而促进了呼吸作用；另一方面，低温发生时胞质环流减慢或停止，氧供应不足，无氧呼吸比例加大，细胞内有毒物质（如乙醇、乙醛等）积累增多。这种呼吸大起大落的现象在冷敏感的植物中特别明显，而抗冷性强的植物在低温发生时一般不出现呼吸速率的增加，即使有所增加，当气温回暖时也会很快恢复正常。

（三）提高植物抗冷性的措施

1. 低温锻炼

很多植物（包括抗冷性较强的植物）如果预先给予适当的低温锻炼（cold acclimation），而后就可以抵抗或适应更低的环境温度。如番茄苗在移出温室前须先经过 1～2 天 10 ℃冷锻炼处理，栽后可抗 5 ℃左右低温；黄瓜苗经 10 ℃锻炼后即可抗 3～5 ℃低温。

2. 化学诱导

给植物喷施植物生长延缓剂，延缓生长，可提高植物体内脱落酸水平，提高植物抗冷性。利用油菜素内酯等，可减轻植物在低温条件下的膜脂过氧化作用，从而稳定细胞膜的结构与功能，以适应低温逆境。如用 PP、油菜素内酯等浸种或苗期喷施，可提高水稻幼苗的抗冷性；玉米、棉花播种前用福美双（TMTD）浸种，可提高其抗冷性。

3. 合理施肥

适当增施磷、钾肥，少施或不施氮肥，有利于提高作物的抗冷性。

4. 选育抗冷性品种

通过细胞工程、基因工程、分子育种及杂交育种技术选育抗冷性强的植物新品种。

二、植物的冻胁迫生理

(一) 冻害和抗冻性

在冰点以下低温时植物体内会发生结冰，造成冬季植物受伤甚至死亡，称作冻害。具体有冰冻害、霜害和冰雪害等形式。有时冻害与霜害相伴发生，故冻害往往也称霜冻。植物适应和忍耐冰点以下低温的现象，称为抗冻性（freezing resistance）。我国各地尤其是北方及江淮地区，在冬季与早春时有冻害发生。例如，在北方，冬季白菜叶子会出现透明的冰渍状。冻害也是限制农业生产的重要自然灾害之一。

(二) 冻害的机理

1. 冻害对植物的直接伤害

结冰伤害是指由冰点以下温度使组织或细胞的水分结冰引起的伤害。根据温度下降和结冰方式的不同，结冰伤害可分为胞间结冰和胞内结冰两种。

（1）胞间结冰。在温度缓慢下降的情况下，细胞间隙和细胞壁附近的水分结成冰，即胞间结冰，又称"胞外结冰"。由于细胞间隙水分结冰，引起细胞间隙的水势降低，因此细胞从水势较高的地方吸水，使细胞间隙的冰晶不断扩大。胞间结冰伤害的具体表现有：造成胞内原生质过度脱水，破坏蛋白质分子，细胞质凝固变性；冰晶对细胞质造成机械损伤；融冰伤害，即温度回升时，冰晶迅速融化，细胞壁易恢复原状，而细胞质却因来不及吸水膨胀而被撕破。胞间结冰并不一定会使植物死亡。大多数经过抗寒锻炼的植物在气温逐渐回升时，细胞间隙的冰晶逐渐融化，细胞重新吸回失去的水分而恢复它们的代谢作用。如白菜等抗冻性较强的植物有时虽然被冻得呈玻璃透明状，但在回温解冻时仍然可存活。我国西北地区果树越冬时出现"抽条"现象，可能是因为枝条中冰的升华或枝条白天解冻时液态水蒸发，又不能从植物体其他仍处于冰冻状态的部位吸收到水分，造成过度脱水，抽干而死。

（2）胞内结冰。当温度骤然下降时，除了胞间结冰外，细胞内的水分也会结冰，一般是先在原生质内结冰，然后扩展到液泡，即为胞内结冰。其造成伤害的主要原因是冰晶的机械伤害，使细胞结构遭受不可逆的机械损伤。这种伤害往往是致死性的，植物很难存活。

2. 冻害对植物的间接伤害

冻害损伤严格地说就是冰晶的机械伤害，其间接伤害主要表现在以下两方面。

（1）膜伤害。植物细胞的膜系统对结冰最敏感，细胞在发生结冰时会同时产生脱水、机械和渗种胁迫伤害，使膜蛋白变性或改变膜中膜脂和膜蛋白间的排列及相互作用，膜透性加大，胞内溶质外流。如柑橘的细胞在$-6.7 \sim -4.4$ ℃时所有膜系统（质膜、液泡膜、叶绿体和线粒体膜）都被破坏。此外，膜脂相变也使得一部分与膜结合的酶（如位于类囊体膜上的ATPase和线粒体内膜上的ATP酶）与膜分离而失去活性，光合或氧化磷酸化解关，ATP形成明显受阻，引起代谢失调，严重时植株死亡。

（2）蛋白质损伤。Levitt提出了结冰伤害蛋白质损伤的巯基（—SH）假说。他认为，结冰对细胞的损害主要是细胞质结冰脱水使蛋白质分子逐渐接近，相邻肽链外部—SH彼此接近，两个—SH氧化形成二硫键（—S—S—），使蛋白质分子凝聚；解冻再度吸水时，肽链松散，氢键处断裂，而二硫键保存，肽链的空间位置发生变化，蛋白质分子的空间构象改变，活性也发生改变，引起细胞伤害和死亡。

因此，植物组织抗冻性的基础在于阻止细胞内蛋白质分子间二硫键（—S—S—）的形成。已有实验结果表明，当植物脱水后，细胞内—SH含量多而—S—S—少的，其抗冻性就强。

（三）植物对冻害的生理生态适应

1. 生态适应

在地球上的任何地区，不论气候如何寒冷，总能找到适应低温的植物。即使抗寒性很强的植物，在未进行抗寒锻炼前，对寒冷的抵抗力也是不高的。如针叶树在冬季可忍耐−40～−30 ℃的严寒，但在夏季人为给予−8 ℃的便会冻死。此外，其他生态因子，如照光、适当干旱、营养充足（除N外）也可增强植物的抗冻性。

2. 生理适应

植物在冬季来临之前，随着气温的逐渐降低，体内发生了一系列适应低温的形态和生理生化变化，抗寒力逐渐增强。这种抗寒力逐渐提高的过程，称为低温驯化（cold acclimation，CA）或抗寒锻炼（cold hardening）。植物的抗寒性因植物种类、生育期、器官等不同而有很大差异，但要获得相应抗寒力，低温驯化或抗寒锻炼的过程是必要的。如冬小麦在夏天20 ℃时，抗寒力很弱，只能抗−3 ℃的低温；秋天在15 ℃时，开始能抗−10 ℃的低温；冬天0 ℃以下时，可抗−20 ℃的低温；春天温度上升回暖时，抗寒力又下降。低温驯化或抗寒锻炼是一个复杂的生物学过程，涉及众多生理、生化和分子生物学上的变化，包括膜结构与组成的改变，脯氨酸、甜菜碱、可溶性糖等渗透调节物质的增加，调节与植物低温适应相关基因的表达等方面。

（1）植株含水量下降。随着温度的下降，植物体内含水量逐渐下降，束缚水/自由水比值相对增加。由于束缚水不易结冰和蒸腾，因此总含水量的下降和束缚水比例的相对增加对增强植物的抗冻性是有利的。

（2）呼吸减弱。植物的呼吸随着温度的下降逐渐减弱，其中抗冻性弱的植株或品种减弱得很快，而抗冻性强的植株或品种则减弱得较慢。植物细胞呼吸的减弱和代谢活动的降低，使得细胞内糖分消耗减少，有利于糖分积累，使细胞不易结冰，从而增强植物的抗冻性。

（3）生长停止，进入休眠。冬季来临时，植株呼吸减弱，体内脱落酸含量增多，顶端分生组织生长变得很缓慢，甚至停止生长，进入休眠状态。许多试验证明，生长缓慢和代谢减弱是植物对不良环境的适应性反应。

（4）保护性物质增多。保护性物质具体有ABA（起促休眠和信号作用）、可溶性糖类（主要是葡萄糖和蔗糖，起降低冰点和酶保护剂作用）、脂类（集中在细胞质表层，防结冰和失水）、脯氨酸（降低渗透势和防失水）和一些抗氧化物质（清除活性氧）等。

（5）膜脂组成改变。适当增加不饱和脂肪酸的比例，以提高膜的稳定性。

（6）低温诱导蛋白形成。试验证明，植物经低温诱导能活化某些特定基因并经转录翻译合成新的蛋白质。例如拟南芥、苜蓿、油菜、菠菜等，经低温诱导后均有不同程度的新肽或蛋白质的合成，称为低温诱导蛋白或冷调节蛋白（cold regulated proteins，CORP），如抗冻蛋白、CBF（C-repeatbinding factor）转录因子、胚胎发育晚期丰富蛋白等。这些新多肽或蛋

白质有的能直接降低细胞液的冰点，减少细胞冰冻脱水，有的可调节植物冷调节基因（cold-regulated genes，COR）的表达，最终达到增强植物抗寒性的目的。

（四）植物对低温生理生态适应的分子生物学研究

在低温胁迫时，植物感受低温信号并传递低温信号到核内，激活转录因子，进而调节基因表达，引起一系列生理生化反应，产生抗寒能力，这是一个复杂的信号网络系统。有证据表明，细胞膜不仅是低温信号的初级靶标，而且在对低温胁迫信号的感受方面起重要的作用，但目前仍不十分清楚植物如何感知低温信号。现有研究表明，冷驯化或低温锻炼（2～6 ℃）可诱发100种以上的抗冻基因（antifreeze gene）表达，如拟南芥的COR基因、油菜的BN基因等。对于这些新合成的多肽或蛋白质，其可能的功能主要有：作为抗冻剂，防止冰晶的形成；作为防脱水剂，防止脱水伤害细胞；作为低温胁迫下细胞主要代谢途径中的关键酶；作为植物在低温下信号转导系统的组成部分，参与低温信号转导过程。已发现的抗冻基因和抗冻蛋白种类较多，弄清它们与植物抗寒性的关系及其作用方式特别重要。

1. 抗冻基因

对于植物冷驯化的分子机理，目前研究得最多的是CBF转录因子调控的信号转导途径。CBF基因家族是一个包括CBF1、CBF2、CBF3、CBF4的小基因家族，其成员在植物抗寒、抗旱及抗盐碱方面起着很大的作用。4种CBF蛋白中有相同的结构基序，即AP2结构域，它是一种DNA结合结构域，约有60个氨基酸，其作用是与COR基因启动子中的CRT/DRE（C-repeat/dehydration responsive element）调节元件结合。在低温驯化或锻炼条件下，CBF基因表达，AP2与CRT/DRE结合，从而激活COR基因表达冷调节蛋白（CORP），植物的抗寒性相应提高。冷诱导表达的拟南芥CBF基因是不依赖于ABA的。

2. 抗冻蛋白

当植物遭遇低温时，叶片表皮细胞和周围细胞会形成特殊的蛋白质。这些特殊的蛋白质与冰晶表面结合，抑制或减缓冰晶进一步向内生长和扩大。这类蛋白质称作抗冻蛋白（AFPs）。它们具有多个亲水性结冰区域，能直接作用于冰晶，阻止冰晶在细胞间隙形成和再结晶。一些植物抗冻蛋白与病程相关蛋白有序列同源性，具有抗冻和抗病双重活性（双功能蛋白）。例如，从拟南芥中鉴定出的冷诱发基因与鱼编码抗冻蛋白的DNA同源；从冷驯化的白菜叶片中分离的抗冻蛋白在体外试验中能保护非驯化菠菜的类囊体不被冷冻和解冻伤害；把胡萝卜的抗冻蛋白基因转至烟草中表达，可使烟草在−2 ℃条件下的存活时间延长。黄永芳等采用花粉管通道法和子房射法，将美洲拟蝶AFP基因导入番茄，转基因番茄在低温下的生长优于对照植株，而且致死温度也比对照植株低2 ℃。

（五）提高植物抗冻性的途径

1. 抗冻锻炼

在植物遭遇低温冻害之前，逐步降低温度，可使植物的抗冻能力提高。抗冻锻炼可分为人为的抗冻锻炼和自然条件下的抗冻锻炼。后者如秋冬季播种一年生越冬作物，经历寒冬前自然条件下的逐步降温，经历零上低温驯化后，植株体内的可溶性糖增加，有助于限制零下低温时冰晶的产生。经历零下低温（−5～−3 ℃）锻炼后，植株组织含水量及自由水含量减少，束缚水相对增多；体内激素比例发生改变，AA和GA含量下降，ABA含量增加；同化物积累明显增加，尤其是胞内可溶性糖类的积累，增加了胞液浓度，降低了冰点，使植物的抗冻能力显著提高。

但需指出的是，这种锻炼后抗冻性的提高不是无限的，植物的抗冻能力最终还是由其遗传性决定的。

2. 化学调控

化学调控主要是用一些植物生长物质（特别是一些植物生长延缓剂）来提高植物的抗冻性。例如，槭树在短日照下用生长延缓剂Amo-1618与B9处理，即可提高其抗冻能力；用S-诱抗素可保护苹果幼苗不受冻害；用矮壮素（CCC）处理可提高小麦抗冻特性等。

3. 栽培措施

植物抗冻性的形成是其对各种环境条件的综合反应，因此环境条件的变化可影响抗冻性。据此在农业生产上要采取各种有效的农艺措施，加强田间管理，防止冻害的发生。比如适时播种，松土通气，增加钾肥比例，促使幼苗健壮；寒流霜冻来临前进行冬灌、盖草等措施，以抵御寒潮袭击；早春育秧或大田秧苗，采用薄膜苗床或地膜覆盖，对防止冻害也有很好的效果。

第五节　植物的热胁迫生理

一、热害对植物的影响

由高温引起植物伤害的现象，统称为热害（heat injury）。但热害的温度很难界定，因为不同种类的植物对高温的忍耐程度有很大差异，仅以高等植物来说，水生和阴生植物（如地衣和苔藓等）的热害界限在35 ℃左右，而一般陆生的高等植物热害界限可大于35 ℃，某些极度喜温植物（如蓝绿藻）在65～100 ℃才受害。所以热害的温度不能绝对划分，而且热害的温度还和作用时间密切相关，作用时间越短，植物可忍耐的温度越高。在农业生产上，热害和旱害常相伴发生，抗热性的机理也可解释抗旱性，抗旱性机理中也包含抗热性。两者在现象上的差别在于热害导致叶片出现明显死斑，叶绿素破坏严重，器官脱落，细胞结构破坏变形等，而旱害症状不如热旱显著。植物对热害的适应能力称为抗热性（heat resistance）。我国西北、华北等地区有时刮干热风，西北和南方等地区有时遭遇太阳猛烈暴晒，都会使植物发生严重热害。此外，向阳的果树和树干常出现的日灼病，就是由于温度快速升高而引起的一种热害现象。植物受高温伤害后会出现多种症状：树干（特别是向阳部分）干裂；叶色变褐、变黄，叶片出现死斑；鲜果烧伤；花序或子房脱落等。

高温对植物的伤害可分为直接伤害和间接伤害两方面。

（一）直接伤害

直接伤害是高温直接影响的结果，伤害发生迅速，一般只需几秒到几十分钟即可出现热害症状，且受害症状可从受热部位向非受热部位传递蔓延。其伤害的原因有以下两点。

1. 蛋白质变性

高温能破坏蛋白质的空间构型，打断蛋白质肽链的氢键，使蛋白质分子失去二级和三级结构，蛋白质分子展开，从而失去其原有的生物学特性，即变性。一般蛋白质的最初变性都是可逆的，随着高温的继续影响，蛋白质分子内巯基氧化，形成二硫键，就转变为不可逆的凝聚状态，这与冻害有类似之处。一般植物器官、细胞的含水量越少，如种子越干燥，其抗热性就越强；幼苗含水量越多，越不耐热。

2. 脂类液化

生物膜主要是由蛋白质和脂类组成的，两者之间是靠静电或疏水键联系的。随着温度升高，膜蛋白变性，脂类分子的活动性增加并超过了它与蛋白质间的静电引力，从膜结构中游离出来，形成一些液化的小囊泡，从而破坏了膜的结构，膜功能受损。与冷害相似，植物抗热性强弱也与生物膜膜脂中脂肪酸的饱和程度有关，但具体关系相反。脂类液化程度取决于膜中脂肪酸的饱和程度和碳链长度，饱和脂肪酸越多、碳链长度越长，越不易液化，耐热性越强，如耐热藻类的饱和脂肪酸含量显著比中生藻类的高。

（二）间接伤害

间接伤害是指高温导致植物体代谢异常，渐渐使植物受害。高温越高或持续时间越长，伤害程度也越严重。具体表现如下。

1. 碳饥饿（carbon starvation）

植物光合作用的最适温度是25～30 ℃，而呼吸作用的最适温度一般为25～35 ℃，即一般呼吸作用的最适温度要比光合作用的最适温度高。如马铃薯的光合最适温度为30 ℃，而呼吸最适温度接近50 ℃。在生理学上，把呼吸速率与光合速率相等时的温度称为温度补偿点。因此，当植物处于温度补偿点以上的温度时，呼吸作用大于光合作用，光合作用制造的物质抵不上呼吸消耗，或光合产物运输受阻或接纳能力降低，都可使植物处于饥饿状态，时间过久，植物就会死亡。

2. 毒性物质积累

首先，有试验证明，高温可破坏有氧呼吸，导致无氧呼吸所产生的有毒物质如乙醇、乙醛等积累；其次，高温还抑制蛋白质的合成，促进蛋白质的降解，使氨积累过多而毒害细胞。把有机酸（如苹果酸、柠檬酸等）引入植物体内，可减轻氨的毒害。这是因为有机酸可与氨结合形成氨基酸或酰胺，从而解除氨毒害。肉质植物（如仙人掌）之所以耐热性强，就是因为它们具有很旺盛的有机酸代谢，可避免氨的积累，减轻其毒害。

3. 蛋白质破坏

高温下原生质蛋白质的破坏是热害的重要特征。蛋白质受到破坏的主要原因有：高温下细胞产生了自溶的水解酶，或者是溶酶体破裂后释放出水解酶促使蛋白质水解；高温破坏了氧化磷酸化的偶联，因而丧失了为蛋白质生物合成提供能量的能力；高温还破坏核糖体和核酸的生物活性，从根本上降低了蛋白质的合成能力。因此，高温下蛋白质含量下降是其分解加剧和合成减少两方面造成的综合结果。

二、植物的抗热机理

（一）内部因素

植物对高温的适应能力首先取决于生态习性，不同生态环境下生长的植物耐热性不同。

一般来说，生长在干燥炎热环境下的植物耐热性高于生长在潮湿冷凉环境下的植物。例如，起源于热带和亚热带的玉米、高粱、甘蔗等 C_4 植物，其光合最适温度和温度补偿点均较高，可达 $40 \sim 45\ ℃$，而水稻、小麦等 C_3 植物的光合最适温度为 $20 \sim 25\ ℃$，温度补偿点小于 $30\ ℃$，因此，C_4 植物的耐热性明显高于 C_3 植物。

植物的不同部位或在不同的生育期，其耐热性也有差异。成长叶片的耐热性大于嫩叶，更大于衰老叶。种子休眠时耐热性最强，随着种子吸水膨胀，其耐热性下降；开花期耐热性较差；果实越趋成熟，耐热性越强，如葡萄未成熟时只能忍受 $43\ ℃$，成熟时能忍受 $62\ ℃$。油料种子对高温的抵抗能力大于淀粉种子，一般来说，含油量越高，耐热性越强。细胞内液越浓（含水量越少），蛋白质分子越不易变性，耐热性越强。但是肉质植物例外，它的含水量很大，耐热性也很强（如仙人掌可耐 $65\ ℃$ 的高温），这主要和肉质植物的细胞质黏性大和束缚水比例高有关。

耐热性强的植物在代谢上的基本特点有两个。一是构成原生质的蛋白质或酶对热不敏感，不易因高温而变性或凝聚，在高温下仍可维持一定程度的正常代谢。蛋白质分子内疏水键、二硫键的多少及牢固程度与其稳定性呈正相关。另外，维持蛋白质合成活性，使变性或凝聚的蛋白质很快得到补偿，无疑也是有利的。二是生长在沙漠、干热地区的一些植物，在高温下产生较多的有机酸，有机酸与 NH_4^+ 结合可消除高温下蛋白质分解所释放的多余的 NH_3 的毒害，从而提高耐热能力。

（二）外部因素

温度对植物的耐热性有直接影响。如干旱环境生长的藓类，在夏天高温时耐热性强，在冬天低温时耐热性差。高温锻炼可提高植物的耐热性。如把石草栽培在 $28\ ℃$ 条件下，5 周后，其叶片耐热性比对照植株（在 $20\ ℃$ 条件下生长 5 周）提高了 $4\ ℃$（从 $47\ ℃$ 增加到 $51\ ℃$）。将萌动的种子放在适当高温下锻炼一段时间后播种，可提高其耐热性。

湿度与植物的耐热性也有关系。通常，湿度高，细胞含水量高，其耐热性降低。栽培作物时控制水或充分灌溉，可使细胞含水量不同，使植物耐热性有差异。

矿质营养的供应与植物耐热性也有关系。如白酢浆草等植物在氮素过多时耐热性降低，而营养缺乏时其热致死温度反而提高，其原因可能是氮素足增加了植物细胞的含水量。

（三）热激蛋白

热激蛋白（HSPs）是生物体受高温刺激后大量表达的一类蛋白，最早是在果蝇中发现的，现已证明它普遍存在于动物、植物和微生物中。例如，大豆幼苗从 $25\ ℃$ 转至 $40\ ℃$（仅低于热死温度）$3 \sim 5\ min$ 时，细胞中一些常见的 mRNA 蛋白质合成受阻，而其他 $30 \sim 40$ 种蛋白质（即 SPs）的转录和翻译得到促进。

HSPs 的分子量一般为 $15 \sim 104\ kDa$，主要存在于细胞质、线粒体、叶绿体和内质网等部位。大多数 HSPs 具有典型的分子伴侣的生理功能。在正常生理条件下，它们的生理功能是帮助蛋白质正确折叠、装配、运转及降解；在胁迫条件下它能够稳定蛋白和膜的结构，防止变性蛋白质聚合，以及帮助蛋白质再折叠，恢复其原有的空间构象和生物性，从而有利于其转运过膜，提高细胞的耐逆性。

根据 SDS-PAGE 电泳表现的分子质量大小，可把植物 HSPs 分为五大类：HSP110、HSP90、HSP70、HSP60 和小分子 HSP（smHSP）。每一类 HSPs 在结构上都有不同程度的保守性。HSPs 不仅在植物受热胁迫时合成和对植物耐热性有利，也可在其他环境胁迫（如干旱、低温、盐渍、ABA 处理、机械伤害等）下合成，并提高植物的相应耐性。这说明 HSPs 对植物的多种胁迫伤害有交叉保护作用。

三、防止和减轻植物热害的途径

在农业生产上，由于高温和干旱常相伴发生、互为因果和不易区分，因此单独防止和减少热害较少，而常与抗旱结合起来防止和减轻。具体的方法有以下几种。

（一）选择培育适宜的耐热植物品种

可根据某一地区的温热状况，即该地区的最高、最低温度及时限进行选择。一般原产热带、亚热带的植物耐热性较强，而温带、寒冷地带的植物均不耐热。同种植物品种间的耐热性也会有些差异。

（二）改进栽培方法

例如，将萌动的种子在适当高温下锻炼一段时间再播种；适当灌溉，促进蒸腾，既可防旱又可降温；合理密植，保证通风透光，以利于散热；实行间作套种，使高秆和低秆植物、耐高温和不耐高温植物互相配合，各得其所；人工遮阳，可用于小规模经济作物的集约化栽培；N 肥过多不利于抗热，高温季节作物少施 N 肥等。

（三）化学调控

例如，喷施 $CaCl_2$、KH_2PO_4、$ZnSO_4$ 等溶液可增加生物膜的热稳定性；施用生长素、激动素等生理活性物质，能防止高温造成的损伤等。

第六节　植物盐胁迫生理

一、盐害

土壤中盐分过多，特别是可溶性盐类（如 NaCl、Na_2SO_4 等），对植物造成的危害称为盐害，也称为"盐胁迫"。植物对盐害的适应能力称为抗盐性。

在气候干燥和地势低洼、地下水位较高的地区（水分蒸发会把地下盐分带到土壤表面）以及滨海地带，土壤中含有较多盐类。钠盐是形成盐分过多的主要盐类，以 NaCl 和 Na_2SO_4 为主要盐分的土壤称为盐土，以 Na_2SO_3 和 $NaHCO_3$ 为主要盐分的土壤称为碱土。但两者常同时存在，因此习惯上把盐分过多的土壤统称为盐碱土。土壤含盐量可以用盐度表示。盐度常以 25 ℃下土壤溶液的电导率表示，单位为 $dS·m^{-1}$ 或 $mS·cm^{-1}$。在以单价盐 NaCl 为主的土壤中，1 $dS·m^{-1}$ 相当于可溶性盐总量为 0.64 $g·L^{-1}$ 或 11 $mmol·L^{-1}$。一般把土壤电导值为 2～4 $dS·m^{-1}$ 的土壤称为轻盐化土，把土壤电导值为 4～8 $dS·m^{-1}$ 的土壤称为中盐化土，把土壤电导值为

8～15 dS·m^{-1}的土壤称为重盐化土，把土壤电导值大于15 dS·m^{-1}的土壤称为重盐土。一般盐土含盐量在2～5 g·L^{-1}时就已对植物生长不利。而盐土表层含盐量往往可达6～100 g·L^{-1}。

据估计，全世界约有10亿公顷（约占陆地面积的7%）的土地受到盐害。我国盐碱土主要分布在西北、华北、东北和沿海地区，总面积约为3 300万公顷（占耕地面积的10%以上），其中盐碱耕地约有660万公顷。随着工农业的发展，灌溉地（提供世界粮食的1/3）中有1/3遭到盐害（次生盐渍化），加之塑料大棚的大面积推广和应用，海水倒灌形成沿海滩涂，盐碱地还有不断扩大的趋势。可以说，土壤盐渍化对农业的威胁已成为一个全球性的问题。

二、盐胁迫对植物的伤害

正常情况下，高等植物细胞质中含有约100 mmol·L^{-1}的K$^+$和小于10 mmol·L^{-1}的Na$^+$，这种环境下细胞质中的酶有最佳活性。在盐渍条件下，如果细胞质中的Na$^+$和Cl$^-$浓度提高到100 mmol·L^{-1}以上，便成为细胞毒素。

一般将植物的盐害分为原初盐害和次生盐害。原初盐害可理解为盐离子本身产生的毒害作用，即离子胁迫或离子毒害。例如，盐胁迫对质膜的直接影响，使膜结构和功能受伤；或者是盐分进入细胞后对各种酶活性产生影响，从而影响相关代谢过程。次生盐害是由于土壤盐分过多使土壤水势过低，从而对植物产生渗透胁迫，植物吸水困难甚至发生脱水现象；或者是由于离子间的竞争而引起某种营养元素的缺乏，进而影响植物的新陈代谢。

（一）膜透性改变

高浓度盐通过降低大分子的水合作用引起蛋白质变性及质膜趋稳定。此外，Na$^+$取代质膜和内膜上的Ca^{2+}结合位点，使膜完整性及膜功能受破坏。因此盐胁迫使细胞膜完整性受损，膜透性增大。盐胁迫也使植物细胞内ROS含量上升，启动膜脂过氧化作用，导致膜的完整性降低，选择透性丧失，细胞内物质外渗加剧。例如，用不同浓度NaCl溶液处理玉米幼苗时，根系电解质大量外渗，外渗量（常以电导率表示）随NaCl溶液浓度增大和处理时间延长而增加。

（二）生理代谢紊乱

盐分过多可抑制叶绿素的合成及各种光合酶的活性，使光合速率下降。低盐时植物的呼吸作用一般受到促进，而高盐时则受到抑制，如紫花苜蓿在5 g·L^{-1} NaCl处理时呼吸速率比对照植株高40%，而在12 g·L^{-1} NaCl处理时呼吸速率下降10%。盐胁迫使蛋白质合成受阻，而分解加剧。另外，盐胁迫下植物体内有毒物质（如游离NH$_4^+$）过度积累，对细胞产生毒害作用，例如，在轻度盐土上生长的棉花，其叶片中的氨含量为正常的2倍；在重盐渍土上生长的棉花，其叶片中的氨含量为正常的10倍。

（三）渗透胁迫

土壤中的可溶性盐类过多，会降低土壤溶液的渗透势而使水势下降，植物根系吸水困难甚至会发生失水现象。因此，盐害导致的渗透胁迫伤害实际上是生理干旱。在大气湿度相对较低的情况下，随着蒸腾的加强，盐害更为严重。

（四）营养失衡与单盐毒害

植物在吸收矿质元素的过程中，盐分（如 Na^+、Cl^-、Mg^{2+}、SO_4^{2-}）与各种营养元素相竞争，从而阻止植物对某些矿质元素（如 K^+、Ca^{2+}、HPO_4^{2-}、NO_3^-）的吸收，造成营养亏或平衡失调。例如，Na^+ 浓度高时和高亲和性的 K^+ 吸收转运蛋白竞争结合位点从而影响钾吸收；大麦、小麦、水稻等生长在 NaCl 含量高的介质中时，往往出现 K、P、Ca 的缺乏症。K、P、Ca 都是植物必需的大量元素，缺乏会影响植物的生长发育，若极度缺乏会导致植物死亡。植物对离子的不平衡吸收，不仅使植物发生矿质营养亏缺或失衡，抑制生长，而且还会产生单盐毒害现象。

盐胁迫对植物多方面的伤害最终表现为对植物生长发育过程和生物产量的综合影响。

三、植物抗盐的方式及其生理机制

根据植物的耐盐能力，可把植物分为盐生植物（halophyte）和甜（淡）土植物（glycophyte）。盐生植物是盐渍生境中的天然植物类群，常生活于渗透势在 −0.33 MPa 以下（相当于 70 mmol·L⁻¹ 或 4 g·L⁻¹ NaCl 以上，高的可达 20 g·L⁻¹）的土壤环境中，如海蓬子、碱蓬等，约有 75 科 220 属 550 种。绝大多数农作物是淡土植物，在非盐土上生长具有竞争优势，其耐盐能力一般在 6 g·L⁻¹ 盐浓度以下。作物耐盐性可分为四个等级：敏感（如草莓、四季豆、柑橘等）、中度敏感（如玉米、水稻、番茄等）、中度耐盐（如小麦、大豆等）、耐盐（如大麦、棉花、糖甜菜等）。

植物抗盐的方式主要有拒盐型、排盐或泌盐型、稀盐型和积盐型等四种。盐生植物抗盐方式多为排盐、积盐和稀盐型；而淡土植物多为拒盐型，少数为稀盐型。这四种抗盐方式可以进一步归纳为避盐和耐盐两个方面。

（一）避盐

1. 拒盐型（salt exclusion）

这类植物细胞的质膜透性小，在环境盐分浓度较高时，尽量不让外界盐分进入植物体内，或降低植物地上部的盐分浓度，从而避免盐分的胁迫作用。例如，耐盐性不同的大麦品种，生长在同一浓度的 NaCl 溶液中，耐盐性强的品种体内的 Na^+、Cl^- 的浓度较耐盐性弱的品种低得多。另外，拒盐也可发生在植物局部组织，如盐离子进入根系后，只积累在根细胞的液泡内，较少向地上部运输。例如，耐盐性强的大麦品种叶片中 Na^+、Cl^- 含量低的原因主要是根系对 Cl^- 的吸收较低，而所吸收的 Na^+ 留存于根中较多，向地上部运输较少。菜豆、大豆等植物也具有拒盐能力。

2. 排盐或泌盐型（salt excretion）

植物吸收了盐分但并不在细胞内积存，而是主动地通过茎、叶表面的特殊结构如盐腺（salt gland）、腺毛（gland hair）、囊泡等排出体外，通过风吹雨淋而冲洗掉。现在认为，盐腺是一个依赖线粒体提供能量 ATP 驱动的离子泵，这是泌盐盐生植物最通常的抗盐方式。抗盐植物还有一种在细胞水平上的排盐方式，即 Na^+ 外排。质膜上 H^+-ATPase 水解 ATP 把 H^+ 运至胞外，形成跨膜的 pH 和电势梯度，质膜上 Na^+/H^+ 反向传递体将胞外 H^+ 运回胞内的同时把 Na^+ 排到胞外。

泌盐盐生植物一般可分为两类。一类是向外泌盐的盐生植物，这类植物具有盐腺，通过盐腺将吸收到体内的盐分分泌到体外。我国有爵床科的老鼠筋，马鞭草科的海榄雌，旋花科的甘薯，瓣鳞花科的瓣鳞花，紫金牛科的桐花树，白花丹科的二色补血草、黄花补血草等。禾本科中有8个属是这种类型的植物，如獐毛属、米草属、隐花草属、鼠尾粟属、蒭藜草属、马唐属、粟草属和雀稗属；报春花科中的海乳草属，玄参科中的火焰草属、柽柳科中柽柳属和红砂属也都是这种类型的植物。另一类为向内泌盐植物，这类植物的叶表面具有囊泡，将体内的盐分分泌到囊泡中，暂时贮存起来，如果遇到大风、暴雨或触碰等，囊泡破裂，将盐分释放出来。我国有藜科的滨藜属、藜属、猪毛菜属，其中滨藜属植物有10余种。

3. 稀盐型（salt dilution）

有些植物既不能拒盐，也不能泌盐，而是把吸收到植物体内的大量盐分，通过吸水和快速生长、肉质化生长或细胞内的区域化分配等方式来加以稀释。例如，大麦生长在轻度盐渍土壤中，在拔节以前体内NaCl浓度较高，但随着拔节快速生长，胞内NaCl浓度降低，生长愈快，离子浓度愈低。这在一些抗盐性较强的品种中更为明显。近年来，人们利用植物激素（如吲哚乙酸）促进作物生长，可提高其抗盐性。比如，给生长在盐渍土上的小麦喷施5 mg·L^{-1}吲哚乙酸溶液，产量会有所增加，而同样的处理用在非盐渍土上的植物中，则无明显效果。仙人掌等肉质化的植物在细胞内贮藏大量水分，降低了盐分的浓度。红甜菜等植物可把从外界吸收的大量离子区域化分配到液泡中，既可降低细胞质盐离子的毒害作用，又可增大液泡的浓度，降低其水势，保证细胞的吸水。

（二）耐盐

耐盐是植物通过自身的生理或代谢的适应，忍受已进入细胞的盐类，这种方式无论对盐生植物或淡土植物的抗盐能力都具有非常重要的意义。渗透调节是植物耐盐的主要机理之一。参与渗透调节的保护物质主要包括无机离子和有机溶质两大类（见本章第一节）。用无机离子进行渗透调节比较经济，但过多积累会伤害细胞；利用有机物质进行渗透调节，会大量消耗光合产物。

这类植物耐盐的方式也称为积盐型（salt accumulation）。如许多叶肉质化真盐生植物及茎肉质化真盐生植物，前者把盐离子积累在叶片肉质化组织的液泡中，主要有藜科的碱蓬属（如盐地碱蓬、碱蓬等）和猪毛菜属（如猪毛菜、天山猪毛菜）；后者把盐离子积累在肉质化中柱的液泡中，主要有藜科的盐穗木属（如盐穗木）、盐节木属（如盐节木）、盐爪爪属（如圆叶盐爪爪、尖叶盐爪爪等）、盐角草属（如盐角草等）。

四、植物抗盐的分子机制及信号转导

人们对植物体内盐胁迫信号转导途径的研究主要集中在渗透胁迫信号转导途径和有关离子胁迫的盐过敏感调控途径（salt overly sensitive pathway，SOS）两个方面。其中渗透胁迫信号转导途径又包括依赖脱落酸介导的信号转导和不依赖脱落酸的信号转导两类。SOS途径是由朱健康教授团队发现的。他们采用模式植物拟南芥，通过快中子轰击、T-DNA诱变或化学突变等遗传突变分析手段，得到突变植株。对突变植株在含NaCl的琼脂培养基上进行根部弯曲分析，并结合定位克隆和等位检测等方法，获得了5组SOS突变体，目前已鉴定了5个耐盐基因，即*SOS1*、*SOS2*、*SOS3*、*SOS4*和*SOS5*。其中*SOS1*、*SOS2*和*SOS3*介导了盐胁迫下植物细胞内离子稳态的信号转导途径，揭示了盐胁迫下细胞内 Na^+ 的外排和 Na^+ 向液泡内的区域化分布以及细胞对 K^+ 吸收的改善。*SOS1* 是一种耐盐基因，编码质膜上的 Na^+/H^+ 反向转运蛋白。*SOS2* 基因编码一个含有446个氨基酸的丝氨酸/苏氨酸类蛋白激酶，控制和激活 K^+ 和 Na^+ 运输蛋白的活性。*SOS3* 基因编码一个 N 端豆蔻酰化的含有3个 EF 臂的钙结合蛋白，该蛋白可以感受盐胁迫激发的钙信号和参与信号转导。SOS2 活性依赖于 SOS3 的调节，或者说 SOS2 在 SOS3 的下游起作用，或者以 SOS3-SOS2 复合体的方式发挥作用。

五、提高植物抗盐性的途径

（一）选育抗盐品种

广泛收集和利用野生植物资源，尤其是盐生野生植物，运用杂交育种、组织培养、遗传工程和分子育种等技术并互相结合，把抗性基因导入栽培植物进行选育，这是提高植物抗盐性的最有效方法。如近年来取得较大进展的耐盐水稻品种选育。

（二）抗盐锻炼

利用植物幼龄期可塑性高、适应力强的特点，在播种前用盐溶液处理种子，进行抗盐锻炼，可提高种子在生长发育过程中的抗盐能力。如把棉花种子用 $0.3\%\sim0.4\%$ 的 NaCl 或 $CaCl_2$ 溶液浸种，可显著提高棉花种子在盐土中的萌发能力，并促进它以后的生长发育。

（三）加强栽培管理

盐碱地深耕可提高土壤蓄水力，加强天然降水淋盐作用，改善土壤结构，减少水分蒸发，抑制返盐。进行"春晚耕，秋早耕"，充分利用夏季降雨多，使盐分淋洗、下渗，耕层脱盐。增施磷肥和有机肥，可助土壤有效脱盐。种植耐盐绿肥（如田菁）等。

植物通过自身的快速生长稀释细胞内的盐浓度是很重要的抗盐机制之一。使用生长素等调节剂可以有效促进植物生长，使植物吸收大量的水分而避免体内盐浓度的增加。例如，用 IAA 喷施或浸种，可以促进小麦等作物生长和吸水，提高其抗盐性。赤霉素和细胞分裂素在菜豆、豌豆上也有类似效应。利用喷施脱落酸以诱导气孔关闭，从而降低蒸腾作用和盐分的被动吸收，也可以提高植物的抗盐能力。

思考题

1. 逆境条件下植物形态和代谢发生哪些变化？
2. 植物对逆境胁迫的生理适应表现在哪些方面？
3. 举例说明植物对逆境的交叉适应。
4. 抗寒锻炼为何能提高植物的抗寒性？
5. 简述生物膜的结构和功能与植物抗逆性的关系。
6. 试述干旱对植物的伤害以及植物抗旱的生理适应。
7. 简述植物的涝害及抗涝性强的植株的特征。
8. 植物抗盐的生理基础表现在哪些方面？如何提高植物的抗盐性？
9. 活性氧与植物的生命活动关系如何？活性氧清除与植物抗逆性关系如何？

第六章　植物生理学部分实验案例

实验 1　植物细胞的活体染色与活细胞的鉴定

【实验目的】

掌握植物细胞的活体染色技术，并通过观察分析，学会鉴定活细胞。

【实验原理】

活体染色法是指利用对植物无害的染料将活细胞染色，进行观察分析的技术。中性红是普遍使用的活体染料之一，是一种弱碱性的pH指示剂，其变色范围在pH 6.4～8.0（由红色变为橙黄色）。在酸性至pH 7.0的范围内，解离度很强，呈红色。pH 7.0是中性红显色转变的界限，若pH为7.0以上，中性红则以分子状态溶解，变为橙黄色。植物的活细胞处于中性红染料中时，会大量吸收中性红。由于植物液泡一般呈酸性，因此此时中性红便解离出阳离子，呈现为红色。若此时植物细胞死亡，由于原生质变性凝固，细胞质膜失去选择透过性，细胞液不能留在液泡里，不会产生液泡着色的现象。同时，中性红解离出阳离子，阳离子与带负电荷的细胞质和细胞核结合，使原生质与细胞核染色。使用中性红活体染色后，可用中性偏碱的水（如自来水或井水，pH略高于7.0）进行冲洗，这样染料便很好地留存在液泡内，使液泡着色。

【实验材料、仪器与试剂】

1. 实验材料

洋葱鳞茎或小麦叶片。

2. 实验仪器

显微镜、培养皿、载玻片、盖玻片、刀片、镊子、酒精灯、滤纸等。

3. 实验试剂

$0.3 \ g \cdot L^{-1}$中性红溶液、$1 \ mol \cdot L^{-1}$硝酸钾溶液。

【方法步骤】

1. 材料准备

取一片较幼嫩的洋葱鳞茎，冲洗干净，用滤纸吸干表面的水分。用刀片在鳞片内侧割划出0.5 cm²左右的小块，用尖头镊子将内表皮小块撕下，投入中性红溶液中染色（注意：将表皮内侧朝下）。

若使用小麦叶片为材料，将叶片下表皮朝上，平放在载玻片上，再将此载玻片放入盛有少量清水的培养皿中，将叶片铺平，用刀片从一个方向轻轻刮去下表皮和部分叶肉细胞，留下透明的上表皮细胞（注意：用刀片刮叶肉细胞时，要十分小心，用力太重，容易损坏表皮细胞，太轻会留下过多的叶肉细胞，影响观察）。将刮好的表皮细胞切成约0.5 cm²的小块。

2. 染色

将上述制作好的洋葱鳞茎表皮或小麦叶片上表皮材料投入 $0.3 \text{ g} \cdot \text{L}^{-1}$ 的中性红溶液中，染色 5～10 min。

3. 观察

（1）将步骤 2 中的活体染色制片取出 1～2 片，在蒸馏水中稍加冲洗，再在载玻片上滴 1 滴蒸馏水。小心地将制片平展到载玻片上，加盖玻片。在显微镜下观察，可看到细胞壁被染成红色，而原生质和液泡均不染色。

（2）再取出几片活体染色制片，在 pH 略高于 7.0 的自来水中浸泡 10～15 min，用镊子小心地平铺于载玻片上，加盖玻片。在显微镜下观察，发现细胞壁发生脱色，而液泡则被染成红色。

（3）将上述染色制片浸入 $1 \text{ mol} \cdot \text{L}^{-1}$ 的硝酸钾溶液中，浸泡 10 min 左右，取出后在显微镜下观察，由于硝酸钾使细胞发生了质壁分离，因此能清晰地区分出无色的原生质和红色的液泡位置。

（4）将上述的活体染色制片放在酒精灯外焰上缓缓加热，杀死细胞。再在显微镜下观察，发现原生质发生凝结，原生质与细胞核均被染为红色。

（5）同时在显微镜下对活体染色制片仔细寻找，观察是否有死细胞，观察其染色部位。

【结果与分析】

根据实验结果进行分析，绘制对应的细胞染色图（注意标明细胞部位的名称及颜色），并填写表 6-1。

表 6-1　植物细胞的活体染色及活细胞鉴定表

项目	活细胞	死细胞
中性红染色		
中性红染色+自来水浸泡		
中性红染色+自来水浸泡+KNO₃溶液浸泡		
中性红染色+酒精灯加热杀死细胞		

【注意事项】

用镊子撕下表皮时要小心，尽量不要伤害细胞。

【思考题】

试总结活细胞与死细胞染色时的颜色差异。

实验2　小液流法测定植物组织的水势

【实验目的】

学会用小液流法测定植物组织的水势。

【实验原理】

植物组织的水分状况可用水势表示。植物组织水势的大小在一定程度上能反映出植物对水分的需求。农业生产中可通过测定植物组织水势指导合理灌溉。

当植物组织浸入不同浓度的溶液中时，组织中的细胞和溶液间进行水分交换，溶液浓度发生变化，就会引起密度的改变。因此，当把浸过植物组织的溶液滴回原来相应的溶液中时，液滴因密度的改变会分别发生上升、下沉或不动的情况，液滴不动表示浸过组织后的溶液浓度或密度未变，此时溶液的溶质势即等于组织的水势。

【实验材料、仪器与试剂】

1. 实验材料

盆栽小麦苗。

2. 实验仪器

10 mL 具塞刻度试管、10 mL 指形试管、毛细滴管、剪刀等。

3. 实验试剂

1 mol·L^{-1} $CaCl_2$ 溶液、0.5% 亚甲基蓝溶液。

【方法步骤】

（1）首先将14支试管摆放成两排，在10 mL 具塞刻度试管中，分别配制不同浓度的 $CaCl_2$ 溶液各10 mL（浓度要求见表9-2），这一组为对照组；然后依次用移液器取1 mL 相应浓度的 $CaCl_2$ 溶液到另一组指形试管中，这一组称为实验组（注意对照组和实验组试管的编号要一一对应）。

（2）用剪刀取10株小麦，摘取每株小麦的等位叶片各1片，每5片头尾相叠，取中间部位剪成7段，每段长0.5 cm，分别放入实验组的7支试管中，30 min 内摇动试管3~4次。30 min 后用移液器吸取0.5% 亚甲基蓝溶液5 μL，放入实验组的各试管中摇匀，溶液呈蓝色。用毛细滴管吸取少量蓝色溶液，轻轻插入对照组对应的试管中央部位，缓慢滴出一滴蓝色溶液，仔细观察液滴在溶液中是上升、下降还是不动。在短时间内，蓝色液滴不动的这个溶液的渗透势或者是两个溶液（一个缓慢上升和相邻一个缓慢下降的溶液）的渗透势平均值即为植物组织的水势。

【实验结果】

将蓝色液滴运动方向记录在表6-2中，以液滴不动时的 $CaCl_2$ 溶液浓度按公式计算植物组织水势。

表6-2　小液流法测定植物组织的水势记录表

溶液浓度（mol·L^{-1}）	1 mol·L^{-1} $CaCl_2$（mL）	蒸馏水（mL）	液滴移动方向
0.40	4.0	6.0	↑
0.35	3.5	6.5	↑
0.30	3.0	7.0	↓
0.25	2.5	7.5	↓
0.20	2.0	8.0	↑
0.15	1.5	8.5	↓
0.10	1.0	9.0	↓

注：↑表示上升，↓表示下降。

植物组织水势

$$\psi_w = -iCRT$$

式中，ψ_w 为水势（MPa）；R 为气体常数，$R=0.008\ 3\ MPa \cdot L^{-1} \cdot mol^{-1} \cdot K^{-1}$；$T$ 为热力学温度（K），$T=273+t$，t 为实验时的室温（℃）；C 为液滴不动的溶液浓度（$mol \cdot L^{-1}$）；i 为范特霍夫校正系数（$CaCl_2$，$i=2.6$）。

【思考题】

（1）测定植物的水势有何实际意义？

（2）用小液流法测植物组织的水势有什么优缺点？

实验3　光、钾离子与ABA对气孔运动的调节

【实验目的】

（1）了解气孔的运动情况。

（2）了解钾离子对气孔开度的影响。

【实验原理】

气孔是陆生植物与外界环境水分与气体交换的主要通道。气孔在叶片上的分布、密度、形状、大小，以及开闭状况都可显著影响光合、蒸腾等生理过程。在研究化学物质或外界因子对气孔运动的影响时，经常需要在显微镜下观察或测量气孔开闭的程度。

组成气孔的保卫细胞对光、温度、湿度、CO_2 等环境因子，以及一些植物激素非常敏感。保卫细胞接收信号后，经过胞内信号转导，保卫细胞内的渗透势发生变化引起保卫细胞吸水或失水，使气孔开放或关闭。K^+ 是调节保卫细胞渗透势的重要离子，在光下，光合磷酸化形成ATP，同时光也激活了保卫细胞质膜上的 H^+ 泵（H^+-ATPase），H^+ 泵水解ATP释放能量，将 H^+ 分泌到细胞壁，内向 K^+ 通道开放，胞外的 K^+ 进入保卫细胞，降低了保卫细胞的水势，保卫细胞从邻近的细胞吸水，膨压增大，气孔张开。

ABA是一类逆境激素，外施ABA可诱导气孔关闭，抑制气孔张开。

【实验材料、仪器与试剂】

1. 实验材料

3～4周龄蚕豆苗展开叶片。

2. 实验仪器

显微镜、显微测微尺、光照培养箱、盖玻片、载玻片、刀片、玻璃板、镊子、直径3.5 cm培养皿等。

3. 实验试剂

500 mmol·L^{-1} KCl溶液、10^{-3} mol·L^{-1} ABA溶液、10 mmol·L^{-1} Tris-HCl缓冲液（pH=6.1）。

【实验步骤】

（1）K^+ 对气孔开度的调节：在培养皿中用pH 6.1的10 mmol·L^{-1} Tris-HCl缓冲液配制0、50 mmol·L^{-1}、250 mmol·L^{-1} 的KCl溶液各2 mL。撕取蚕豆叶下表皮，并切成2～3 mm^2 的小块分别放入上述培养皿中，每个培养皿中4～5片。将培养皿置于25 ℃光照培养箱中照光1.5 h。

（2）ABA对气孔开度的调节：用Tris-HCl缓冲液配制0、10^{-4} mmo·L^{-1}、10^{-5} mmol·L^{-1}的ABA溶液各2 mL。蚕豆叶下表皮撕取及处理同（1）中。

（3）光对气孔开度的调节：取2个培养皿，各加入2 mL Tris-HCl缓冲液，同处理的表皮放在载玻片上，滴加相应培养皿中的溶液，加盖玻片，在显微镜下观察气孔的开度，放入蚕豆叶表皮4～5片，一个避光1.5 h，另一个光照1.5 h。

（4）分别取出不同处理的表皮放在载玻片上，滴加相应培养皿中的溶液，加盖玻片，在显微镜下观察气孔的开度，选择至少10个有代表性的气孔，用显微测微尺测量气孔孔径。

【实验作业】
（1）分别计算各处理气孔孔径的平均值和标准误差，作柱状图显示。
（2）比较不同处理蚕豆叶下表皮气孔张开的情况，说明原因。

【思考题】
光、K^+和ABA是如何调控气孔的运动的？

实验4　植物伤流液中糖、氨基酸及矿物元素的点滴分析

【实验目的】
通过实验证明根系不仅是吸收物质的器官，同时也是合成物质的器官。

【实验原理】
植物根系不仅是吸收水分和矿物元素的重要器官，同时也是许多重要物质的合成器官。当植物地上部分被切去时，不久即有液滴从切口流出，这种现象称为伤流，流出的汁液叫伤流液。伤流是由根压引起的。伤流液的数量和其中的成分可代表根系生理活动的强弱。用蒽酮试剂和茚三酮试剂可以鉴别出可溶性糖和氨基酸，通过显色反应可以鉴定根系从土壤中吸收的一些无机盐成分。

【实验材料、仪器与试剂】
1. 实验材料
茎的基部直径约4 mm的植株。

2. 实验仪器
烘箱、水浴锅、三角烧瓶、乳胶管、剪刀、白瓷板、试管、软木塞、45°弯曲玻璃管（内径为3～4 mm）、烧杯、移液管。

3. 实验试剂
5 g·L^{-1}联苯胺溶液（有毒，注意安全）、固体亚硝酸钴钠、0.5 g·L^{-1}硝酸银溶液。
二苯胺试剂：0.05～1.00 g二苯胺溶于6 mL浓硫酸中。
蒽酮试剂：称取1 g蒽酮溶于1 000 mL稀硫酸溶液中，稀硫酸溶液由760 mL相对密度为1.84的硫酸用蒸馏水稀释到1 000 mL。
茚三酮试剂：0.1 g茚三酮溶于100 mL 95%的乙醇溶液中。
萘氏试剂：称取11.5 g HgI_2，8 g KI，溶于50 mL蒸馏水中，再加入50 mL 6 mol·L^{-1} NaOH溶液，如产生沉淀可以过滤，装于棕色瓶中暗处保存。
饱和醋酸钠溶液：12 g醋酸钠在10 mL水中加热溶解后，冷却，过滤取清液。

钼酸铵硝酸溶液：5 g 钼酸铵溶于 65 mL 冷水中，注入 35 mL 相对密度为 1.2 的硝酸。

【实验步骤】

1. 伤流液的收集

收集伤流液的装置如图 6-1 所示。

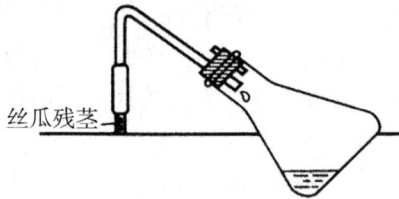

丝瓜残茎

图 6-1 伤流液的收集

（1）将乳胶管紧套在弯曲玻璃管的短头端，并用线扎紧，以防漏水。

（2）取与三角烧瓶口相当的软木塞一个，塞上打两个孔。其中一孔插入玻璃管的长端，孔的大小必须与玻璃管紧密接触；另一孔内插入约 4 cm 长的细玻璃管。将软木塞紧紧塞于三角瓶上。

（3）挑选茎的基部直径约 4 mm 的植株，在离地面 3 cm 处用锋利的小刀切去地上部分，将乳胶管另一端紧套在植株的基部茎上，并用线扎紧使其不漏水。将三角烧瓶位置放得稍低于地表（可事先挖一小坑）。在植株根部浇上足够的水，第二天就可获取伤流液。

2. 可溶性糖的鉴定

取伤流液 1 mL 于干洁的试管中，加入蒽酮试剂 5 mL 混合，于沸水浴中煮沸 5～10 min。液体呈绿颜色表示有糖存在，其绿色深浅与糖的含量成比例。

3. 氨基酸的鉴定

取伤流液 1 mL 于干洁的试管中，加入茚三酮试剂 3～4 滴混合，于沸水浴中煮沸 5～10 min。液体颜色变为蓝色表示有氨基酸存在。

4. 硝态氮的鉴定

硝态氮（NO_3^-）在浓硫酸中能将无色的二苯胺氧化生成蓝色化合物。取 1 滴伤流液在白瓷板上，加 1 滴二苯胺试剂。若液体中有蓝色出现，说明伤流液中有 NO_3^- 存在。

5. 铵态氮的鉴定

萘氏试剂与铵态氮（NH_4^+）反应生成红色沉淀，在 NH_4^+ 很少时呈黄色。取 1 滴伤流液在白瓷板上，加 1 滴萘氏试剂。若液体中有黄色出现，说明伤流液中有 NH_4^+ 存在。

6. 无机磷的鉴定

钼酸铵遇磷酸盐生成磷钼酸铵，它的氧化能力极强，可以将难以被钼酸或钼酸盐氧化的联苯胺氧化，生成钼蓝和联苯胺蓝两种蓝色物质。取 1 滴伤流液在白瓷板上，加 1 滴钼酸铵溶液，干燥后加 1 滴联苯胺溶液和一滴饱和醋酸钠溶液。若液体中有蓝色出现，说明伤流液中有磷存在。

7. 钾离子的鉴定

中性或微酸性的钾盐溶液加入亚硝酸钴钠生成黄色晶状的亚硝酸钴钠钾，如有硝酸银存在，则形成亚硝酸钴银钾沉淀。铵盐能干扰该反应。取 1 滴伤流液在白瓷板上，放在 70 ℃ 烘箱中片刻，使 NH_3 逸出，再加 1 滴硝酸银和少许固体亚硝酸钴钠。若有荧光黄色的混浊出现，说明伤流液中有钾的存在。

【注意事项】

利用伤流液可鉴定这些大量物质的存在，也可通过点滴显色反应，检测一些特殊物质的存在，伤流液一般无色，这是它的一大优点。

【实验作业】

（1）试比较不同植物的伤流量及糖和氨基酸的相对含量。

（2）伤流量的多少和伤流液的成分受哪些环境因素的影响？

实验5　植物对离子的选择性吸收

【实验目的】

通过实验说明植物对环境的阴离子和阳离子的吸收速度不同，而改变了环境的酸碱度。因此生产实践中施用化肥时，应注意这一性质以及它带来的问题。

【实验原理】

植物根系对不同离子的吸收量是不同的，即使是同一种盐类，对阳离子与阴离子的吸收量也不相同。本实验是利用植物对不同盐类的阴、阳离子吸收量不同，使溶液的pH发生改变以说明这一吸收特性。此实验也使我们了解什么是生理酸性盐与生理碱性盐。

【实验材料、仪器与试剂】

1. 实验材料

玉米苗。

2. 实验仪器

pH计或精密pH试纸、量筒、移液管、100 mL三角烧瓶。

3. 实验试剂

$0.5\ mg \cdot mL^{-1}\ (NH_4)_2SO_4$ 溶液、$0.5\ mg \cdot mL^{-1}\ NaNO_3$ 溶液。

【实验步骤】

（1）实验前2～3周培养根系完好的玉米苗（或其他植株）。

（2）取3个三角烧瓶，分别加入100 mL浓度为 $0.5\ mg \cdot mL^{-1}$ 的 $(NH_4)_2SO_4$ 溶液、100 mL浓度为 $0.5\ mg \cdot mL^{-1}$ 的 $NaNO_3$ 溶液和100 mL蒸馏水。用pH计或精密pH试纸测定以上两种溶液和蒸馏水的原始pH。

（3）取根系发育完善、大小相似的玉米苗3份，每份数株，数目相同，分别放于上述3个三角烧瓶中，室温下培养2～3 h（植物根系对离子吸收的时间长短与选用植株根系的发育和温度有关）。取出植株，并测定溶液的pH。将实验结果记入表6-3中。

表6-3　植物从盐溶液中吸收离子后溶液pH的变化

处理	pH	
	放植株前	放植株后
$0.5\ mg \cdot mL^{-1}\ (NH_4)_2SO_4$ 溶液		
$0.5\ mg \cdot mL^{-1}\ NaNO_3$ 溶液		
蒸馏水		

【注意事项】

增加玉米幼苗的株数，可缩短实验时间并增加结果的显著性。

【实验作业】

（1）NH_4NO_3是生理酸性盐还是生理碱性盐？

（2）本实验中用蒸馏水作对照，它主要起什么作用？

（3）供给氮源类型不同，对根系的吸收有无影响？

实验6　根系活力的测定

植物根系的作用主要有：①对地上部分支持和固定；②物质的贮藏；③对水分和无机盐类的吸收；④合成氨基酸、激素等物质。因此根系活力是植物生长的重要生理指标之一，其测定方法主要有α-萘胺氧化法和氯化三苯基四氮唑法。

【实验目的】

熟悉测定根系活力的各种方法及测定原理。

Ⅰ　α-萘胺氧化法

【实验原理】

植物的根系能氧化吸附在根表面的α-萘胺，生成红色的2-羟基-1-萘胺，并沉淀于有强氧化力的根表面，使这部分根被染成红色，该反应如下。

根对α-萘胺的氧化能力与其呼吸强度有密切关系。日本学者相见、松中等认为α-萘胺的氧化本质就是过氧化物酶的催化作用。该酶的活力越强，对α-萘胺的氧化能力就越强，染色也就越深。所以可根据染色深浅半定量地判断根系活力强弱，还可测定溶液中未被氧化的α-萘胺量，定量地确定根系活力强弱。

α-萘胺在酸性环境下与对氨基苯磺酸和亚硝酸盐作用产生红色的偶氮染料，可供比色测定α-萘胺含量。

【实验材料、仪器与试剂】

1. 实验材料

水稻植株。

2. 实验仪器

分光光度计、分析天平、烘箱、三角烧瓶、量筒、移液管、容量瓶。

3. 实验试剂

α-萘胺溶液：称取10 mg α-萘胺，先用2 mL左右的95%乙醇（体积比）溶解，然后加水到200 mL，成为50 μg·mL^{-1}的溶液。取150 mL该溶液再加水150 mL稀释成25 μg·mL^{-1}的α-萘胺溶液。

0.1 mol·L^{-1}磷酸缓冲液（pH=7.0）。

10 g·L^{-1}对氨基苯磺酸：将1 g对氨基苯磺酸溶解于100 mL 30%（体积比）醋酸溶液中。

亚硝酸钠溶液：称10 mg亚硝酸钠溶于100 mL水中。

【实验步骤】

1. 定性观察

从田间挖取水稻植株，用水冲洗根部所附着的泥土，洗净后再用滤纸吸去附在水稻根上的水分。然后将植株根系浸入盛有 25 μg·mL^{-1} 的 α-萘胺溶液的容器中，容器外用黑纸包裹，静置 24～36 h 后观察水稻根系着色状况。着色深者，其根系活力较着色浅者为大。

2. 定量测定

（1）α-萘胺的氧化。

挖出水稻植株，并用水洗净根系上的泥土，剪下根系，再用水洗，待洗净后用滤纸吸去根表面的水分，称取 1～2 g 根系放在 100 mL 三角烧瓶中。然后加 50 μg·mL^{-1} 的 α-萘胺溶液与磷酸缓冲液（pH=7.0）的等量混合液 50 mL，轻轻振荡，并用玻璃棒将根全部浸入溶液中，静置 10 min，吸取 2 mL 溶液测定 α-萘胺含量［见下文（2）］，作为实验开始时的数值。再将三角烧瓶加塞，放在 25 ℃ 恒温箱中，经一定时间后，再进行测定。另外，还要用另一只三角烧瓶盛同样数量的溶液，但不放根，作为 α-萘胺自动氧化的空白，也同样测定，求得自动氧化量的数值。

（2）α-萘胺含量的测定。

吸取 2 mL 待测液，加入 10 mL 蒸馏水，再在其中加入 10 g·L^{-1} 对氨基苯磺酸 1 mL，和硝酸钠溶液 1 mL，室温放置 5 min，待混合液变成红色，再用蒸馏水定容到 25 mL。在 20～60 min 内 510 nm 处比色，读取吸光值，在标准曲线上查得相应的 α-萘胺浓度。从实验开始 10 min 时的数值减去自动氧化的数值，即为溶液中所有的 α-萘胺量。被氧化的 α-萘胺以 μg·g^{-1}·h^{-1} 表示。因此，还应将根系烘干称其干重。

（3）绘制 α-萘胺标准曲线。

取浓度为 50 μg·mL^{-1} 的 α-萘胺溶液。配制成浓度为 50、45、40、35、30、25、20、15、10、5 μg·mL^{-1} 的系列溶液，各取 2 mL 放入试管中，加蒸馏水 10 mL、10 g·L^{-1} 的对氨基苯磺酸溶液 1 mL 和亚硝酸钠溶液 1 mL，室温放置 5 min，待混合液变成红色，再用去离子水定容到 25 mL。在 20～60 min 内 510 nm 处比色，读取吸光值。然后以 OD$_{510}$ 作为纵坐标、α-萘胺浓度为横坐标，绘制标准曲线。

Ⅱ　氯化三苯基四氮唑法

【实验原理】

氯化三苯基四氮唑（TTC）是一种氧化还原色素，溶于水中成无色溶液，但可被根系胞内的琥珀酸脱氢酶等还原，生成红色的不溶于水的三苯基甲䐭（TTF），因此，TTC 还原度可在一定程度上反映根系活力。

【实验材料、仪器与试剂】

1. 实验材料

植物根系。

2. 实验仪器

分光光度计、恒温箱、容量瓶、烧杯、石英砂、研钵、量筒、三角烧瓶、刻度试管。

3. 实验试剂

乙酸乙酯、连二亚硫酸钠。

10 g·L^{-1} TTC：准确称取 TTC 1.000 g，溶于少量水中，定容至 100 mL。

1 mol·L^{-1} 硫酸：用量筒取 980 g·L^{-1} 浓硫酸 55 mL，边搅拌边加入盛有 500 mL 蒸馏水的烧杯中，冷却后稀释至 1 000 mL。

0.4 mol·L⁻¹琥珀酸：称取琥珀酸4.72 g，溶于水中，定容至100 mL。

66 mmol·L⁻¹磷酸缓冲液（pH=7.0）：A液：称取Na₂HPO₄·2H₂O 11.876 g溶于蒸馏水中，定容至1 000 mL；B液：称取KH₂PO₄ 9.078 g溶于蒸馏水中，定容至1 000 mL。用时取A液60 mL、B液40 mL混合即可。

【实验步骤】

1. 定性观察

（1）反应液的配制：将10 g·L⁻¹ TTC溶液、0.4 mo·L⁻¹琥珀酸和66 mmol·L⁻¹磷酸缓冲液（pH=7.0）按1：5：4混合。

（2）将待测根系仔细洗净后小心吸干，浸入盛有反应液的三角烧瓶中，置于37 ℃暗处2～3 h，观察着色情况，根尖端几毫米及细侧根都明显变红。

2. 定量测定

（1）TTC标准曲线的制作：配制浓度0、0.4、0.3、0.2、0.1、0.05 g·L⁻¹的TTC溶液，各取5 mL放入刻度试管中，再各取5 mL乙酸乙酯和少量Na₂S₂O₄（约2 mg，各管中量要一致）放入刻度试管中，充分振荡后产生红色的甲䐶，甲䐶转移到乙酸乙酯层，待有色液层分离后，补充5 mL乙酸乙酯、振荡后静置分层，取上层乙酸乙酯液，以空白作为参比，在分光光度计上于485 nm测定各溶液的吸光值，然后以TTC浓度作为横坐标、吸光值作为纵坐标绘制标准曲线。

（2）TTC还原量的测定：称取根样品1～2 g，浸没于盛有4 g·L⁻¹ TTC和66 mmol/L磷酸缓冲液（pH=7.0）的等量混合液10 mL的烧杯中，37 ℃保温3 h，然后加入1 mol·L⁻¹硫酸2 mL终止反应。取出根，小心擦干水分后与乙酸乙酯3～5 mL和少量石英砂一起在研钵中充分研磨，以提取出三苯基甲䐶（TTF），过滤后将红色的提取液移入10 mL容量瓶，再用少量乙酸乙酯把残渣洗涤2～3次，皆移入容量瓶，最后补充乙酸乙酯至刻度，用分光光度计于485 nm处比色，以空白试验（先加硫酸，再加根样品）作为参比读出吸光值，查标准曲线，即可求出TTC的还原量。

（3）计算。

TTC的还原量可根据以下公式进行计算：

$$TTC还原强度 = \frac{TTC还原量（g）}{根重 \times 时间（h）}$$

【注意事项】

根系应吸干水分但不能用力挤压伤及细胞，才能准确测定。

实验7　茶多酚含量测定

【实验目的】

学习用酒石酸亚铁比色法测定茶多酚含量。

【实验原理】

茶多酚（tea polyphenol）是一类以儿茶素类为主体的类黄酮化合物，具有C₆—C₃—C₆碳骨架结构，它是一种重要的天然抗氧化性物质，是超氧自由基和羟自由基强捕获剂，能清除自由基。本实验介绍酒石酸亚铁比色法测定植物组织中茶多酚的含量。

【实验材料、仪器与试剂】

1. 实验材料

绿茶叶片。

2. 实验仪器

分光光度计、离心机、研钵、水浴锅、移液管、烘箱、具塞的三角瓶。

3. 实验试剂

$0.1\ mol \cdot L^{-1}$磷酸缓冲液（pH=6.8）、1.5%酒石酸亚铁溶液。

$100\ \mu g \cdot mL^{-1}$儿茶素标准溶液：称取10 mg儿茶素，用蒸馏水定容至100 mL。

【实验步骤】

1. 称取1 g干燥的绿茶叶片，研磨成粉末。用50 mL沸蒸馏水将粉末洗入三角瓶，于沸水浴中浸提20 min，过滤，滤渣用50 mL沸蒸馏水同样提取一次。合并上清液，5 000 g离心15 min，取上清液待测。

2. 将儿茶素标准溶液稀释至0、20、40、60、80、100 $\mu g \cdot mL^{-1}$。分别吸取1 mL稀释的儿茶素标准溶液，各加0.1 $mol \cdot L^{-1}$磷酸缓冲液（pH=6.8）3 mL和1.5%酒石酸亚铁溶液1 mL，混匀。用紫外分光光度计测定540 nm的光密度值，并绘制浓度-光密度标准曲线。

3. 取样品提取液1 mL，按上述方法制备并测定540 nm的光密度值。根据下述公式计算叶片的茶多酚含量：

$$茶多酚(\mu g \cdot g^{-1}) = \rho V n$$

式中，ρ为从标准曲线中查得的提取液中茶多酚含量（$\mu g \cdot mL^{-1}$）；V为提取液总体积（mL）；n为体积稀释倍数。

【注意事项】

提取茶多酚的时间过长，所提取的茶多酚会发生氧化反应，转化成其他物质，致使一部分茶多酚丢失。提取时间在1~2 h对茶多酚含量的影响不大。

【实验作业】

计算绿茶叶片的茶多酚含量，分析结果。

【思考题】

（1）哪些因素会影响茶多酚含量的测定？

（2）比较不同植物的茶多酚含量差异，或比较同一植物不同部分的茶多酚含量差异。

实验8 酚氧化酶活性测定

【实验目的】

掌握测定植物酚氧化酶活性的方法。

【实验原理】

酚氧化酶是单酚氧化酶和多酚氧化酶的总称，在有氧条件下可将一元酚和二元酚（如邻苯二酚等）氧化产生醌。酶促反应的产物——醌在410 nm波长下吸收较高，酶活性越强则光密度值上升速度越快。因此，可根据单位质量的酶或单位质量的材料在单位时间内OD_{410}的变化值（增加值），计算出酚氧化酶的活性。

【实验材料、仪器与试剂】

1. 实验材料

马铃薯块茎、玉米幼苗或菠菜叶片。

2. 实验仪器

分光光度计、离心机、恒温水浴锅、研钵、医用脱脂纱布。

3. 实验试剂

聚乙烯吡咯烷酮（PVP）、硫酸铵、0.2%邻苯二酚、100 mmol·L⁻¹磷酸缓冲液（pH=6.5）。

考马斯亮蓝试剂：称取考马斯亮蓝（G-250）50 mg，加95%乙醇溶液25 mL溶解。加 H_3PO_4 50 mL，再定容至500 mL，过滤后避光保存。

不同浓度标准蛋白溶液：称取牛血清白蛋白（BSA）10 mg，加入蒸馏水10 mL溶解，配成1 000 μg·mL⁻¹母液，再分别稀释至500、250、125、63和32 μg·mL⁻¹，得到不同浓度的标准蛋白溶液。

【实验步骤】

1. 获得部分纯化的酚氧化酶

称取马铃薯块茎等实验材料5 g，加入PVP 0.5 g和100 mmol·L⁻¹的磷酸缓冲液（pH=6.5）100 mL，研磨成匀浆后，用四层医用脱脂纱布过滤，滤液即为总蛋白。向总蛋白溶液缓慢加入固体硫酸铵至30%饱和度，4 ℃放置5 min，6 000 r·min⁻¹离心10 min，去除沉淀。向上清液中再加硫酸铵达60%饱和度，4 ℃放置5 min，6 000 r·min⁻¹离心10 min，收集沉淀。沉淀溶于100 mmol·L⁻¹的磷酸缓冲液（pH=6.5）2 mL中，即为部分纯化的酚氧化酶。

2. 测定蛋白浓度

取7支试管并编号，按照表6-4加入不同溶液。第1管为空白对照，用于调零。测定第2~6管的OD₅₉₅作为纵坐标，以各蛋白浓度（32~1 000 μg·mL⁻¹）为横坐标，绘制蛋白浓度标准曲线。取线粒体膜蛋白溶液0.05 mL，加入考马斯亮蓝试剂3 mL后测定OD₅₉₅，根据蛋白浓度标准曲线求出部分纯化的酚氧化酶的质量浓度（μg·mL⁻¹）。

表9-4 绘制蛋白浓度标准曲线

试管编号	1	2	3	4	5	6	7
取各浓度标准蛋白/mL	0.00	0.05	0.05	0.05	0.05	0.05	0.05
蒸馏水/mL	0.05	0.00	0.00	0.00	0.00	0.00	0.00
蛋白质量浓度/（μg·mL⁻¹）	0	32	63	125	250	500	1 000
加入考马斯亮蓝试剂/mL	3	3	3	3	3	3	3
OD₅₉₅							

加入10 mmol·L⁻¹磷酸缓冲液（pH=6.5）2.0 mL、0.2%邻苯二酚溶液2.0 mL，并在37 ℃水浴中保温10 min，加入部分纯化的酚氧化酶0.5 mL后迅速摇匀。马上倒入比色杯内，每隔30 s在410 nm下测定一次OD₄₁₀，共测定4 min，计算1 min内OD₄₁₀的最大变化值（A）。按下式计算酚氧化酶的比活力：

$$U = \frac{A}{mt}$$

式中，A 为1 min内OD₄₁₀的最大变化值；m 为酚氧化酶的质量（ug），即0.5 mL×酚氧化酶的蛋白质量浓度（μg·mL⁻¹）；t 为反应时间（min）。

【注意事项】

提取马铃薯块茎总蛋白时，通常要加入PVP，提取叶片总蛋白时则不需要。

【实验作业】

样品中葡萄糖等还原性物质是否会干扰酚氧化酶的测定？如果会，将如何排除其干扰？

【思考题】

酚氧化酶可催化酚氧化为醌，而醌在放置太长时间后又会被重新还原为酚，导致OD_{410}下降。实验中应如何确定测定时间为4 min？

实验9　抗坏血酸氧化酶活性测定

【实验目的】

掌握测定植物抗坏血酸氧化酶活性的方法。

【实验原理】

在有氧条件下，抗坏血酸氧化酶能氧化抗坏血酸（即维生素C）为脱氢抗坏血酸。因此，测定单位时间内单位质量的酶催化抗坏血酸的减少量，可代表抗坏血酸氧化酶的比活力。抗坏血酸的减少量可用反应前后的抗坏血酸量的差值表示。用碘滴定法测定抗坏血酸量，其原理是：碘酸钾在酸性条件下与碘化钾反应生成碘，生成的碘会与抗坏血酸作用。当两者的反应刚到达终点时，多余的碘能使指示剂淀粉变为蓝色，此时消耗的碘与抗坏血酸存在化学计量关系。也就是说，用已知浓度的碘来滴定，当到达反应终点时，消耗碘的体积（mL）乘以其浓度，就是碘的物质的量，也是抗坏血酸的物质的量。

因此，可将失活的酶与抗坏血酸混合作为空白管，碘液滴定后计算出抗坏血酸的量，即为抗坏血酸总量；再将有活性的酶与等量抗坏血酸混合作为反应管，反应后部分抗坏血酸会被酶催化为脱氢抗坏血酸，剩余的抗坏血酸同样用碘液滴定，此时测定的是抗坏血酸剩余量。抗坏血酸总量减去抗坏血酸剩余量，就是反应前后抗坏血酸的减少量。再根据反应时间和反应所加入的酶量，就可以计算抗坏血酸氧化酶的比活力。

【实验材料、仪器与试剂】

1. 实验材料

豌豆幼苗、苹果果实或马铃薯块茎。

2. 实验仪器

恒温水浴锅、台秤、离心机、滴定管。

3. 实验试剂

0.1%抗坏血酸溶液、10%三氯乙酸溶液、1%淀粉溶液、100 mmol·L^{-1}磷酸缓冲液（pH=6.0）。

0.05 mol·L^{-1}碘液：碘化钾2.5 g溶于200 mL蒸馏水，加冰醋酸1 mL，再加0.1 mol·L^{-1}碘酸钾溶液12.5 mL，定容至250 mL。

考马斯亮蓝试剂：称取考马斯亮蓝（G-250）50 mg加95%乙醇溶液25 mL溶解。加H_3PO_4 50 mL，再定容至500 mL，过滤后避光保存。

不同浓度标准蛋白溶液：称取牛血清白蛋白（BSA）10 mg加入蒸馏水10 mL溶解，配成1 000 μg·mL⁻¹母液，再分别稀释至500、250、125、63和32 μg·mL⁻¹，得到不同浓度的标准蛋白溶液。

【实验步骤】

1. 酶液制备

称取实验材料10.0 g，加入少量预冷的100 mmol·L⁻¹磷酸缓冲液（pH=6.0），研磨匀浆，定容至50 mL，在20 ℃水浴中浸提30 min，中间摇动数次，3 000 r·min⁻¹离心10 min，取上清液为酶液。

2. 酶液的蛋白浓度测定

取7支试管并编号，按照表6-5加入不同溶液。第1管为空白对照，用于调零。测定第2～6管的OD₅₉₅作为纵坐标，以各蛋白浓度（32～1 000 μg·mL⁻¹）为横坐标，绘制蛋白浓度标准曲线。取线粒体膜蛋白溶液0.05 mL，加入考马斯亮蓝试剂3 mL后测定OD₅₉₅，根据蛋白浓度标准曲线求出酶液的蛋白浓度（μg·mL⁻¹）。

表6-5 绘制蛋白浓度标准曲线

试管编号	1	2	3	4	5	6	7
取各浓度标准蛋白/mL	0.00	0.05	0.05	0.05	0.05	0.05	0.05
蒸馏水/mL	0.05	0.00	0.00	0.00	0.00	0.00	0.00
蛋白质量浓度/（μg·mL⁻¹）	0	32	63	125	250	500	1000
加入考马斯亮蓝试剂/mL	3	3	3	3	3	3	3
OD₅₉₅							

3. 启动酶反应

取2个50 mL的三角烧瓶，加入以下试剂后，在反应瓶中加入酶液，在空白瓶中加入100 ℃加热5 min后的失活酶液。三角烧瓶中所加试剂见表6-6所列。

表6-6 三角烧瓶中需加试剂

烧瓶	蒸馏水/mL	0.1%抗坏血酸溶液/mL	酶液/mL	失活的酶液/mL
反应瓶	4	2	2	0
空白瓶	4	2	0	2

将反应瓶和空白瓶同时放入20 ℃水浴中反应5 min，随后分别加入10%三氯乙酸溶液6 mL摇匀，终止酶反应。过滤后分别取滤液，即为反应液和空白液。

4. 滴定

分别取反应液和空白液各8 mL，均加入几滴1%淀粉溶液，用碘液滴定。当溶液刚好出现蓝色时，表明已经滴定至终点。记录反应液和空白液所消耗的碘液体积（mL）。

5. 计算

抗坏血酸氧化酶的比活力的计算公式为

$$抗坏血酸氧化酶的比活力 = \frac{(V_A - V_B)\,c}{mt} \times 100\%$$

式中，V_A为空白液滴定消耗的碘液体积（mL）；V_B为反应液滴定消耗的碘液体积（mL）；c为碘液浓度（mol·L^{-1}）；m为酶的质量（μg）；t为反应时间（min）。

【注意事项】

若测定马铃薯块茎的抗坏血酸氧化酶的活性，则不需要加入淀粉指示剂。

【实验作业】

抗坏血酸氧化酶催化抗坏血酸成为脱氢抗坏血酸；酚氧化酶则催化酚被抗坏血酸还原。设计一个方案，同时测定植物抗坏血酸氧化酶和酚氧化酶的活性。

【思考题】

植物抗坏血酸氧化酶的测定会受哪些因素的干扰？如何避免？

实验10　吲哚乙酸氧化酶活性测定

【实验目的】

学习用比色法测定吲哚乙酸氧化酶的方法。

【实验原理】

生长素调节植物的生长发育。高等植物体内吲哚乙酸氧化酶能使吲哚乙酸氧化脱羧失去活性，其酶活力的大小影响着植物体内吲哚乙酸的水平。吲哚乙酸氧化酶活力的大小以其破坏吲哚乙酸的速度表示，用比色法测定吲哚乙酸含量。

【实验材料、仪器与试剂】

1. 实验材料

绿豆插条。

2. 实验仪器

分光光度计、离心机、恒温水浴锅、天平、研钵、试管、移液管、烧杯、容量瓶。

3. 实验试剂

20 mmol·L^{-1}磷酸缓冲液（pH=6.0）。

1 mmol·L^{-1} 2,4-二氯酚溶液：称取2,4-二氯酚16.3 mg，用蒸馏水溶解并定容至100 mL。

1 mmol·L^{-1} MnCl$_2$溶液：称取MnCl$_2$·4H$_2$O 19.8 mg，用蒸馏水溶解并定容至100 mL。

1 mmol·L^{-1}吲哚乙酸溶液：称取吲哚乙酸17.5 mg，用少量乙醇溶解，而后用蒸馏水定容至100 mL。

吲哚乙酸试剂：取10 mL 0.5 mol·L^{-1} FeCl$_3$溶液和500 mL 35%高氯酸，使用前混合即成，避光保存。使用时1 mL样品中加入吲哚乙酸试剂2 mL。

【实验步骤】

（1）用常规方法萌发绿豆或黄豆种子，在光下培养得到4～6 cm高度的健壮幼苗，挑选生理状态相似的幼苗，从子叶下端约4 cm处切除根部即获得插条。

称取插条基部1 g，置于研钵中，加5 mL预冷的磷酸缓冲液研磨成匀浆，再加10 mL磷酸缓冲液稀释，4 000 r·min^{-1}离心20 min，上清液即为粗酶提取液。

（2）取试管2支。于一支试管中加入MnCl$_2$溶液1 mL、2,4-二氯酚溶液1 mL、吲哚乙酸溶液2 mL、粗酶提取液1 mL、磷酸缓冲液5 mL，混合。另一支试管中除粗酶提取液用磷酸

缓冲液代替外，其余成分相同。2支试管一起置于恒温水浴锅中，30 ℃条件下处理20 min即获得反应液。

（3）吸取反应液2 mL，加入吲哚乙酸试剂4 mL，摇匀。在黑暗条件下，置于恒温水浴锅中，30 ℃条件下处理20 min，使反应液显色。

（4）将显色的反应液置于分光光度计中，测定OD_{530}值。

（5）配制从0~30 μg·mL^{-1}的不同浓度吲哚乙酸溶液，按照上述方法，分别测定OD_{530}值，绘制标准曲线或计算直线回归方程。根据反应液的OD_{530}值从标准曲线上查出相应的吲哚乙酸残留量。

按照下列公式，测定绿豆插条的吲哚乙酸氧化酶活力（μg·g^{-1}·h^{-1}）。

$$吲哚乙酸氧化酶活力（μg·g^{-1}·h^{-1}）= \frac{(\rho_2 - \rho_1) \times 10}{1/V_1 \times V \times t/60}$$

式中，ρ_1为反应液中残留的酶IAA量（μg·mL^{-1}）；ρ_2为无酶提取液中的IAA量（μg·mL^{-1}）；V_1为1 g鲜重绿豆插条制得的粗酶提取液体积（mL）；V为反应液中粗酶提取液体积（mL）；t为反应时间（min）；10为反应液体积（mL）。

【注意事项】

制作标准曲线时，OD值在0.2~0.6范围内测量结果的误差最小。所以当反应液浓度测定的OD值大于0.6或接近1时，需要稀释后才能测定。

【实验作业】

计算不同处理的绿豆插条，在不同培养时期的吲哚乙酸氧化酶的活力，并绘制柱形图。

【思考题】

反应液与吲哚乙酸试剂混合后，为什么要在暗条件下对IAA进行显色反应？

实验11　植物激素调控气孔运动

【实验目的】

了解植物激素对气孔运动的调控及信号转导，学习并掌握气孔开度的测定方法。

【实验原理】

气孔是陆生植物与外界环境进行水分和气体交换的主要通道及调节结构。气孔在叶片上的分布、密度、大小、形状以及开闭等情况显著影响着植物的光合作用和蒸腾作用等生理过程。因此，研究气孔的运动规律非常重要。

气孔运动受多种环境因素所影响。光照是调节气孔运动的主要环境因素。大多数植物的气孔在白天张开，大气中的CO_2扩散进入叶内用于光合作用；而在夜晚光合作用停止，气孔关闭以减少水分的散失。组成气孔的一对保卫细胞对外界环境因子非常敏感，而外界因子又通过植物内源激素水平变化传递信息。脱落酸能有效地诱导光照条件下的气孔关闭，并能抑制被光诱导的气孔开放。生长素和细胞分裂素对黑暗条件和脱落酸诱导的气孔关闭表现出一定程度的拮抗作用。

【实验材料、仪器与试剂】

1. 实验材料

蚕豆或紫色鸭跖草。

2. 实验仪器

光照培养箱、电子天平、显微镜（带测微尺）或机联显微镜（含 DigiLab Ⅱ 软件）、表面皿、称量瓶、容量瓶、毛刷、尖头镊子、载（盖）玻片。

3. 实验试剂

MES/KCl 缓冲液：准确称取 0.975 g 的 2-(N-吗啡啉)乙烷磺酸（MES）、1.865 g KCl 和 5.5 mg CaCl$_2$，用乙醇溶解后定容至 500 mL，即为含 10 mmol·L^{-1} MES、50 mmol·L^{-1} KCl 和 100 mmol·L^{-1} CaCl$_2$ 的缓冲液。用 1 mmol·L^{-1} 的 KOH 溶液将缓冲液 pH 调至 6.15。

0.1 mmol·L^{-1} 脱落酸（ABA）溶液、0.1 mmol·L^{-1} 萘乙酸（NAA）溶液、0.2 mmol·L^{-1} 6-苄基腺嘌呤（6-BA）溶液，低温保存；0.1% HgCl$_2$ 溶液。

【实验步骤】

1. 材料培养

蚕豆种子以 0.1% HgCl$_2$ 溶液消毒 10 min，冲洗干净，浸种 24 h，于 25 ℃ 条件下催芽 3 天后播种。置于 25 ℃、光照强度 300 μmol·m^{-2}·s^{-1}，在设置完光周期（14 h 光照，10 h 黑暗）和相对湿度（80%）的光照培养箱中进行培养。培养期间每日浇水 1 次，一周浇灌营养液 1 次，培养至 3～4 周龄待用。

2. 叶片表皮条撕取

在表面皿中加入 MES/KCl 缓冲液，剪取 3～4 周龄蚕豆幼苗顶部完全展开的第 1 对叶片，清洗后用镊子轻轻撕取下表皮条，置于表面皿中。用毛刷或毛笔轻刷下表皮，以除去黏附在其上的叶肉细胞，然后将下表皮分割成约 1.0 cm×0.5 cm 大小。

3. 植物激素处理

配制植物激素处理液（2 mL），试剂组成与终浓度见表 6-7 所列，分别加入不同称量瓶中。将表皮条加入称量瓶中（每组 3～5 个表皮条），轻轻摇动使其浸入处理液中，将 1、2、3、4 号称量瓶放于光照培养箱，5 号和 6 号称量瓶放于暗箱中，25 ℃ 条件下各处理 2.5～3 h 后，以 MES/KCl 缓冲液处理为对照，制作临时装片，测量气孔开度。

表 6-7　实验处理和激素浓度

编号	实验处理	试剂组成与终浓度
1	光照	MES/KCl 缓冲液
2	ABA	含 1 mmol·L^{-1} ABA 溶液
3	ABA+NAA	含 1 mmol·L^{-1} ABA+10 mmol·L^{-1} NAA 溶液
4	ABA+6-BA	含 1 mmol·L^{-1} ABA+0.2 mmol·L^{-1} 6-BA 溶液
5	黑暗	MES/KCl 缓冲液
6	NAA	含 10 mmol·L^{-1} NAA 溶液

4. 气孔开度测量

打开电脑，打开机联显微镜，将临时装片放于显微镜置物台上，双击电脑桌面上 "Digi-Lab Ⅱ" 图标，登录后进入测量界面。先在 10 倍镜下找到表皮条材料，然后换 40 倍镜观察测量。点击测量界面内 "动态测量" 标识，继续点击 "直线测量" 标识，将光标置于气孔一侧内壁中间位置，拉动光标至另一侧气孔内壁中间，即得到气孔孔径数据，记录。每个处理随机选取5个视野，每个视野随机测量6~10个气孔孔径并记录，重复3次。

如果没有机联显微镜系统，可以用普通光学显微镜，将测微尺放入目镜中，通过测微尺直接观察测量。

【注意事项】

（1）应将表皮条完全浸没在溶液中，保证水分的顺利进出以达到水势平衡。

（2）试验应在上午或者下午进行。

（3）观察时要避免统计已损伤的气孔。

【实验作业】

试比较不同植物激素对植物的气孔运动的影响，并分析各种激素作用差异的原因。

【思考题】

（1）ABA如何影响气孔运动？

（2）ABA、NAA和6-BA如何共同调节气孔运动？

（3）如何设计实验，观察干旱对植物气孔运动的影响？

实验12　乙烯对果实成熟的调控

【实验目的】

探究乙烯利对香蕉果实成熟的促进作用。

【实验原理】

乙烯利促进多种果实的成熟。采用适宜浓度的乙烯利处理香蕉、苹果、猕猴桃等具有呼吸跃变型特征的水果，可促进水果成熟。

【实验材料、仪器与试剂】

1. 实验材料

未成熟（绿转白）的香蕉或苹果、猕猴桃、杧果等。

2. 实验仪器

保鲜盒、水桶、塑料带、瓷盘、量筒、移液器（量程1 000 μL）、容量瓶。

3. 实验试剂

500 mg·L^{-1}乙烯利溶液：用移液器吸取40%乙烯利溶液（商品）1.25 mL于1 000 mL容量瓶中，加蒸馏水定容至1 000 mL。使用当天配制。

【实验步骤】

挑选未成熟（绿转白）的香蕉15个，分成3组。在配制好的500 mg·L^{-1}、250 mg·L^{-1}乙烯利溶液中加入1滴0.01%吐温80溶液，对照组则是在同体积的蒸馏水中加入1滴0.01%吐温80溶液。3组香蕉分别在蒸馏水（对照）、250 mg·L^{-1}和500 mg·L^{-1}的乙烯利溶液中浸泡果柄1 min，也可以涂果柄。分别放入瓷盘，在室温下晾干，然后置于3只塑料袋中缚紧袋口，并放在25~30 ℃阴暗处，春、秋季节可放入箩筐或纸箱内室温保存，1~10天可观察果皮颜色和果实的成熟度。

【注意事项】

选择的香蕉或其他果实，其成熟度要一致。

【实验作业】

用照片和表格呈现用不同浓度乙烯利处理对香蕉果实成熟的影响，分析影响实验结果的因素。

【思考题】

橙、柠檬能否作为乙烯利催熟的果实材料？分析原因。

实验13　抗坏血酸含量测定

【实验目的】

抗坏血酸即维生素C，广泛存在于新鲜水果与蔬菜中，它是一种高活性物质，参与生物体内很多新陈代谢活动。抗坏血酸是生物体内抗氧化体系成员之一，因此抗坏血酸含量既可以作为植物抗衰老和抗逆境的重要生理指标，也可以作为果品质量、选育良种的鉴别指标。通过本实验，学生将掌握用分光光度分析法测定植物抗坏血酸含量的方法，加强对抗坏血酸的认识，提高实验操作水平。

【实验原理】

还原型抗坏血酸（AsA）可以把铁离子还原成亚铁离子，亚铁离子与红菲咯啉（BP）反应形成红色螯合物。红色螯合物在534 nm波长的吸收值与AsA含量呈正相关，故可用比色法进行测定。脱氧抗坏血酸（DAsA）可由二硫苏糖醇还原成AsA。测定总AsA含量，再减去还原型AsA，即为DAsA含量。

【实验材料、仪器与试剂】

1. 实验材料

新鲜草莓果实或其他果实。

2. 实验仪器

离心机、分光光度计、研钵、试管。

3. 实验试剂

$50 g \cdot L^{-1}$、$200 g \cdot L^{-1}$三氯乙酸（TCA）溶液，无水乙醇，0.4%磷酸-乙醇溶液，$0.3 g \cdot L^{-1}$ $FeCl_3$-乙醇溶液，$5 g \cdot L^{-1}$ BP（4,7-二苯基-1,10-菲咯啉）-乙醇溶液，$0.6 g \cdot L^{-1}$ DTT溶液，Na_2HPO_4-NaOH溶液（以 0.2 mol·L⁻¹ Na_2HPO_4 溶液和 1.2 mol·L⁻¹ NaOH 溶液等量混合），60 mmol·L⁻¹ DTT-乙醇溶液。

【实验步骤】

1. 抗坏血酸标准曲线绘制

配制质量浓度为2、4、6、8、10、12和14 mg·L⁻¹的AsA系列标准液。取各质量浓度标准液1.0 mL于试管中，加入1.0 mL $50 g \cdot L^{-1}$的TCA溶液、1.0 mL无水乙醇摇匀，再依次加入0.5 mL 0.4%磷酸-乙醇溶液、1.0 mL $5 g \cdot L^{-1}$的BP-乙醇溶液、0.5 mL $0.3 g \cdot L^{-1}$的$FeCl_3$-乙醇溶液，总体积为5.0 mL。将溶液置于30 ℃下反应90 min，反应结束后用分光光度计测定OD_{534}。以AsA质量浓度为横坐标，以OD_{534}为纵坐标绘制标准曲线，求出线性方程。

2. 抗坏血酸提取

称取果实1.0 g，按果实质量：试剂体积=1 g∶5 mL的比例加入$50 g \cdot L^{-1}$的TCA溶液研磨，4 000 r·min⁻¹离心10 min，取上清液供测定。

3. 还原型抗坏血酸（AsA）测定

取 1.0 mL 样品提取液于试管中，按上述相同的方法进行测定，并根据标准曲线计算 AsA 含量。

4. 脱氧抗坏血酸（DAsA）测定

向 1.0 mL 样品液中加入 0.5 mL 60 mmol·L^{-1} 的 DTT-乙醇溶液，用 Na$_2$HPO$_4$-NaOH 溶液将溶液 pH 调至 7～8，置于室温下反应 10 min，使 DAsA 还原。然后加入 0.5 mL 200 g·L^{-1} 的 TCA 溶液，pH 调至 1～2。按上述相同的方法进行测定，计算出总抗坏血酸含量，从中减去 AsA 含量，即得 DAsA 含量。

【注意事项】

磷酸-乙醇溶液和抗坏血酸溶液不宜长期保存，应现配现用。

【实验作业】

计算草莓果实或其他果实中的还原型抗坏血酸含量和脱氧抗坏血酸含量。

【思考题】

（1）在抗坏血酸测定中，要考虑样品鲜重，应如何计算每克样品中抗坏血酸的含量呢？

（2）干扰抗坏血酸测定的因素有哪些？

（3）为了准确测量果实中维生素 C 的含量，在实验过程中需要注意哪些操作？为什么？

（4）分光光度分析法相对其他测定抗坏血酸的方法有什么优缺点？

实验 14　可溶性蛋白质含量测定

【实验目的】

（1）掌握用酚抽提法提取蛋白质的操作过程，提高实验操作水平。

（2）学习用考马斯亮蓝法测定蛋白质含量的方法。

【实验原理】

蛋白质的提取方法之一的酚抽提法（BPP），其名称来自提取过程所需要的 3 种重要化学成分——四硼酸钠（sodium tetraborote）、聚乙烯聚吡咯烷酮（polyvinylpyrrolidone，PVP）和酚（phenol）英文名称的首字母。利用蛋白质溶于 Tris 饱和酚的特性，通过加入提取液反复抽提，可以有效去除不溶于有机溶剂的杂质。

1976 年，Bradford 根据蛋白质与染料相结合的原理，建立了考马斯亮蓝法（Bradford 法），用于测定蛋白质含量。这种蛋白质测定法是目前灵敏度最高的蛋白质测定法，得到了广泛的应用。这个方法是根据考马斯亮蓝 G-250 染料，在酸性溶液中与蛋白质结合，使染料的最大吸收峰的位置由 465 nm 变为 595 nm，溶液的颜色也由棕黑色变为蓝色。在 595 nm 下测定的光密度值与蛋白质浓度成正比。

【实验材料、仪器与试剂】

1. 实验材料

新鲜草莓果实。

2. 实验仪器

冷冻离心机、研钵、涡旋振荡仪、天平、离心管、可见分光光度计。

3. 实验试剂

Tris 饱和酚（pH=8.0）、PVP、丙酮、甲醇、过饱和硫酸铵-甲醇溶液（AM 沉淀剂）、双蒸水（dd H_2O）、考马斯亮蓝 G-250、95% 乙醇溶液、85% H_3PO_4 溶液、牛血清白蛋白（BSA）、尿素、3-[(3-胆酰胺基丙基)二甲基铵]-1-丙磺酸（CHAPS）、二硫苏糖醇（DTT）。

BPP 提取缓冲液：含 100 mmol·L^{-1} Tris（pH=8.0）、100 mmol·L^{-1} EDTA、−50 mmol·L^{-1} 硼砂、50 mmol·L^{-1} 维生素 C、1%Triton X-100（体积分数）、2% β-巯基乙醇（体积分数）、300 g·L^{-1} 蔗糖溶液。

考马斯亮蓝试剂（Bradford 试剂）：称取 100 mg 考马斯亮蓝 G-250，溶于 50 mL 95% 乙醇溶液，加入 100 mL 85% H_3PO_4 溶液，用蒸馏水稀释至 1 000 mL，滤纸过滤。最终试剂中含 0.1 g·L^{-1} 考马斯亮蓝 G-250 溶液、4.7% 乙醇、8.5% H_3PO_4。

标准蛋白质溶液：使用牛血清白蛋白，根据其纯度，同 0.15 mol·L^{-1} NaCl 溶液配制成 100 μg·mL^{-1} 蛋白质溶液。

蛋白裂解缓冲液（lysis buffer）：含 9 mol·L^{-1} 尿素、2% CHAPS、13 mmol·L^{-1} DTT、1% IPG 缓冲液。

【实验步骤】

1. 提取蛋白质

（1）将草莓果实用液氮速冻，置于预冷研钵中，并加入 1 g PVP 粉末防止氧化，充分研磨成干粉后，−80 ℃ 保存备用。

（2）称取 3 g 植物组织粉末，加入盛有 10 mL 预冷 BPP 提取缓冲液的 50 mL 管中，室温涡旋振荡 10 min。

（3）加入 10 mL Tris 饱和酚，室温涡旋振荡 10 min。

（4）使用 BPP 提取缓冲液配平，于 4 ℃ 下 16 000 r·min^{-1} 离心 15 min。转移上清液（绿色的酚相）于新的 50 mL 离心管中，加入等体积 BPP 提取缓冲液，室温下涡旋 5 min。

（5）使用 BPP 提取缓冲液配平，于 4 ℃ 下 16 000 r·min^{-1} 离心 15 min。重复 1 次。

（6）取 10 mL 离心管，每管加入 5 mL 预冷的 AM 沉淀剂，加入离心后的上清液 1 mL，于 −20 ℃ 沉淀过夜，可保存数月。

（7）使用 AM 沉淀剂处理过夜的上清液（可见白色沉淀物），用 AM 沉淀剂配平后于 4 ℃ 下 16 000 r·min^{-1} 离心 15 min，弃上清液。

（8）每管加入 2 mL 预冷甲醇（加入的量视蛋白量而定），用枪头充分搅碎后合管。用甲醇配平后于 4 ℃ 下 16 000 r·min^{-1} 离心 5 min，弃上清液。重复 1 次。

（9）每管加入 0.5～1 mL 冰冷丙酮（视蛋白量而定），用枪头充分搅碎蛋白块。丙酮配平后于 4 ℃ 下 16 000 r·min^{-1} 离心 5 min，弃上清液。重复 1 次。

（10）蛋白质沉淀在室温下自然风干，加入适量蛋白裂解缓冲液，于 22 ℃ 恒温溶解 2 h 以上。将溶解完全的蛋白液于 20 ℃ 下 20 000 r·min^{-1} 离心 30 min，转移上清液至 1.5 mL 离心管中，4 ℃ 或 −20 ℃ 保存备用。

2. 蛋白质标准曲线制作

（1）打开分光光度计，预热 20 min，选择"光度测量"，调节 λ=595。

（2）用空白对照（2 μL 蛋白裂解缓冲液+18 μL 双蒸水+1 mL Bradford 试剂）进行调零 3

次。第一次按"0"键即可，观察第二、三次的OD值，如果都很小且相差不大即可完成调零。

（3）取4个比色皿，编号为B1、B2、B3和B4。各比色皿组分如下：B1（2 μL BSA+18 μL dd H$_2$O）、B2（4 μL BSA+16 μL dd H$_2$O）、B3（6 μL BSA+14 μL dd H$_2$O）和B4（8 μL BSA+12 μL dd H$_2$O）。按照次序，在B1比色皿中加入1 mL Bradford试剂，1 s后读OD$_{595}$值，此后对剩下的比色皿执行重复操作。制作标准蛋白的标准曲线。

3. 样品蛋白质浓度测定

取2 μL样品蛋白质提取液，加入18 μL dd H$_2$O和1 mL Bradford试剂，测定OD$_{595}$值。

根据标准曲线，查出样品的蛋白的浓度；结合样品的鲜重，计算出每毫克样品的蛋白质含量。

【注意事项】

（1）干燥蛋白质沉淀时，风干程度以蛋白质块开始出现小裂缝为好；蛋白裂解缓冲液不要加太多，否则蛋白质浓度太低；溶解过程要时不时手动摇晃以保证充分溶解蛋白质。

（2）BPP提取液的量要根据材料而定，一般采用样品：提取液=1∶3的比例。

（3）由于BPP提取液及Tris饱和酚都是有异味的试剂，因此操作过程应在通风橱中进行。

（4）样品要置于冰上保持低温，操作要戴手套和口罩。

（5）在标准曲线制作中，以比色皿中加入Bradford试剂1 s以后的读数为准。若读数不稳定或有异常变动，可重复测定。

【实验作业】

计算草莓果实中可溶性蛋白质的含量。

【思考题】

（1）在提取蛋白质过程的步骤3中加入等体积Tris饱和酚起什么作用？分析重复操作的原因。

（2）与测定蛋白质浓度的双缩脲法（Biuret法）和Folin-酚试剂法（Lowry法）比较，考马斯亮蓝法有哪些优点？

实验15　淀粉含量测定

【实验目的】

掌握植物组织中淀粉含量的测定原理和主要测定方法。

【实验原理】

淀粉是由葡萄糖残基组成的多糖，在酸性条件下加热可使其水解成葡萄糖，其化学方程式如下。在浓硫酸的作用下，葡萄糖脱水生成糖醛类化合物，利用苯酚或蒽酮试剂与糖醛化合物的显色反应，即可进行比色测定。淀粉测定可先除去样品中的脂肪及其中的可溶性糖，再在一定酸度下，将淀粉水解为具有还原性的葡萄糖。将还原糖含量的测定值乘以换算系数0.9，即为淀粉含量。

$$(C_6H_{10}O_5)_n + nH_2O \longrightarrow nC_6H_{12}O_6$$

【实验材料、仪器与试剂】

1. 实验材料

新鲜草莓果实。

2. 实验仪器

分光光度计、电子天平、15 mL 刻度离心管、50 mL 容量瓶、恒温水浴锅、离心机、移液管、漏斗、试管、100 目筛。

3. 实验试剂

浓硫酸（相对密度1.84）、9.2 mol·L⁻¹ 和 4.6 mol·L⁻¹ 高氯酸溶液。

蒽酮试剂：称取 1.0 g 蒽酮，溶于 1 000 mL 80%浓硫酸（把98%浓硫酸缓缓加入蒸馏水中稀释至80%，冷却）中，冷却至室温，贮于具塞棕色瓶内，冰箱保存，可保存2～3周。

【实验步骤】

1. 标准曲线的制作

取6支大试管，按0～5分别编号，按表6-8加入各试剂。

将各试管快速摇动混匀后，立即在沸水浴中煮10 min，取出冷却，在625 nm波长下，用空白管（即0号试管）作参比测定光密度值，以光密度值为横坐标、葡萄糖质量（μg）为纵坐标绘制标准曲线。

表6-8　蒽酮比色法测淀粉制作标准曲线的试剂量

试剂	试管号					
	0	1	2	3	4	5
100 μg·mL⁻¹标准葡萄糖溶液/mL	0	0.2	0.4	0.6	0.8	1.0
蒸馏水/mL	1.0	0.8	0.6	0.4	0.2	0
蒽酮试剂/mL	5.0	5.0	5.0	5.0	5.0	5.0
相当于葡萄糖的质量/μg	0	20.0	40.0	60.0	80.0	100.0

2. 样品提取

（1）称取50～100 mg粉碎过100目筛的烘干样品，置于15 mL刻度离心管中，加入4 mL 80%乙醇溶液，置于80 ℃水浴中30 min，并不断振荡，3 000 r·min⁻¹离心10 min；弃去上清液，其残渣加2 mL 80%乙醇溶液重复2次，弃去上清液。

（2）在沉淀中加蒸馏水3 mL，搅拌均匀，放入沸水浴中糊化15 min。冷却后，加入2 mL 9.2 mol·L⁻¹高氯酸，不时搅拌，提取15 min后加蒸馏水至10 mL，混匀，3 000 r·min⁻¹离心10 min，上清液移入50 mL容量瓶。再向沉淀中加入2 mL 4.6 mol·L⁻¹的高氯酸溶液，搅拌提取15 min后加水至10 mL，混匀，3 000 r·min⁻¹离心10 min，收集上清液并移入容量瓶。然后用水洗沉淀1～2次，离心，合并离心液于50 mL容量瓶，用蒸馏水定容。

3. 样品测定

取待测样品溶液1.0 mL于试管中加蒽酮试剂5 mL，混匀后同标准曲线制作的操作，显色测定光密度。根据标准曲线求出提取液中葡萄糖的质量浓度。淀粉含量的计算公式为

$$淀粉含量（mg·g^{-1}）= \frac{m_1 V_T \times 0.9}{m_2 V_1 \times 1\,000}$$

式中，m_1 为由标准曲线求得的糖含量（μg）；V_T 为提取液的体积（mL）；m_2 为样品质量（mg）；V_1 为显色时提取液的体积（mL）；0.9为由葡萄糖换算成淀粉的系数。

【注意事项】

（1）测定淀粉含量的过程中，要保证淀粉水解完全。可用I₂-KI染色，在显微镜下检测水解完全度。

（2）淀粉水解成葡萄糖时，在单糖残基上加了1个水分子，因此在计算淀粉含量时，应将所得的糖含量乘以0.9，作为扣除水量后的实际淀粉含量。

（3）样品中含有可溶性糖时，可先用乙醇溶解除去可溶性糖，再测淀粉含量。

【实验作业】

计算草莓果实中淀粉的含量，分析结果。

【思考题】

（1）在淀粉含量测定过程中，如何保证淀粉完全水解？

（2）哪些因素会影响淀粉含量的测定结果？

（3）测定植物组织中的淀粉含量有什么意义？

实验16 过氧化氢含量测定

【实验目的】

学习植物组织中过氧化氢含量的测定原理和方法。

【实验原理】

植物组织内积累的过氧化氢（H_2O_2）是由一些氧化酶［主要是超氧化物歧化酶（SOD），此外如氨基酸氧化酶、葡萄糖氧化酶、乙二醇氧化酶］催化超氧阴离子氧化还原反应形成的。H_2O_2与超氧阴离子相比，性质较稳定，但仍是一种氧化剂，它的存在可以直接或间接地导致细胞膜脂质过氧化损害，加速细胞的衰老和解体。H_2O_2也有其积极的一面，如参与植物抗病性和抗逆性启动和诱导过程。因此，了解植物组织中H_2O_2的代谢具有重要的意义。

H_2O_2与四氯化钛（或硫酸钛）反应生成的过氧化物-钛复合物黄色沉淀，溶解于硫酸后，可在波长412 nm处比色测定。在一定范围内，其颜色深浅与H_2O_2浓度呈线性关系。

【实验材料、仪器与试剂】

1. 实验材料

拟南芥、玉米、水稻的叶片。

2. 实验仪器

高速冷冻离心机、分光光度计、通风橱、移液器、离心管、试管、容量瓶（100 mL）、研钵。

3. 实验试剂

−20 ℃预冷丙酮、浓氨水。

2 mol·L⁻¹硫酸：取10 mL浓硫酸，稀释到90 mL。

10%四氯化钛-盐酸溶液：在通风橱中，将10 mL四氯化钛缓慢加入90 mL浓盐酸中，轻轻地在操作台上平摇，使四氯化钛充分溶解。将试剂转入棕色瓶中，密封，4 ℃保存。

100 μmol·L⁻¹ H_2O_2-丙酮试剂：取57 μL 30% H_2O_2溶液（分析纯），溶于双蒸水中，定容

至 100 mL，得 10 mmol·L⁻¹ H_2O_2 溶液。取 1 mL 该溶液，溶于丙酮中，并用丙酮定容至 100 mL，即为 100 μmol·L⁻¹ H_2O_2-丙酮试剂。H_2O_2 试剂要保证新鲜，不能使用库存多年的。

【实验步骤】

1. 标准曲线的制作

取 6 支试管并编号，在通风橱中，按照表 6-9 向各试管加入所列各试剂（注意：在加入四氯化钛和浓氨水时，要直接加入溶液中，以减少挥发损失和管壁附着损失），混匀。反应 5 min 后，于 4 ℃ 时 12 000 r·min⁻¹ 离心 15 min。弃上清液，留沉淀，并向各试管沉淀中加入 2 mol·L⁻¹ 硫酸 3.0 mL，摇动使沉淀完全溶解。以 0 号试管为参比调零，于波长 412 nm 处测定溶液的光密度。以光密度值为纵坐标、H_2O_2 物质的量（nmol）为横坐标，绘制标准曲线。

表 6-9　H_2O_2 浓度标准曲线各试剂加入量

试剂	试管号					
	0	1	2	3	4	5
100 μmol·L⁻¹ H_2O_2-丙酮试剂/mL	0	0.2	0.4	0.6	0.8	1.0
–20 ℃ 预冷丙酮/mL	1.0	0.8	0.6	0.4	0.2	0
10% 四氯化钛-盐酸溶液/mL	0.1	0.1	0.1	0.1	0.1	0.1
浓氨水/mL	0.2	0.2	0.2	0.2	0.2	0.2
相当于 H_2O_2 物质的量/nmol	0	20	40	60	80	100

2. 样品提取

取开始衰老的叶片，以未发生衰老的叶片作为对照，分别剪碎后混合均匀。分别称取 5.0 g 样品，加入 5.0 mL 预冷的丙酮，在通风橱中冰浴条件下研磨成匀浆后，于 4 ℃ 时 12 000 r·min⁻¹ 离心 20 min，收集上清液，测量提取液总体积，此液即为植物中的 H_2O_2 提取液。

3. 测定

吸取上清液 1 mL，加入表 6-9 所列各试剂（以 5 号管为准），按绘制标准曲线相同的程序进行操作，但需用 –20 ℃ 预冷丙酮将离心得到的沉淀物反复洗涤 2~3 次，直到除去色素。再向沉淀中加入 3.0 mL 2 mol·L⁻¹ 的硫酸，待沉淀完全溶解后进行比色测定。重复 3 次。

根据溶液的光密度值，从标准曲线上查出相应的过氧化氢的物质的量，计算每克植物组织（鲜重）中过氧化氢的含量，计算公式如下：

$$过氧化氢含量（nmol·g^{-1}）= \frac{nV}{V_s m}$$

式中，n 为从标准曲线查得的溶液中过氧化氢物质的量（nmol）；V 为样品提取液的总体积（mL）；V_s 为吸取样品液的总体积（mL）；m 为样品质量（g）。

【注意事项】

（1）可用 5% 硫酸钛溶液代替 10% 四氯化钛溶液进行实验。在配制四氯化钛溶液时，一定要在通风橱中小心仔细地进行操作。

（2）过氧化物-钛复合物黄色沉淀溶解于硫酸需一定时间，必须等待沉淀完全溶解，否则会影响测定的结果。

【实验作业】

计算衰老叶片中过氧化氢的含量，分析过氧化氢在叶片衰老中的功能。

【思考题】

（1）加入的四氯化钛和浓氨水的量对测定结果有什么影响？

（2）过氧化氢试剂能溶解于水，本实验能否用蒸馏水提取植物组织中的过氧化氢？为什么？

实验17　苯丙氨酸解氨酶活性测定

【实验目的】

学习测定苯丙氨酸解氨酶活性的方法，了解该酶在植物成熟衰老过程中的作用。

【实验原理】

植物在成熟衰老过程中，其代谢会发生显著变化，其中苯丙氨酸解氨酶（phenylalanine ammonia lyase，PAL）是植物次生代谢物质合成的一个关键酶，其催化苯丙氨酸的脱氨反应，形成反式肉桂酸。本实验根据其产物反式肉桂酸在290 nm处光密度的变化可以测定该酶的活性，为植物成熟衰老过程中的代谢变化提供依据。

【实验材料、仪器与试剂】

1. 实验材料

拟南芥、玉米、水稻的叶片。

2. 实验仪器

紫外分光光度计、离心机、研钵、恒温水浴锅。

3. 实验试剂

0.1 mol·L⁻¹硼酸缓冲液（pH=8.8）、5 mmol·L⁻¹巯基乙醇硼酸缓冲液。

0.02 mmol·L⁻¹苯丙氨酸溶液：用0.1 mol·L⁻¹的硼酸缓冲液（pH=8.8）配制。

【实验步骤】

（1）称取1 g样品，加入pH=8.8的5 mmol·L⁻¹巯基乙醇硼酸缓冲液［含0.1 g·L⁻¹聚乙烯吡咯烷酮(PVP)］5 mL，冰浴条件下充分研磨，4 ℃下11 000 r·min⁻¹离心20 min，上清液即为粗酶液。

（2）1 mL酶液加2 mL 0.1 mol·L⁻¹硼酸缓冲液（pH=8.8）、1 mL 0.02 mol·L⁻¹苯丙氨酸溶液，总体积为4 mL。空白对照不加酶液。立即用紫外分光光度计测定光密度值OD_{290}。

（3）将反应液置37 ℃恒温水浴中保温1 h，再测定光密度值OD_{290}。前后两次测得的OD_{290}之差表示该酶在1 h内反应的实际活性。

（4）Folin-酚法测定蛋白质含量（见吲哚乙酸氧化酶活性测定实验）。

【实验作业】

计算拟南芥叶片衰老过程中苯丙氨酸解氨酶活性的变化（表示单位为U·mg⁻¹），分析原因。

【思考题】

（1）在酶粗提的制备过程中，加PVP起什么作用？

（2）如何理解以每小时OD_{290}变化0.01所需酶量为一个苯丙氨酸解氨酶活性单位，相当于每毫升反应混合物形成1 μg反式肉桂酸？

（3）哪些外界条件可以诱导植物叶片中苯丙氨酸解氨酶活性增加？

实验18　植物细胞质膜透性的检测

【实验目的】

（1）了解逆境对植物细胞的伤害作用。

（2）学习电导仪方法测定细胞膜透性。

【实验原理】

质膜是植物细胞与外界环境发生物质交换的主要通道，对物质进出细胞具有选择透过性。植物组织受到逆境伤害时，由于膜的结构破坏或功能受损，膜的选择透性改变或丧失，细胞内的物质（尤其是电解质）发生不同程度的外渗，引起组织浸泡液的电导率发生变化。因此，通过测定组织外渗液电导率的变化，可反映植物细胞的质膜受害程度和所测植物的抗逆性强弱。

Ⅰ　离体叶片的质膜透性检测

【实验材料、仪器与试剂】

1. 实验材料

小麦、水稻、菠菜等新鲜叶片。

2. 实验仪器

DS-307型数显电导率仪、恒温箱、真空泵（或注射器）、烧杯、打孔器、恒温水浴锅、滤纸。

3. 实验试剂

去离子水。

【实验步骤】

（1）选取叶龄相似的叶片若干，用自来水和去离子水洗净，滤纸轻轻擦拭水分。用直径6～8 mm的打孔器打出叶圆片或剪成大小一致的切段，分成2组，每组10片，装在洁净的烧杯中。

（2）一组放在45 ℃恒温箱内处理0.5～1 h，作为实验组；另一组用湿润的纱布裹好，放在室温下作为对照组，处理后分别洗净，用滤纸吸干水分。向烧杯中准确加入10 mL去离子水，尽量浸没叶片，每个处理设置3个重复。

（3）将烧杯置于真空泵中，开动真空泵抽气10 min（若无真空泵，可将叶圆片放入注射器中，吸取10 mL去离子水，堵住注射器口进行抽气）。缓慢打开气阀放气，空气重新进入干燥器时水进入细胞使叶片透明下沉。取出烧杯，静置30 min，轻轻充分摇匀，用电导率仪在室温下测量电导值。

（4）将烧杯于恒温水浴锅中煮沸10 min，以杀死植物组织。取出冷却至室温，静置平衡10 min，充分摇匀，再次测定室温下的电导值。

（5）细胞膜受伤程度可由相对电导率表示，计算公式如下：

$$相对电导率（\%）=\frac{浸泡液的电导值}{煮废液的电导值}\times100\%$$

Ⅱ 活体根系的质膜透性检测

【实验材料、仪器与试剂】

1. 实验材料

3～4叶龄的玉米、水稻等幼苗。

2. 实验仪器

DS–307型数显电导率仪、恒温箱、恒温水浴锅、烧杯、量筒、镊子、吸水纸。

3. 实验试剂

去离子水。

【实验步骤】

（1）取玉米、水稻等种子，用水吸胀5 h，萌动后将种子种植于湿沙中或者垫有吸水纸的瓷盘中，幼苗长至3～4叶龄时用。

（2）取出幼苗，不要伤害根系，除去幼苗上残留的胚乳，用蒸馏水漂洗数次，以减少伤口物质外渗的影响。用吸水纸吸干，以10株幼苗的根系为一组，分别放在盛有20 mL蒸馏水的2个烧杯中，将一杯放在45 ℃恒温箱中，另一杯放在室温（20～30 ℃）条件下。1～3 h后，取出幼苗，待烧杯冷却至室温，用电导率仪测量每个烧杯中溶液的电导率。

（3）将装有植物材料的烧杯置于沸水浴中10 min，取出冷却至室温后再次测定电导率。

（4）结果计算参照"Ⅰ 离体叶片的质膜透性检测"。

【注意事项】

（1）电导法对水和容器的洁净度要求非常严格，所用容器须彻底清洗，并用去离子水冲净。

（2）CO_2在水中的溶解度较高，测定电导率时要防止高CO_2气源和口中呼出的CO_2进入烧杯，以免影响结果的准确性。避免用手直接接触叶片或根系。

（3）温度对溶液的电导率影响较大，故待测溶液必须在相同温度下进行测定。对于大多数离子来说，温度每增加1 ℃电导率约增加2%，而实际测定中往往不是在恒温（25 ℃）下进行。为了便于比较不同温度条件下的测定结果，应换算成某标准温度下（如25 ℃）的电导率。温度校正可按下式进行：

$$X_{25} = A_t \times [1 + 0.02(T - 25)]$$

式中，X_{25}为校正成25 ℃时的电导率；A_t为在t℃下实测的电导率，T为测定时溶液的温度；0.02为溶液温度每增加1 ℃电导率增加的值。

【实验作业】

通过测量电导率，试比较玉米和水稻幼苗根系在高温条件下的受害程度。

【思考题】

（1）测定的实验材料电解质外渗时，为什么要真空渗入？

（2）测定细胞膜透性的结果可以用于分析哪些生产实践问题？

实验19　丙二醛含量测定

【实验目的】

学习用硫代巴比妥酸法测定植物组织内丙二醛含量的原理和方法。

【实验原理】

植物器官在逆境条件下往往发生膜脂过氧化作用，丙二醛（malondialdehyde，MDA）是膜脂过氧化作用的终产物之一，其含量反映细胞膜脂过氧化程度及植物受伤害程度。因此，可以通过测定MDA含量来判断植物的抗逆性。

在酸性和高温的条件下，MDA可与硫代巴比妥酸（2-thiobarbituric acid，TBA）反应生成红棕色的三甲川（3,5,5'-三甲基恶唑-2,4-二酮），三甲川的最大吸收峰在532 nm处，反应方程式如下。可溶性糖能与TBA反应，其产物在532 nm处也有吸收（最大吸收波长在450 nm）。因此，测定植物组织中MDA-TBA反应物质含量时，一定要排除可溶性糖的干扰。

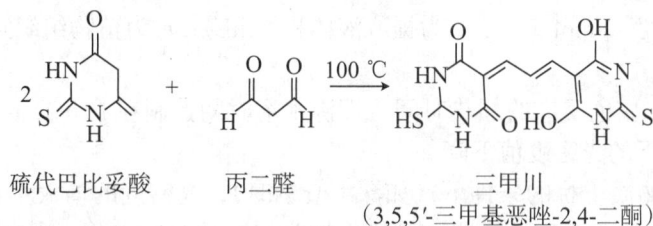

硫代巴比妥酸   丙二醛   三甲川

(3,5,5'-三甲基恶唑-2,4-二酮)

采用双组分分光光度法可分别求出MDA和可溶性糖的含量。该方法使混合液中的两个组分的光谱吸收峰出现明显差异，但吸收曲线有重叠。根据朗伯-比尔定律，通过代数方法，计算出一种组分由于另一种组分存在时对光密度的影响，最后分别得到两种组分的含量。已知蔗糖与TBA的反应产物在450 nm和532 nm的摩尔吸收系数分别为85.40和7.40。MDA在450 nm波长下无吸收，故该波长下的比吸收系数为0，于532 nm波长下的比吸收系数为155，根据双组分分光光度计法建立方程组，求解方程的计算公式：

$$c_1 = 11.71 \, OD_{450}$$

$$c_2 = 6.45(OD_{532} - OD_{600}) - 0.56 \, OD_{450}$$

式中，c_1为可溶性糖的浓度（$mmol \cdot L^{-1}$）；c_2为MDA的浓度（$\mu mol \cdot L^{-1}$）；OD_{450}、OD_{532}和OD_{600}分别代表450 nm、532 nm和600 nm波长下的光密度值。

【实验材料、仪器与试剂】

1. 实验材料

经过逆境胁迫的玉米、水稻等植物叶片。

2. 实验仪器

分光光度计、离心机、电子天平、研钵、试管、移液管、剪刀、恒温水浴锅。

3. 实验试剂

10%三氯乙酸（TCA）溶液。

0.6% TBA溶液：用少量NaOH溶液（$1 \, mol \cdot L^{-1}$）溶解，再用10% TCA溶液定容至10 mL。

【实验步骤】

1. MDA的提取

称取1 g叶片，剪碎放入研钵，加入2 mL 10% TCA溶液和少量石英砂，研磨成匀浆，继续加入8 mL 10% TCA溶液充分研磨，匀浆液于4 000 r·min^{-1}离心10 min，上清液即为样品提取液。

2. 显色反应及测定

吸取 2 mL 样品提取液（对照加 2 mL 蒸馏水），加入 2 mL 0.6% TBA 溶液，混匀，置于沸水浴中反应 15 min，迅速冷却后再离心。取上清液测定 450 nm、532 nm 和 600 nm 下的光密度值。

3. 结果计算

根据实验原理中的公式计算样品提取液中 MDA 的含量，代入下列公式，计算样品中的 MDA 含量。

$$MDA含量（\mu mol \cdot g^{-1}）= \frac{cV}{m \times 1\,000}$$

式中，c 为 MDA 浓度（$\mu mol \cdot L^{-1}$）；V 为提取液体积（mL）；m 为植物组织鲜重（g）。

【注意事项】

（1）MDA-TBA 显色反应的加热时间，即沸水浴时间控制在 10～15 min。时间太短或太长均会引起 532 nm 下的光密度值下降。

（2）在有糖类物质干扰的条件下（如深度衰老时），光密度的增大不再是由于脂质过氧化产物 MDA 含量的升高，而是水溶性糖的增加改变了提取液成分，因此不能再用 532 nm、600 nm 两处的光密度值计算 MDA 含量。可测定 510 nm、532 nm、560 nm 处的光密度值，此时需要用 $OD_{532}-(OD_{510}-OD_{560})/2$ 的值来代表 MDA 与 TBA 反应液的光密度。

【实验作业】

比较在不同逆境条件下生长的不同植物叶片组织中的 MDA 含量，并分析原因。

【思考题】

（1）样品中可溶性糖含量影响 MDA 含量的测定，有什么办法消除其影响？

（2）不同植物在同一逆境条件下，MDA 含量变化不同，能说明什么问题？

（3）植物响应逆境胁迫时，除了产生 MDA 外，也常常伴随 H_2O_2 的累积，H_2O_2 含量与植物抗性密切相关。分析植物对逆境胁迫的应答和适应时，是否会出现植物组织内 H_2O_2 含量的改变？

实验20　脯氨酸含量测定

【实验目的】

掌握用磺基水杨酸法测定脯氨酸的原理及方法，了解水分亏缺与脯氨酸含量的关系。

【实验原理】

植物体内游离脯氨酸含量为 200～690 $\mu g \cdot g^{-1}$（干重）。当植物遭遇逆境时，植物体中游离脯氨酸含量显著增加，且脯氨酸积累指数与植物抗逆性相关。因此，测定脯氨酸含量一定程度上反映了植物的抗逆性，抗旱性强的品种往往积累较多的脯氨酸。脯氨酸亲水性强，能稳定原生质胶体及组织内的代谢过程，因而能降低凝固点，有防止细胞脱水的作用。低温条件下，植物组织中脯氨酸增加，可提高植物的抗寒性。

酸性条件下，脯氨酸和茚三酮反应产生稳定的红色络合物，用甲苯萃取后，该络合物在 520 nm 波长下有最大吸收峰，且脯氨酸浓度在一定范围内与其光密度值成正比。在 520 nm 处测定络合物的光密度值，即可从标准曲线上查得脯氨酸含量。

【实验材料、仪器与试剂】

1. 实验材料

小麦、水稻等植物叶片。

2. 实验仪器

分光光度计、离心机、恒温水浴锅、旋转振荡器、研钵、烧杯、移液管、容量瓶、具塞试管、滤纸、尼龙架。

3. 实验试剂

冰醋酸、甲苯、人造沸石。

25 g·L^{-1}酸性茚三酮试剂：称取2.5 g茚三酮放入烧杯，加入60 mL冰醋酸和40 mL 6 mol·L^{-1}磷酸，于70 ℃下加热溶解。冷却后贮于棕色瓶中，24 h内稳定，4 ℃条件下2～3天有效。

100 μg·mL^{-1}标准脯氨酸溶液：称取10 mg脯氨酸溶于100 mL 80%乙醇溶液中。

30 g·L^{-1}磺基水杨酸溶液：称取3 g磺基水杨酸加入蒸馏水中溶解，定容至100 mL。

0.3 mol·L^{-1}甘露醇溶液：称取54.65 g甘露醇，溶于1 000 mL蒸馏水中。

【实验步骤】

1. 材料培养与处理

小麦种子在25 ℃室温下暗中浸泡6 h，播种于铺有湿滤纸的培养皿中，并在黑暗中培养。种子露白后于尼龙架上用水培养24 h，一组移至0.3 mol·L^{-1}的甘露醇中培养3～4天，另一组仍在水中继续培养。取地上部分作为实验材料。

2. 游离脯氨酸的提取

称取地上部分（胚芽鞘和叶子）0.5 g，加5 mL 30 g·L^{-1}磺基水杨酸溶液研磨成匀浆。匀浆移至离心管中，在沸水浴中提取10 min，冷却后以3 000 r·min^{-1}离心10 min，取上清液待测。另取未经甘露醇处理的材料同样制得提取液待测。

3. 制作标准曲线

用100 μg·mL^{-1}标准脯氨酸配制成0、1、2、3、4、5、6、7、8、9和10 μg·mL^{-1}的标准溶液。分别取各浓度脯氨酸溶液2 mL于具塞试管中，各加入2 mL 3%磺基水杨酸溶液，2 mL冰醋酸和4 mL酸性茚三酮试剂，摇匀。在沸水浴中加热显色60 min，冷却至室温，加入4 mL甲苯，充分振荡，以萃取红色产物。静置分层，使红色物质全部转入甲苯相。吸取甲苯相于比色皿中，使用分光光度计在520 nm波长处测定光密度值，以光密度值为纵坐标、脯氨酸含量（μg·mL^{-1}）为横坐标，绘制标准曲线。

4. 游离脯氨酸的测定

取上述提取液2 mL于具塞试管中，加入2 mL蒸馏水、2 mL冰醋酸和4 mL 25 g·L^{-1}酸性茚三酮试剂，摇匀。在沸水浴中加热60 min，冷却至室温，加入4 mL甲苯，充分振荡，以萃取红色产物。静置分层，完全分层后，吸取甲苯相，于分光光度计520 nm波长处测定光密度值，最后从标准曲线查得脯氨酸浓度。根据以下公式计算脯氨酸含量：

$$脯氨酸含量（μg·g^{-1}）= \frac{\rho V_2}{V_1 m}$$

式中，ρ为由标准曲线查得的脯氨酸含量（μg·mL^{-1}）；V_2为提取液的总体积（mL）；V_1为测定液的体积（mL）；m为样品的质量（g）。

【注意事项】

（1）茚三酮溶液仅在24 h内稳定，现用现配。

（2）脯氨酸与茚三酮试剂在沸水浴中的反应时间要严格控制，不宜过久，否则会引起沉淀。

【实验作业】

比较在甘露醇中生长和正常生长条件下植物叶片中脯氨酸的含量，并分析原因。

【思考题】

（1）脯氨酸在植物胁迫应答中有什么作用？

（2）提取脯氨酸还有哪些方法？在具体测定时应注意哪些改变？

实验21　羟自由基清除率测定

【实验目的】

学习和掌握测定植物组织内羟自由基清除率的方法。

【实验原理】

羟自由基（·OH）是植物体内最活泼的活性氧自由基，可介导许多生理变化，如引发脂质过氧化反应，损伤膜结构及功能。因此，羟自由基的检测对于研究自由基的生物作用具有重要意义。

测定羟自由基的方法有分光光度法、化学发光法、荧光法、电子自旋共振法和高效液相色谱法等。分光光度法是利用Fenton反应产生羟自由基，用二甲基亚砜捕集·OH，产生的甲基亚磺酸与有机染料试剂坚牢蓝BB盐反应生成偶氮砜，经甲苯-正丁醇（体积比3∶1）混合物萃取后，用比色法测定溶液的光密度。通过分析植物提取液捕获反应液中产生·OH的量，计算植物自由基清除的百分率。涉及的反应方程式如下：

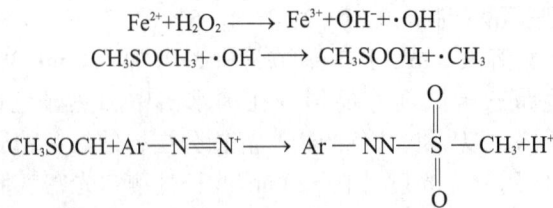

$$Fe^{2+}+H_2O_2 \longrightarrow Fe^{3+}+OH^-+·OH$$
$$CH_3SOCH_3+·OH \longrightarrow CH_3SOOH+·CH_3$$

$$CH_3SOCH+Ar—N\!\!=\!\!N^+ \longrightarrow Ar—NN—\overset{\displaystyle O}{\underset{\displaystyle O}{\overset{\|}{\underset{\|}{S}}}}—CH_3+H^+$$

【实验材料、仪器与试剂】

1. 实验材料

绿豆等植物幼苗。

2. 实验仪器

分光光度计、离心机、研钵、具塞试管、吸管、比色皿。

3. 实验试剂

200 mmol·L^{-1}二甲基亚砜、0.1 mol·L^{-1} HCl溶液、18 mmol·L^{-1} FeSO$_4$溶液、80 mmol·L^{-1} H$_2$O$_2$溶液、15 mmol·L^{-1}坚牢蓝BB盐溶液、正丁醇饱和水溶液、正丁醇、甲苯、吡啶、去离子水。

反应液：取 2 mL 200 mmol·L^{-1} 二甲基亚砜加入 10 mL 具塞试管中，继续加 1 mL 0.1 mol·L^{-1} HCl溶液、2.5 mL 18 mol·L^{-1} FeSO$_4$溶液和 3 mL 80 mol·L^{-1} H$_2$O$_2$溶液，用去离子水定容至 10 mL，混匀，即反应液。

【实验步骤】

（1）称取植物材料 5 g，加入 5 mL 去离子水研磨至匀浆，加入 15 mL 去离子水，浸泡 4 h，在 3 000 r·min^{-1}下离心 30 min，取上清液即为植物提取液，待测。

（2）取 1 mL 反应液，加入 1 mL 植物提取液，与 2 mL 15 mmol·L^{-1} 坚牢蓝 BB 盐溶液混合，室温黑暗中反应 10 min。再加入 1 mL 吡啶使颜色稳定，然后加 3 mL 甲苯-正丁醇（体积比3∶1）混合液，充分混合。静置分层，移走下层相（含有未反应的偶氮盐）并弃掉；上层为甲苯-正丁醇相，用 5 mL 正丁醇饱和水溶液冲洗，静置分层，将上清液移到比色皿中，于 420 nm 测定光密度 OD$_x$。

（3）另取 1 支试管，不加植物的提取液，其他同步骤（2）进行，于 420 nm 测定光密度 OD$_0$。

（4）计算植物组织内羟自由基清除率，公式如下：

$$清除率(\%)=(OD_0-OD_x/OD_0)\times100\%$$

式中，OD$_0$为空白溶液的光密度值；OD$_x$为被测液的光密度值。

【注意事项】

萃取过程中混匀时不用剧烈振荡，以免发生乳化。若出现轻微乳化现象，可离心去除。

【实验作业】

比较逆境胁迫条件下，植物叶片的羟自由基清除率，并分析原因。

【思考题】

（1）在本实验中为什么要加入有机染料试剂？

（2）如果测定不同植物材料，植物提取液的加样量是否一致？如何确定不同植物材料的适宜加样量？

实验 22　过氧化氢酶活性测定

【实验目的】

掌握用分光光度计法测定植物组织中过氧化氢酶活性的原理与方法。

【实验原理】

过氧化氢酶（catalase，CAT）属于血红蛋白酶，含有铁，位于微体中。CAT可除去植物体内因光呼吸或逆境胁迫产生的 H$_2$O$_2$，催化体内积累的 H$_2$O$_2$分解为 H$_2$O 和 O$_2$，从而减少 H$_2$O$_2$可能对植物组织造成的氧化伤害。在过氧化氢酶催化 H$_2$O$_2$分解为水和分子氧的过程中，该酶起电子传递作用，而 H$_2$O$_2$既是氧化剂又是还原剂。涉及的反应方程式如下：

$$2H_2O_2 \xrightarrow{\text{CAT}} H_2O+O_2$$

可根据反应过程中 H$_2$O$_2$的消耗量来测定过氧化氢酶的活性。H$_2$O$_2$在 240 nm 波长处具有吸收峰，因此反应溶液光密度随反应时间的延长而降低。可以根据光密度的变化速度检测过氧化氢酶的活性。

【实验材料、仪器与试剂】

1. 实验材料

小麦、大豆等植物叶片。

2. 实验仪器

高速冷冻离心机、分光光度计、移液器、研钵、计时器、离心管、容量瓶、比色杯。

3. 实验试剂

$0.1\ mol\cdot L^{-1}$磷酸钠缓冲液（pH=7.5）、$0.5\ mol\cdot L^{-1}$磷酸钠缓冲液（pH=7.5）。

提取缓冲液（含$5\ mmol\cdot L^{-1}$ DTT和5% PVP）：称取77 mg DTT、5 g PVP，用$0.1\ mol\cdot L^{-1}$磷酸钠缓冲液（pH=7.5）溶解，定容至100 mL，即为提取缓冲液，4 ℃条件下贮藏备用。

$20\ mmol\cdot L^{-1}$ H_2O_2溶液：取0.206 mL 30% H_2O_2溶液，用$0.5\ mol\cdot L^{-1}$的磷酸钠缓冲液（pH=7.5）稀释至100 mL，现用现配，低温避光保存。

【实验步骤】

1. 酶液制备

称取0.5 g样品，加入5.0 mL提取缓冲液，在冰浴条件下研磨成匀浆，于4 ℃下12 000 r·min⁻¹离心30 min，收集上清液，即为酶提取液。测量提取液总体积，低温保存备用。

2. 活性测定

酶促反应体系由2.9 mL $20\ mmol\cdot L^{-1}$ H_2O_2溶液和100 μL酶提取液组成。以蒸馏水为参比空白，在反应15 s时开始记录反应体系在波长240 nm处的光密度并作为初始值（OD_1），然后记录2 min时的光密度值（OD_2）。重复3次。

【注意事项】

（1）在240 nm下有强烈吸收的物质都对本实验的结果有干扰。

（2）酶促反应中产生的气泡会影响比色结果。

【实验作业】

（1）在表6-10中记录测定的数据。

表6-10　过氧化氢酶活性测定实验数据

重复次数	样品质量 m/g	提取液体积 V/mL	吸取样品液体积 V_s/mL	240 nm 光密度值		样品中过氧化氢酶活性/$(0.01\Delta OD_{240}\cdot min^{-1}\cdot g^{-1})$	
				OD_1	OD_2	计算值	平均值±标准偏差
1							
2							
3							

（2）计算植物叶片的过氧化氢酶活性。

记录反应体系在波长240 nm处的光密度值，计算每分钟光密度变化值ΔOD_{240}：

$$\Delta OD_{240} = \frac{\Delta OD_2 - OD_1}{t_2 - t_1}$$

式中，ΔOD_{240}为每分钟反应混合物光密度变化值；OD_2为2 min反应混合液光密度值；OD_1为反应混合液光密度初始值；t_2为反应终止时间；t_1为反应初始时间。

以每克植物组织样品（鲜重）每分钟光密度变化值减少0.01为1个过氧化氢酶活性单位，单位是$0.01\ \Delta OD_{240} \cdot min^{-1} \cdot g^{-1}$。计算公式为

$$U = \frac{OD_{240} \times V}{0.01 \times V_s m}$$

式中，V为样品提取液体积（mL）；V_s为吸取样品液体积（mL）；m为样品质量（g）。

另外，用不同浓度的H_2O_2溶液制作标准曲线。根据光密度值变化，参照标准曲线，可以反映底物H_2O_2溶液的消耗量来表示过氧化氢酶活性，单位为$\mu mol \cdot min^{-1} \cdot mg^{-1}$。

【思考题】

（1）底物浓度（H_2O_2）过高会对过氧化氢酶活性结果产生什么影响？

（2）本实验酶促反应体系底物浓度或酶量能否作调整？

（3）过氧化氢酶活性变化与哪些生化过程有关？

实验23　过氧化物酶活性测定

【实验目的】

学习和掌握植物组织中过氧化物酶活性的测定方法。

【实验原理】

过氧化物酶（peroxidase，POD）广泛存在于植物体中，该酶催化H_2O_2氧化，以清除H_2O_2对细胞生物功能分子的破坏作用。在有H_2O_2存在的条件下，过氧化物酶使愈创木酚氧化，生成红棕色物质，可用分光光度计在波长470 nm处测定光密度值，检测POD活性。涉及的化学反应方程式为

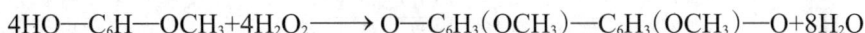

$$4HO—C_6H—OCH_3 + 4H_2O_2 \longrightarrow O—C_6H_3(OCH_3)—C_6H_3(OCH_3)—O + 8H_2O$$

邻甲氧基苯酚（愈创木酚）　　　　四邻甲氧基苯酚（棕红色聚合物）

【实验材料、仪器与试剂】

1. 实验材料

逆境处理后的植物幼苗或叶片。

2. 实验仪器

分光光度计、电子天平、离心机、磁力搅拌器、研钵、烧杯、移液管、秒表。

3. 实验试剂

愈创木酚、30% H_2O_2溶液、20 mmol·L^{-1} KH_2PO_4溶液、100 mmol·L^{-1}磷酸缓冲液（pH=6.0）。

反应混合液：100 mmol·L^{-1}磷酸缓冲液（pH=6.0）5 mL，加入愈创木酚28 μL，于磁力搅拌器上加热溶解，待溶液冷却后，加入30% H_2O_2溶液19 μL混合摇匀，保存于冰箱中。

【实验步骤】

1. POD的提取

称取植物材料1 g，加入10 mL 20 mmol·L^{-1} KH_2PO_4溶液，于研钵中研磨成匀浆，以4 000 r·min^{-1}离心15 min，收集上清液，保存在低温下，即为酶液。

2. 活性测定

取比色杯2只，向其中一只比色杯中加入3 mL反应混合液和1 mL KH_2PO_4溶液作为对照；向另一只比色杯中加入3 mL反应混合液和1 mL上述酶液。立即开启秒表计时，于470 nm

处测定光密度值，每隔1 min读数1次。

【实验作业】

（1）在表6-11中记录测定的数据。

表6-11　过氧化物酶活性测定实验数据

重复次数	样品质量 m/g	提取液体积 V/mL	吸取样品液体积 V_s/mL	470 nm 光密度值		样品中过氧化氢酶活性 （0.01$\Delta OD_{470}\cdot min^{-1}\cdot g^{-1}$）	
				OD_1	OD_2	计算值	平均值±标准偏差
1							
2							
3							

（2）计算植物叶片的过氧化氢酶活性。

记录反应体系在波长470 nm处的光密度值，计算每分钟光密度变化值ΔOD_{470}：

$$\Delta OD_{470} = \frac{\Delta OD_2 - OD_1}{t_2 - t_1}$$

式中，ΔOD_{470}为每分钟反应混合物光密度变化值；OD_2为t_2时刻反应混合液光密度值；OD_1为t_1时刻反应混合液光密度值；t_2为反应终止时间；t_1为反应初始时间。

以每克植物组织样品（鲜重）每分钟光密度变化值减少0.01为1个过氧化氢酶活性的单位，单位是0.01 $\Delta OD_{470}\cdot min^{-1}\cdot g^{-1}$。计算公式如下：

$$U = \frac{OD_{470} \times V}{0.01 \times V_s \times m}$$

式中，V为样品提取液总体积（mL）；V_s为测定的样品提取液体积（mL）；m为样品质量（g）。

【思考题】

底物浓度（H_2O_2）过高会对过氧化物酶活性测定的结果产生怎样的影响？

实验24　还原型谷胱甘肽含量测定

【实验目的】

了解植物组织中抗坏血酸-谷胱甘肽循环代谢过程，学习还原型谷胱甘肽（GSH）含量的测定方法。

【实验原理】

谷胱甘肽是由甘氨酸、谷氨酸和半胱氨酸组成的天然三肽，是一种含巯基的化合物，和5,5′-二硫代-双-(2-硝基苯甲酸)（DTNB）反应产生2-硝基-5-巯基苯甲酸（NTCB）和谷胱甘肽二硫化物（GSSG）。NTCB为黄色产物，在波长412 nm处具有最大光吸收。因此，可利用分光光度法测定样品中NTCB产生的量，进而计算谷胱甘肽的含量。

【实验材料、仪器与试剂】

1. 实验材料

小麦胚芽或绿豆芽等。

2. 实验仪器

分光光度计、高速冷冻离心机、研钵、移液器、离心管、试管、水浴锅、容量瓶。

3. 实验试剂

0.1 mol·L^{-1}磷酸缓冲液（pH=7.7）、0.1 mol·L^{-1}磷酸缓冲液（pH=6.8）。

50 g·L^{-1}三氯乙酸（TCA）溶液（含5 mmol·L^{-1} EDTA-Na$_2$）：称取5.0 g TCA，用蒸馏水溶解，定容至100 mL。称取186 mg EDTA-Na$_2$·2H$_2$O，加入100 mL 50g·L^{-1}三氯乙酸溶液中溶解。

4 mmol·L^{-1} DTNB溶液：称取15.8 mg DTNB，用0.1 mol·L^{-1}磷酸缓冲液（pH=6.8）溶解，定容至10 mL，混匀，4 ℃保存。现用现配。

100 μmol·L^{-1}还原型谷胱甘肽标准液：称取3.1 mg还原型谷胱甘肽，加入少量无水乙醇溶解，用蒸馏水定容至100 mL。

【实验步骤】

1. 标准曲线制作

取6支试管，编号，按照表6-12加入各种试剂，混匀，于25 ℃保温反应10 min。以0号试管为参比调零，测定显色液在波长412 nm处的光密度。以光密度值为纵坐标、还原型谷胱甘肽物质的量（μmol）为横坐标，绘制标准曲线。

表6-12　绘制标准曲线时加入的试剂量

试剂	试管号					
	0	1	2	3	4	5
100 μmol·L^{-1}还原型谷胱甘肽标准液/mL	0	0.2	0.4	0.6	0.8	1.0
蒸馏水/mL	1.0	0.8	0.6	0.4	0.2	0
0.1 mol·L^{-1}磷酸缓冲液（PH=7.7）/mL	1.0	1.0	1.0	1.0	1.0	1.0
4 mmol·L^{-1} DTNB溶液/mL	0.5	0.5	0.5	0.5	0.5	0.5
相当于还原型谷胱甘肽物质的量/μmol	0	20	40	60	80	100

2. 提取

材料洗净擦干，称取2.5 g样品置于研钵中，加入5.0 mL经4 ℃预冷的50 g·L^{-1} TCA溶液（含5 mmol·L^{-1} EDTA-Na$_2$），在冰浴条件下研磨匀浆后，于4 ℃下12 000 r·min^{-1}离心20 min。收集上清液用来测定谷胱甘肽含量，测量提取液总体积。

3. 测定

取1支试管，依次加入1 mL蒸馏水、1.0 mL 0.1 moL·L^{-1}磷酸缓冲液（pH=7.7）和0.5 mL 4 mmol·L^{-1} DTNB溶液，混匀，即为绘制标准曲线的0号管液。以此溶液作为空白参比在波长412 nm处对分光光度计进行调零。

另取2支试管，分别加入1.0 mL上清液、1.0 mL 0.1 mol·L^{-1}磷酸缓冲液（pH=7.7）。向

其中一支试管加入 0.5 mL 4 mmol·L^{-1} DTNB 溶液，作为样品管；另一支试管中加入 0.5 mL 0.1 mol·L^{-1}磷酸缓冲液（pH=6.8）作为空白对照管。2 支试管置于 25 ℃保温反应 10 min。按照制作标准曲线的方法，迅速测定显色液在波长 412 nm 处的光密度值，分别记作 OD$_s$（样品管）和 OD$_c$（空的对照管）。重复 3 次，在表6-13 中记录测定的结果。

表6-13　还原型谷胱甘肽含量测定实验数据

重复次数	样品质量 m/g	提取液体积 V/mL	吸取样品液体积 V_s/mL	412 nm 光密度值			由标准曲线查得 GSH 物质的量 n/μmol	样品中还原型 GSH 含量/ (μmol·g^{-1})	
				OD$_s$	OD$_c$	OD$_s$-OD$_c$		计算值	平均值±标准偏差

4. 计算结果

根据光密度值差值，从标准曲线上查出相应的谷胱甘肽物质的量，计算样品中还原型谷胱甘肽含量（μmol·g^{-1}）。

$$还原型谷胱甘肽含量（μmol·g^{-1}）= \frac{nV}{V_s m}$$

式中，n 为由标准曲线查得溶液中谷胱甘肽物质的量（μmol）；V 为样品提取液总体积（mL）；V_s为吸取样品液体积（mL）；m 为样品质量（g）。

【注意事项】
（1）提取样品时需要沉淀除去蛋白质，以防止蛋白质中所含巯基及相关酶影响测定结果。
（2）DTNB 溶液要现用现配。

【实验作业】
试分析为什么选择小麦胚芽或绿豆芽为实验材料？

【思考题】
（1）能否用该实验方法测定样品中总谷胱甘肽含量？应如何操作？
（2）反应液中 DTNB 对光密度值和测定结果有什么影响？如何确定测定过程中导致误差的因素？

实验25　植物冻害的检测

【实验目的】
了解冻害对植物产生的影响。

【实验原理】
低温胁迫对植物造成的伤害分为零上低温的冷害和零下低温的冻害。冷害直接影响植物的光合作用和呼吸代谢等生理过程，严重时可造成植物生长停滞，甚至失水死亡。如果温度达到零下并一直持续这种环境温度，植物组织间会出现冰核，随着冰晶的扩大，植物组织发生不可逆的机械损伤，严重时导致植物死亡。在实验中，常常以死亡率作为指标来衡量冻害的程度。在漫长的进化过程中，一些处于温带的植物，在季节由温暖的春夏向秋冬转变时，它们展现出抗冻性逐渐增强的现象。这种经过一段时间非致死的低温处理而增强植物抗冻性的过程被称为冷锻炼。

本实验以拟南芥为材料检测冷冻对植物的伤害及冷锻炼对植物抗冻性的作用。

【实验材料、仪器与试剂】

1. 实验材料

拟南芥种子。

2. 实验仪器

低温培养箱、超净工作台、光照培养箱、水平摇床、培养皿、1.5 mL 离心管等。

3. 实验试剂

1% NaClO 消毒液（含 0.05% 吐温 20）。

1/2 MS 固体培养基：MS 培养基固体粉末 2.23 g、蔗糖 20 g、琼脂 8 g，用 dd H$_2$O 定容至 1 L。用 1 mol·L^{-1} KOH 调 pH 至 5.8。高温高压灭菌（121 ℃、1.2 atm、15 min）。在超净台内，将 MS 培养基分别倒入已灭菌的直径 9 cm 培养皿中，每个培养皿约 25 mL，凝固后待用。

【实验步骤】

1. 拟南芥种子灭菌

将适量干燥的拟南芥种子放置于 1.5 mL 离心管中，加入 1 mL 新鲜配制的 NaClO 消毒液，轻微振荡灭菌 15 min，离心。在超净台中倒掉灭菌液，用无菌水洗涤 5～6 次。灭菌后的种子先置于 4 ℃ 温度下 2 天左右以期萌发一致。

2. 播种

将灭菌后的野生型和突变体种子按照合适的密度均匀地播在同一个含有 1/2 MS 固体培养基的培养皿中，置于 23 ℃ 光照培养箱，16 h 光/8 h 暗、光强（光合有效辐射）100 μmol·m^{-2}·s^{-1} 生长 14 天。

3. 冷锻炼处理

拟南芥生长 14 天后，将一组材料置于 4 ℃ 光照培养箱中冷锻炼 3 天。另一组不做冷锻炼处理。

4. 冻处理实验

对低温培养箱程序进行设定，从 0 ℃ 开始，−1 ℃/1 h 进行梯度降温至设定的温度。根据幼苗的生长状态，未经冷锻炼的拟南芥幼苗降至 −4～−5 ℃ 处理，冷锻炼后的幼苗降至 −9～−10 ℃ 处理。冻害处理后的幼苗要先经过 4 ℃ 黑暗处理 12 h，使培养基缓慢解冻，之后再置于 22° 光照培养箱中恢复生长 3 天后统计存活率。

【思考题】

（1）为什么要先进行冷锻炼？

（2）非冷锻炼和经过冷锻炼的两组材料经冻害实验处理后的结果相同吗？

（3）还有哪些生理指标可以反映植物的抗冻能力？

参 考 文 献

[1] 蔡庆生. 植物生理学[M]. 3 版. 北京：中国农业大学出版社，2023.

[2] 苍晶，李唯. 植物生理学[M]. 北京：高等教育出版社，2017.

[3] 陈刚，李胜. 植物生理学实验[M]. 北京：高等教育出版社，2016.

[4] 程建峰. 高级植物生理学[M]. 北京：中国农业科学技术出版社，2023.

[5] 高俊山，蔡永萍. 植物生理学实验指导[M]. 北京：中国农业大学出版社，2019.

[6] 郭小芳. 植物矿质营养元素和肥料[M]. 北京：中国农业科学技术出版社，2022.

[7] 韩玉珍，张学琴. 植物生理学实验[M]. 北京：科学出版社，2021.

[8] 侯福林. 植物生理学实验教程[M]. 3 版. 北京：科学出版社，2015.

[9] 李合生. 现代植物生理学[M]. 4 版. 北京：高等教育出版社，2019.

[10] 李玲，何国振. 植物生理学实验指导[M]. 北京：高等教育出版社，2021.

[11] 李胜，马绍英. 植物生理学实验[M]. 2 版. 北京：高等教育出版社，2023.

[12] 李小方，张志良. 植物生理学实验指导[M]. 5 版. 北京：高等教育出版社，2016.

[13] 刘萍，李明军. 植物生理学实验[M]. 2 版. 北京：科学出版社，2017.

[14] 牛翠娟，娄安如，孙儒泳，等. 植物生理学[M]. 北京：高等教育出版社，2023.

[15] 王宝山. 植物生理学[M]. 4 版. 北京：科学出版社，2023.

[16] 王三根，梁颖. 植物生理学[M]. 2 版. 北京：科学出版社，2020.

[17] 王小菁. 植物生理学[M]. 8 版. 北京：高等教育出版社，2019.

[18] 文涛. 植物生理学[M]. 北京：中国农业出版社，2018.

[19] 武维华. 植物生理学[M]. 3 版. 北京：科学出版社，2018.

[20] 萧浪涛. 植物生理学[M]. 北京：中国农业出版社，2019.

[21] 肖望. 植物生理学实验指导[M]. 广州：中山大学出版社，2020.

[22] 熊飞，王忠. 植物生理学[M]. 3 版. 北京：中国农业出版社，2021.

[23] 许大全. 新编光合作用学[M]. 上海：上海科学技术出版社，2022.

[24] 杨玉珍. 植物生理学[M]. 2 版. 北京：中国农业出版社，2020.

[25] 张治安，陈展宇. 植物生理学[M]. 北京：中国农业出版社，2022.